U0203844

# 粮棉油作物病虫
# 原色图谱

吕国强　主编

河南科学技术出版社
· 郑州 ·

# 内容简介

本书是对河南省多年来粮棉油作物病虫种类普查、鉴定、研究工作的全面总结。共精选小麦、玉米、水稻、大豆、花生、油菜、棉花等7大类作物278种病虫原色图片2 000多幅，重点突出病害田间为害状和虫害不同时期的形态识别特征，同时，详细介绍了其中140余种主要病虫的分布区域、形态（症状）特点、发生规律及综合防治技术。本书内容丰富，图片清晰、图文并茂，科学实用，特色鲜明，对指导农业生产有重要意义，是各级农业、植保科技人员必备工具书，也可供植保科研、教学及农药生产经销企业、各类植保专业化服务组织、农业生产经营主体等有关人员参考。


**图书在版编目（CIP）数据**

粮棉油作物病虫原色图谱 / 吕国强主编.—郑州：河南科学技术出版社，2015.8
ISBN 978-7-5349-7856-2

Ⅰ.①粮… Ⅱ.①吕… Ⅲ.①粮食作物-病虫害防治-图集 Ⅳ.①S435-64

中国版本图书馆CIP数据核字(2015)第144967号

---

出版发行：河南科学技术出版社
地址：郑州市经五路66号　　邮编：450002
电话：（0371）65737028　65788613
网址：www.hnstp.cn

策划编辑：陈淑芹　杨秀芳　　编辑信箱：hnstpnys@126.com
责任编辑：陈淑芹
责任校对：柯　姣
装帧设计：张　伟　杨红科
责任印制：张艳芳
印　　刷：河南省瑞光印务股份有限公司
经　　销：全国新华书店
幅面尺寸：210 mm × 292 mm　　印张：32　　字数：1020千字
版　　次：2015年8月第1版　　2015年8月第1次印刷
定　　价：270.00元

---

如发现印、装质量问题，影响阅读，请与出版社联系。

# 《粮棉油作物病虫原色图谱》

## 编写人员名单

主　编　吕国强

副主编　张玉华　赵文新　李巧芝　王　燕　王朝阳　朱志刚
李会群　彭　红　柴俊霞　蔡　聪　陈国政　马明安
王江蓉　陈冬梅　毛红彦　王建敏　徐永伟　崔荧钧
孙红霞　王燕峰

编　委　（按姓氏笔画排序）
马志超　王志红　白春社　朱素梅　刘　一　刘　启
刘辉志　李　民　李巧玲　李永杰　李桂华　李振林
时世龙　时运岭　张　磊　张卫标　张建民　陈　红
周云帆　周新强　胡　锐　禹淑梅　费小玲　秦根辉
秦寒露　高建伟　郭会芳　董彦防

# 前言

我国是世界上农业生物灾害发生最严重的国家之一，常年发生的农作物病、虫、鼠、草害多达1 700种，其中可造成严重损失的有100多种，有53种属于全球100种最具危害性的有害生物。许多重大病虫一旦暴发成灾，不仅危害农业生产，而且影响食品安全、人体健康、生态环境、产品贸易、经济发展乃至公共安全。人类历史上，马铃薯晚疫病、水稻胡麻斑病、小麦条锈病的跨区流行和东亚飞蝗、水稻两迁害虫的暴发危害均给农业生产带来过毁灭性的损失；小麦赤霉病和玉米穗腐病不仅影响粮食产量，其霉菌毒素还可导致人畜中毒和致癌、致畸。专家预测，未来相当长时期内，病虫发生将呈持续加重态势，监测防控任务会更加繁重。《国家粮食安全中长期规划纲要（2008 ~ 2020）》提出，要通过加大病虫监测和防控工作力度，到2020年，使病虫为害损失再减少一半，每年再多挽回粮食损失100亿千克。为此，迫切需要提高农业有害生物监测预警水平和防控能力，有效控制其发生和为害，确保人与自然和谐发展。

河南地处中原，气候温和，是我国大区域流行性病害和远距离迁飞性害虫的重发区，农作物病虫害种类多，发生面积大，暴发性强，成灾频率高。据不完全统计，每年各种病虫发生面积达6亿亩次以上，占全国的1/10，对农业生产威胁极大。近年来，受全球气候变暖、耕作制度变化等多因素的综合影响，主要农作物病虫害的发生情况出现了重大变化，常发病虫此起彼伏，新的病虫不断传入，对农业生产构成新的、更大的威胁。因此，宣传普及农作物主要病虫田间识别和科学防控技术，尽最大努力减轻病虫危害损失，对确保国家粮食安全和农业可持续发展至关重要。

本书共精选小麦、玉米、水稻、大豆、花生、油菜、棉花等7大类粮棉油作物278种病虫原色图片2 000多幅，在图片选择上，突出病害田间发展和虫害不同时期的症状识别特征，同时，还详细介绍了其中140余种主要病虫的分布区域、形态(症状)特点、发生规律及综合防治技术，力求做到内容丰富，图片清晰、文图并茂，科学实用，适合各级农业技术人员和广大农民群众阅读，也可作为植保科研、教学工作参考。

在本书的编写过程中，得到了河南省植保推广系统广大科技人员通力合作，深入生产第一线辛勤工作，为编委会提供了大量基础数据和图片资料，河南农业大学、河南省农业科学院有关专家参与了部分病虫图片的鉴定工作，在此一并致谢。

由于我们水平有限，加之受基层植保部门拍摄设备等因素的限制，书中所展示的病虫种类距生产实际尚有一定差距，图片、文字资料的不足之处，敬请广大读者、同行批评指正。

编者

2015年5月

# 目录

## 一、小麦病虫害

### （一）主要病虫害



### （二）次要病虫害



## 二、玉米病虫害

### （一）主要病虫害

### （二）次要病虫害



## 三、水稻病虫害

### （一）主要病虫害



### （二）次要病虫害



## 四、大豆病虫害

### （一）主要病虫害

### （二）次要病虫害



## 五、花生病虫害

### （一）主要病虫害



### （二）次要病虫害

## 六、油菜病虫害

### （一）主要病虫害



### （二）次要病虫害



## 七、棉花病虫害

### （一）主要病虫害



### （二）次要病虫害



## 八、杂食性害虫

# 一、小麦病虫害

# （一）主要病虫害

## 1. 小麦锈病

### 分布为害

小麦锈病俗称黄疸病，分条锈、叶锈、秆锈病三种，河南小麦产区以条锈病为害最重，是典型的远距离传播流行性病害。每年小麦越冬前和次年春季即可见到发病中心（图 1，图 2），春季伴随气温升高逐渐扩展蔓延，一旦条件适宜则迅速流行为害，极易造成严重损失（图 3 ～图 8）。同时，条件适宜时小麦叶锈病和秆锈病也能给小麦造成很大为害（图 9 ～图 12）。如果小麦三种锈病混合发生，则为害程度加重。

图 1　小麦条锈病，发病中心

图 2　小麦条锈病，发病中心内的单片病叶

图 3　小麦条锈病，大田为害状，前期

图 4　小麦条锈病，大田症状，前期

图 5　小麦条锈病，大田症状，为害后期

图 6　小麦条锈病，大田为害状，后期

图 7　小麦条锈病，为害颖壳、籽粒

图 8　小麦条锈病，严重发生时地面散落的夏孢子

图 9　小麦叶锈病，大田症状

图 10　小麦叶锈病，大田为害状，叶部症状

图 11　小麦秆锈病，大田为害状

图 12　小麦秆锈病，病株症状

## 症状特征

三种锈病的典型症状是夏孢子堆在小麦叶片、茎秆或叶鞘上的排列方式，概括为“条锈成行叶锈乱，秆锈是个大红斑”（图 13 ~图 15）。

图 13　小麦条锈病，夏孢子堆在小麦叶片上成行排列

图 14　小麦叶锈病，散乱排列的橘红色夏孢子堆

图 15　小麦秆锈病，叶鞘上呈红斑状的夏孢子堆

小麦条锈病主要为害叶片，也为害叶鞘、茎秆、穗部。从侵染点向四周扩展形成单个的夏孢子堆，多个夏孢子堆在叶片上排列成虚线状。夏孢子堆呈鲜黄色，长椭圆形，孢子堆破裂后散出粉状孢子（图 16 ~ 图 19）。叶锈病主要为害叶片，夏孢子堆在叶片上散生，橘红色，圆形至椭圆形（图

图 16　小麦条锈病，由侵染点向四周扩展，形成单个夏孢子堆

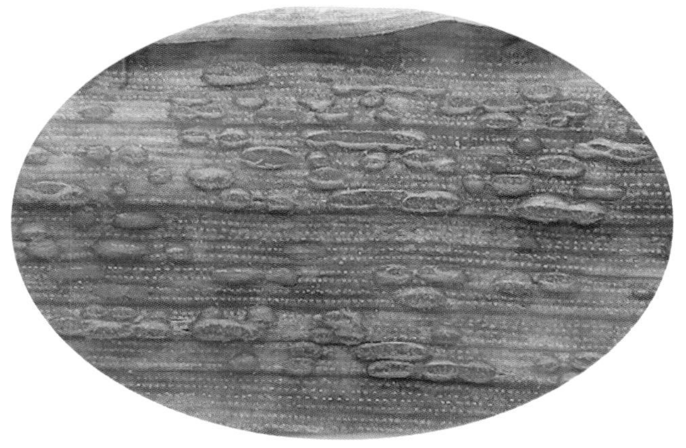

图 17　小麦条锈病，单个夏孢子堆相连成虚线状

图 19　小麦条锈病，夏孢子堆相连成行，呈缝纫机线状

图 18　小麦条锈病，孢子堆破裂散出粉状孢子

20 ~ 图 21)。秆锈病主要为害茎秆和叶鞘，夏孢子堆排列散乱无规则，深褐色，孢子堆大，长椭圆形，夏孢子堆穿透叶片的能力较强（图 22)。

三种小麦锈病发病后期都会在小麦叶片病部表皮下形成小黑点，即三种锈病的冬孢子堆（图 23 ~ 图 25)。

图 20　小麦叶锈病，散乱排列的橘红色夏孢子堆

图 22　小麦秆锈病，散乱排列在叶鞘上的深褐色夏孢子堆

图 21　小麦叶锈病，夏孢子堆在叶片散乱排列

图 23　小麦条锈病，冬孢子堆

图 25　小麦秆锈病，冬孢子堆

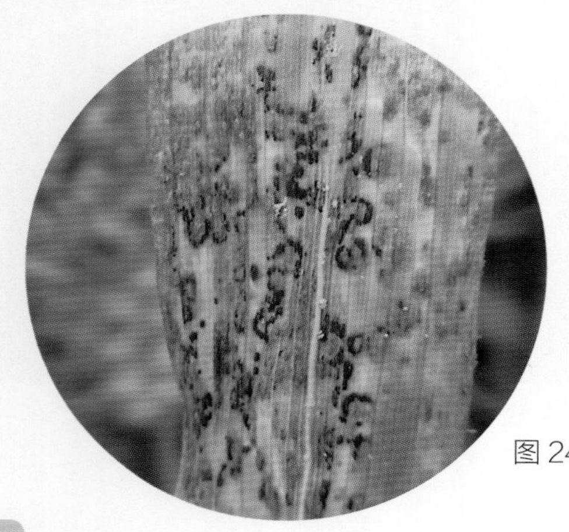

图 24　小麦叶锈病，冬孢子堆

## 发生规律

小麦条锈病是典型的远程气传病害。条锈病菌以夏孢子在小麦为主的麦类作物上逐代侵染而完成周年循环。夏孢子在寄主叶片上，在适合的温度 (1.4 ～ 17℃ ) 和有水滴或水膜的条件下，侵染小麦。病菌在小麦叶片组织内生长，潜育期长短因环境不同而异。当有效积温达到 150 ～ 160℃时，便在叶面上产生夏孢子堆。每个夏孢子堆可持续产生夏孢子若干天，夏孢子繁殖很快 (200 万倍 )。这些夏孢子可随风传播，甚至可被强大气流带到 1 599 ～ 4 300 m 的高空，吹送到几百千米以外的地方而不失活性进行再侵染。因此，条锈菌借助东南风和西北风的吹送，在高海拔冷凉地区晚熟春麦和晚熟冬麦自生麦苗上越夏，在低海拔温暖地区的冬麦上越冬，完成周年循环。

在高海拔地区越夏的菌源及其邻近的早播秋苗菌源随秋季东南风吹送到冬麦地区进行为害。在陇东、陇南一带 10 月初就可见到病叶，黄河以北平原地区 10 月下旬以后可以见到病叶，淮北、豫南一带在 11 月以后可以见到病叶。在我国黄河、秦岭以南较温暖的地区，小麦条锈菌不需越冬，从秋季一直到小麦收获前，可以不断侵染和繁殖为害。但在黄河、秦岭以北冬季小麦生长停止地区，病菌在最冷月日均气温不低于 –6℃，或有积雪不低于 –10℃的地方，主要以潜育菌丝状态在未冻死的麦叶组织内越冬，待翌年春季温度适合生长时，再繁殖扩大为害。

小麦条锈病在秋季或春季发病的轻重主要与夏、秋季和春季雨水的多少、越夏越冬菌源量和感病品种面积大小关系密切。一般来说，秋冬、春夏雨水多，感病品种面积大，菌源量大，锈病发生就重，反之则轻。

## 防治措施

小麦锈病的防治应贯彻“预防为主，综合防治”的植保方针，重点抓好应急防治。做到准确监测，带药侦察，发现一点，控制一片，坚持点片防治与普治相结合，群防群治与统防统治相结合，把损失降到最低限度。

**1. 农业防治**

选用抗病品种，合理布局，切断菌源传播路线。

**2. 化学防治**

（1）药剂拌种：用 6% 戊唑醇悬浮种衣剂 30 ～ 45 mL，或用 15% 三唑酮可湿性粉剂 150 g，或 20% 三唑酮乳油 150 mL，拌小麦种子 100 kg。拌种时要严格掌握用药剂量，力求拌均匀，拌过的种子当日播完，避免发生药害。

（2）大田喷药：对早期出现的发病中心要及时控制，避免其蔓延，病叶率达 0.5% ～ 1% 时立即进行普治。每亩用 12.5% 烯唑醇可湿性粉剂 30 ～ 35 g，或 20% 三唑酮乳油 45 ～ 60 mL，对水 40 ～ 50 kg 喷雾防治，并及时查漏补喷。

# （一）主要病虫害　2. 小麦白粉病

## 分布为害

小麦白粉病广泛分布于河南小麦产区，尤以高水肥地区发生最重。小麦受害后，可致叶片早枯，分蘖数减少，成穗率降低，千粒重下降。一般可造成减产 10% 左右，严重的达 50% 以上，是影响小麦生产的主要病害之一（图 1）。

图 1　小麦白粉病，大田为害状

## 症状特征

小麦白粉病在小麦各生育期均可发生，能够侵害小麦植株地上部各器官，主要为害叶片（图 2，图 3），也可为害叶鞘、茎秆、穗部颖壳和芒等（图 4 ~ 图 7）。小麦白粉病的典型症状是发病初期在病部表面覆有一层白色粉状霉层，后期霉层渐变为灰色至灰褐色，上面散生黑色小颗粒（闭囊壳）（图 8 ~ 图 12）。

图 2　小麦白粉病，为害早期叶片上的独立病斑

图 3　小麦白粉病，为害后期，病斑相连布满叶片

图 4　小麦白粉病，为害叶鞘

图 5　小麦白粉病，为害穗部

图 6　小麦白粉病，为害穗部

图 7　小麦白粉病，为害麦芒

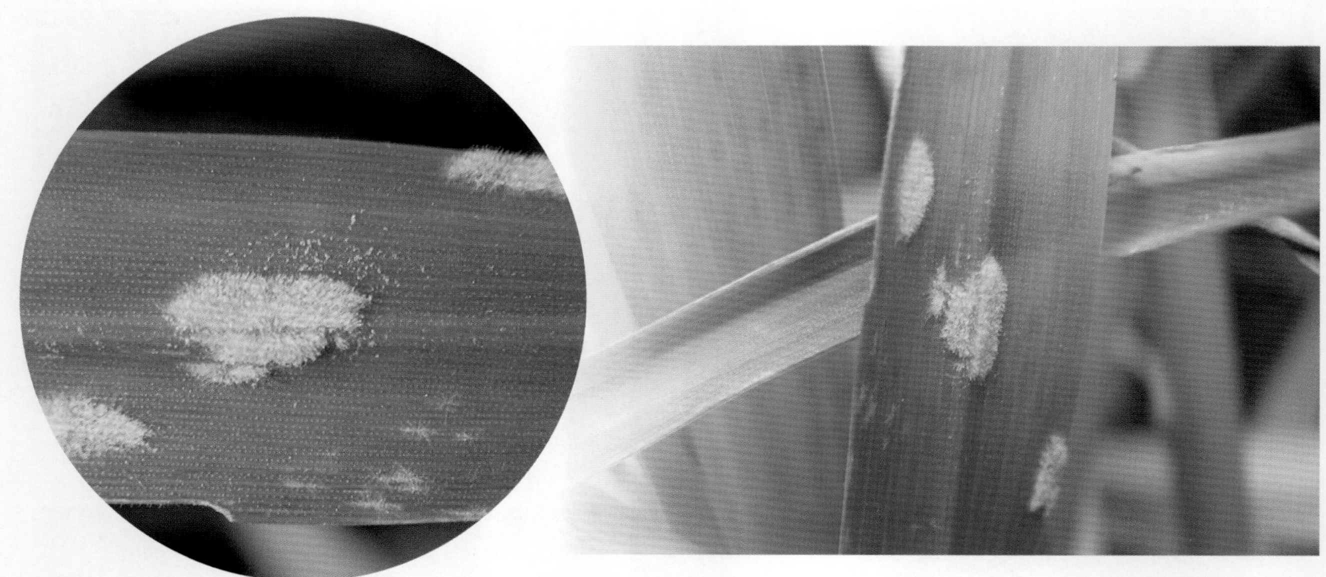

图 8　小麦白粉病，叶部白色粉状霉层

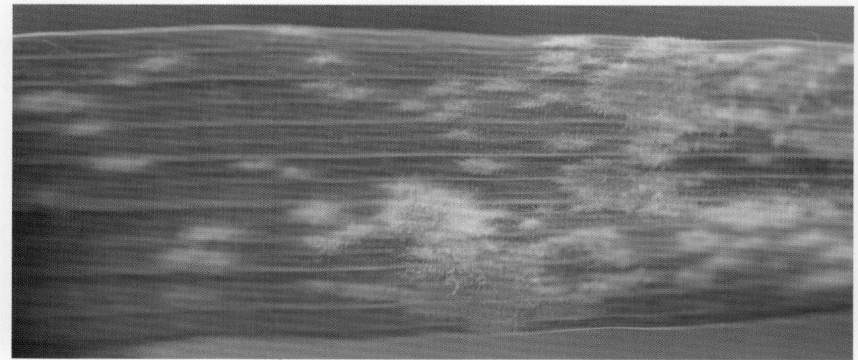

图 9　小麦白粉病，病部刚刚由白色霉层变为灰褐色霉斑（初期）

图 10　小麦白粉病，灰褐色霉斑（后期）

图 11　小麦白粉病，叶鞘茎秆上的子囊壳（黑色小颗粒）

图 12　小麦白粉病，叶片上的子囊壳（黑色小颗粒）

## 发生规律

在河南省海拔高于 800 m 的山区，小麦白粉病可以在自生麦苗上安全越夏。小麦越冬前即可见到白粉病病斑。稻茬麦田发病时期早，普遍率也高于其他麦田。该病发生与气候和栽培条件密切相关，发生的适宜温度为 15 ～ 20℃，低于 10℃发病缓慢。相对湿度大于 70% 易造成病害流行。少雨地区当年雨多则病重；多雨地区如果雨日、雨量过多，因连续降雨冲刷掉表面分生孢子，反而减轻病情。另外，种植密度大、施氮过多易造成植株贪青的发病重。管理不当、水肥不足、土地干旱、植株生长衰弱、抗病力低，也易发生白粉病。

## 防治措施

**1. 农业防治**

选用抗耐病品种。麦收后及时耕翻灭茬，铲除杂草及自生麦苗，清洁田园；合理密植和施用氮肥，适当增施有机肥和磷钾肥；改善田间通风透光条件，降低田间湿度，提高植株抗病性。

**2. 化学防治**

（1）种子处理：用 6% 戊唑醇悬浮剂 30 ～ 45 mL，拌小麦种子 100 kg。

（2）早春防治：早春病株率达 15% 时，选用 15% 三唑酮可湿性粉剂每亩 50 ～ 75 g，对水喷雾，能取得较好的防治效果。

（3）生长期施药：病株率达 15% 或病叶率达 5% 时，每亩用 15% 三唑酮可湿性粉剂 60 ～ 80 g，或 12.5% 烯唑醇可湿性粉剂 30 ～ 60 g，或 25% 丙环唑乳油 25 ～ 40 mL，或 40% 多 · 酮可湿性粉剂 75 ～ 100 mL，对水 40 ～ 50 kg 喷雾。

# （一）主要病虫害 3. 小麦纹枯病

## 分布为害

小麦纹枯病又称立枯病、尖眼点病。广泛分布于河南小麦产区，尤以高水肥地区发生最重。小麦受害后，轻者因输导组织受损而形成枯白穗，籽粒灌浆不足，千粒重降低，重者造成小麦成片死亡（图1）。一般减产10%左右，严重者达30% ~ 40%，是影响小麦产量和品质的主要病害之一。

图1 小麦纹枯病，大田为害状

## 症状特征

小麦纹枯病主要侵染小麦叶鞘和茎秆，小麦受害后，在不同生育阶段所表现的症状不同。幼苗发病初期，在地表或近地表的叶鞘上产生黄褐色椭圆形或梭形病斑（图2，图3），后病部颜色变深，病斑逐渐扩大而相连成云纹状，并向内侧发展为害茎部，重病株基部一、二节变黑甚至腐烂，常造成早期死亡（图4 ~ 图8）。潮湿条件下，病部出现白色菌丝体，有时出现白色粉状物（图9），后期在病部形成黑色或褐色菌核（图10）。

图2　小麦纹枯病，拔出的麦苗，早期近地表叶鞘上的病斑

图3　小麦纹枯病，生长中的麦苗，早期近地表叶鞘上的病斑

图4　小麦纹枯病，病斑扩大

图5　小麦纹枯病，病斑相连形成云纹状病斑

图6　小麦纹枯病，穿透叶鞘侵染茎秆

图7　小麦纹枯病，茎基部受害变色腐烂

图8　小麦纹枯病，重病株基部节间变褐腐烂

图 9　小麦纹枯病，病部出现白色菌丝体

图 10　小麦纹枯病，后期病部形成菌核

## 发生规律

小麦纹枯病属土居性病害，该病的发生与气候和栽培条件密切相关。温度和土壤湿度是影响病情的主要因素，日均气温 20 ～ 25℃时病情发展迅速，大于 30℃病情受抑制，高于 32.5℃病害停止发展。小麦播种过早，冬前旺长，偏施氮肥，群体大的麦田发病重；秋、冬季气温偏高，春季多雨，常年连作，有利于发病。

## 防治措施

防治上应强化农业防治，种子处理与生长期防治相结合，进行综合防治。

**1. 农业防治**

合理施肥，增施腐熟的有机肥，忌偏施、过量施用氮肥，控制小麦旺长；适期迟播，合理密植，培育壮苗，防止田间郁闭；合理浇水，忌大水漫灌，雨后及时排涝，做到田间无积水，保持田间较低的湿度。

**2. 化学防治**

（1）药剂拌种：用 6% 戊唑醇悬浮种衣剂 50 ～ 65 mL，或 3% 苯醚甲环唑悬浮种衣剂 200 ～ 300 mL，或 15% 三唑醇可湿性粉剂 200 ～ 300 g，拌麦种 100 kg。拌种时应严格控制用药量，避免影响种子发芽。

（2）生长期防治：在小麦返青至拔节前，田间平均病株率达 10% ～ 15% 应迅速防治。每亩用 16% 井冈霉素可溶粉剂 50 ～ 60 g，或 12.5% 烯唑醇可湿性粉剂 45 ～ 60 g，或 25% 丙环唑乳油 30 ～ 40 mL，对水 40 ～ 50 kg 喷雾。喷雾时要重点喷洒小麦茎基部，使植株中下部充分着药，以提高防治效果。

# （一）主要病虫害　4. 小麦赤霉病

## 分布为害

小麦赤霉病又名红头瘴、烂麦头，是河南小麦产区的常发性病害。因感染了小麦赤霉病菌的病粒含有毒素，病粒超过一定比例人畜无法食用，因此一旦发生小麦赤霉病，将严重影响小麦产量和品质（图 1）。该病主要为害小麦，一般减产 10% ~ 20%。大流行年份田间白穗率高，枯死小穗数占小麦穗的 1/4 以上，减产严重（图 2）。

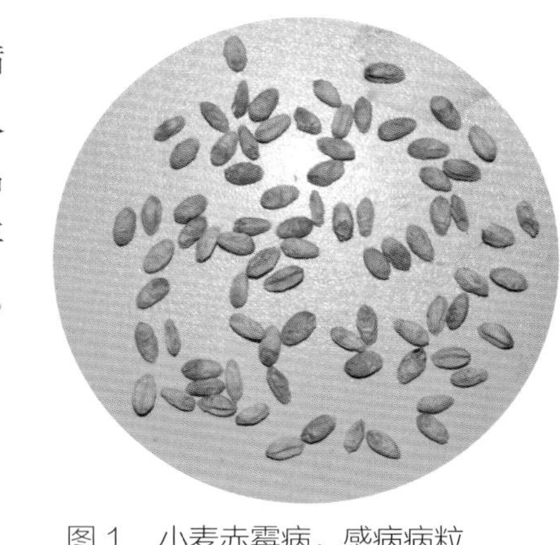

图 1　小麦赤霉病，感病病粒

图 2　小麦赤霉病，大田为害状

## 症状特征

小麦赤霉病在小麦各生育期均可发生，苗期侵染引起苗腐，中后期侵染引起秆腐和穗腐，其中影响最严重的是穗腐。典型症状是被害部以上小穗，形成枯白穗，天气潮湿时病部表现可见粉红色霉层（图 3，图 4）。田间发病症状表现时，一般从一个麦穗的小穗先发病，后迅速扩展到穗轴，进而使其上部其他小穗迅速失水枯死（图 5 ~ 图 9）。湿度大时，病斑处产生粉红色胶状霉层（图 10），后期其上产生密集的蓝黑色小颗粒(病菌子囊壳)。

图3　小麦赤霉病，枯白穗

图4　小麦赤霉病，病穗上生粉红色霉层

图5　小麦赤霉病，一个小穗发病

图6　小麦赤霉病，扩展到小麦穗轴发病

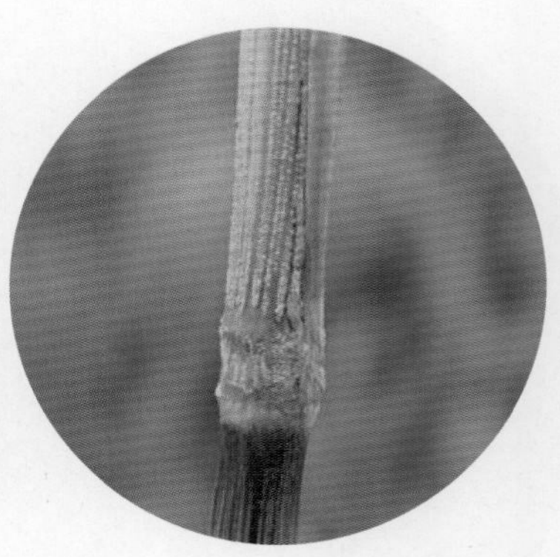

图7　小麦赤霉病，小麦穗茎发病

图8　小麦赤霉病，染病部位以上小穗枯死

图9　小麦赤霉病，穗茎发病造成全穗枯死

图 10　小麦赤霉病，病部生粉红色胶状霉层

## 发生规律

该病是一种典型的气候性病害，其典型病程是扬花期侵染、灌浆期显症、成熟期成灾。赤霉病病菌在小麦扬花至灌浆期都能侵染为害，尤其以扬花期侵染为害最重。小麦赤霉病发生的轻重与品种的抗病性、菌源量多少及天气关系密切。小麦抽穗扬花期的雨日数和雨量是病害发生轻重的最关键因素。若抽穗前有降水，扬花期又遇 3 d 以上的连阴雨天气，小麦品种抗病性差，该病害就极有可能流行为害。

## 防治措施

### 1. 农业防治

选用穗形细长、小穗排列稀疏、抽穗扬花整齐集中、花期短、残留花药少的抗（耐）病性强的品种。根据当地常年小麦扬花期雨水情况适期播种，避开扬花多雨期，做好栽培避病工作。加强肥水管理，合理浇水，及时排涝；合理配方施肥，增施磷、钾肥，增强小麦抗病性。

### 2. 化学防治

小麦赤霉病防治的关键是在小麦抽穗扬花期及时喷药预防，小麦抽穗 10% 至扬花初期进行第一次喷药，感病品种或适宜发病年份 1 周后补喷 1 次。防治药剂每亩用 80% 多菌灵可湿性粉剂 60 ~ 80 g，或 40% 多菌灵胶悬剂 150 mL，或 50% 甲基硫菌灵可湿性粉剂 100 ~ 150 g，或 30% 多唑酮可湿性粉剂 100 ~ 130 g，或 30% 己唑醇悬浮剂 8 ~ 12 mL，或 25% 氰烯菌酯悬浮剂 100 ~ 200 mL，对水 40 kg 喷雾防治。喷药时要重点喷洒小麦穗部，喷药后遇雨则需补喷。

# （一）主要病虫害　5. 小麦全蚀病

## 分布为害

小麦全蚀病是河南省内补充检疫对象。小麦受害后，可导致次生根变少，植株矮化，分蘖减少，成穗率降低，千粒重下降（图 1 ~ 图 4）。发病越早，减产幅度越大。拔节前显病的植株，常常早期枯死。拔节期显病的植株，减产 50% 左右。灌浆期以后显病的减产 20% 以上。全蚀病扩展蔓延较快，麦田从零星发病到成片死亡，一般仅需 3 年左右（图 5，图 6）。

图 1　小麦全蚀病，病健株高对比，病株矮化

图 2　小麦全蚀病，病健根系对比，病株根系减少

图 3　小麦全蚀病，病健籽粒对比，病粒瘪瘦 .

图 4　小麦全蚀病，瘪瘦病粒

图5　小麦全蚀病，大田为害状，小麦成片死亡

图6　小麦全蚀病，大田为害状，小麦大面积死亡

## 症状特征

小麦全蚀病是一种典型的根部病害，病菌只侵染小麦根部和茎基部 15 cm 以下，地上部的症状是根部和茎基部受害所引起。受土壤菌量和根部受害程度的影响，田间症状显现期不一。轻病地块，在小麦灌浆期病株呈现零星或成簇早枯白穗，远看与绿色健株形成明显对照；重病地块，在拔节后期即出现若干矮化发病中心，麦苗高低不平，中心病株矮、黄、稀疏，极易识别。各期症状主要特征如下：

**1. 分蘖期**

地上部多无明显症状，仅重病植株表现稍矮，基部黄叶多。冲洗麦根可见种子根与地下茎变为灰黑色（图 7）。

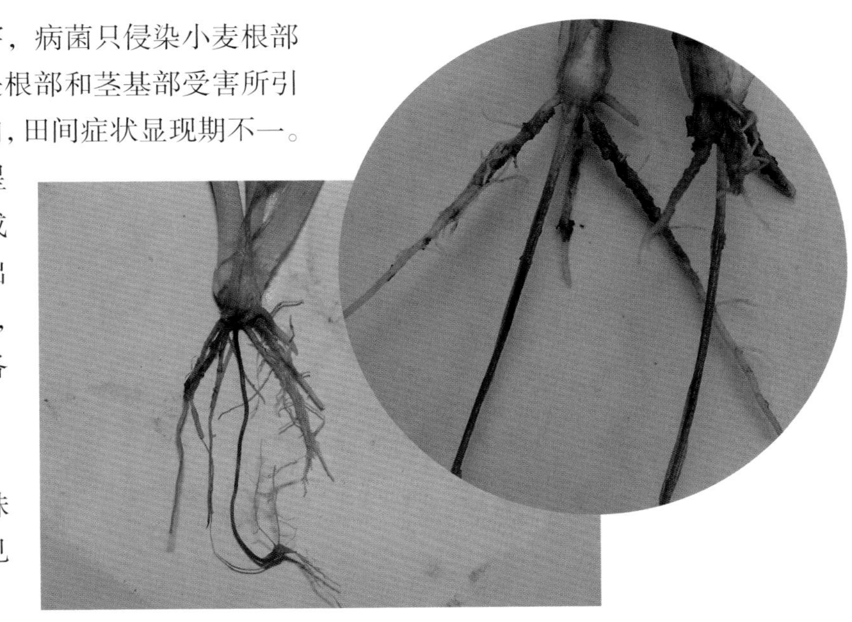

图7　小麦全蚀病，地下茎受害变色

### 2. 返青拔节期

病株返青迟缓，分蘖少，黄叶多，拔节后期重病株矮化、稀疏，叶片自下向上变黄，似干旱、缺肥。拔出可见植株种子根、次生根大部分变黑。横剖病根，根轴变黑。在茎基部表面和叶鞘内侧，生有较明显的灰黑色菌丝层（图 8，图 9）。

图 8　小麦全蚀病，返青拔节期麦苗矮小发黄，似缺肥状

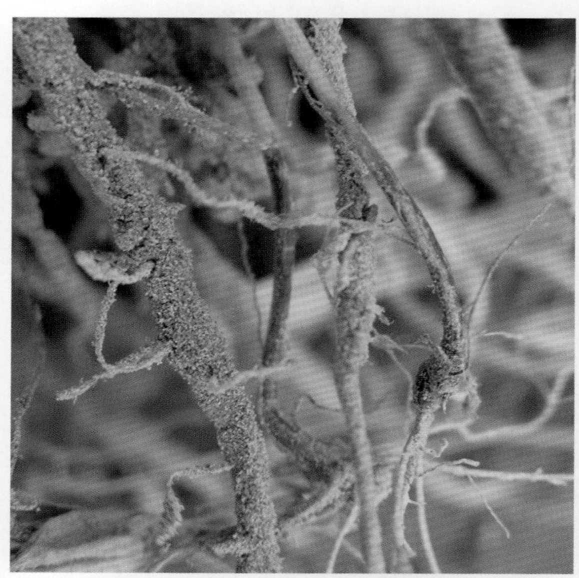

图 9　小麦全蚀病，返青拔节期初生根、地下茎受害变黑色

### 3. 抽穗灌浆期

病株成簇或点片出现早枯白穗（图 10，图 11），在潮湿麦田中，茎基部表面形成"黑脚"（图 12 ~ 图 14），后颜色加深呈黑膏药状（图 15，图 16），其上密布黑褐色颗粒状子囊壳（图 17）。

上述症状均为小麦全蚀病的突出特点，也是区别于其他小麦根腐型病害的主要特征。

图 10　小麦全蚀病，病株成簇提早枯死

图 11　小麦全蚀病，病株成片枯死

图 12　小麦全蚀病，黑脚，单株病株

图 13　小麦全蚀病，黑脚，成丛病株

图 14　小麦全蚀病，黑脚，大田普遍

图 15　小麦全蚀病，黑膏药（大田自然状态）

图 16　小麦全蚀病，黑膏药（水洗后拍照）

图 17　小麦全蚀病，病部黑色小粒（病原子囊壳）

## 发生规律

小麦全蚀病菌是一种土壤寄居菌。病菌较好气，发育温限 3 ～ 35℃，适宜温度 19 ～ 24℃，致死温度为 52 ～ 54℃（温热）10 min。病菌以菌丝体在田间小麦残茬、夏玉米等夏季寄主的根部及混杂在场土、麦糠、种子间的病残组织上越夏，是后茬小麦的主要侵染源，引种混有病残体的种子是无病区发病的主要原因。小麦播种后，菌丝体从麦苗种子根侵入。在菌量较大的土壤中冬小麦播种后 50 d，麦苗种子根即受害变黑。病菌以菌丝体在小麦的根部及土壤中病残组织内越冬。小麦返青后，随着地温升高，菌丝增殖加快，沿根扩展，向上侵害分蘖节和茎基部。拔节后期至抽穗期，菌丝蔓延侵害茎基部 1 ～ 2 节，致使病株陆续死亡，田间出现早枯白穗。小麦灌浆期病势发展最快。遇干热风，病株加速死亡。

小麦全蚀病的发生与耕作制度、土壤肥力、耕作条件等密切相关。连作病重，轮作病轻；小麦与夏玉米 1 年两作多年连种，病害发生重；土质疏松，土壤肥力低，碱性土壤，氮、磷、钾比例失调，尤其是缺磷地块，病情加重，增施腐熟有机肥可减轻发病；冬小麦早播发病重，晚播发病轻；另外，感病品种的大面积种植，也是加重病害发生的原因。

## 防治措施

根据小麦全蚀病的发病规律和各地防病经验，要控制病害，必须做到保护无病区、封锁零星病区，采用综合防治措施压低老病区病情。

### 1. 植物检疫

控制和避免从病区引种。如确需调出良种，要选无病地块留种，单收单打，风选扬净，严防种子间夹带病残体传病；同时，要严格做到播种时的药剂处理。

### 2. 农业防治

（1）减少菌源：新病区零星发病地块要机割的小麦，留茬 16 cm 以上，单收单打。病地麦粒不作种，麦糠不沤粪，严防病菌扩散。有病地块停种两年小麦、玉米等寄主作物，改种大豆、高粱、油菜、棉花、蔬菜、甘薯和麻类等非寄主作物。

（2）定期轮作倒茬：①大轮作。有病地块每 2 ～ 3 年定期停种一季小麦，改种蔬菜、棉花、油菜、春甘薯等非寄主作物，也可种植春玉米。大轮作可在麦田面积较小的病区推广。②小换茬。小麦收获后，复种一季夏甘薯、伏花生、夏大豆、高粱、秋菜（白菜、萝卜）等非寄主作物后，再直播或移栽冬小麦。有水利条件的地区，实行稻、麦水旱轮作，防病效果也较明显。轮作换茬要结合培肥地力，并严禁施入病粪，否则病情回升快。

### 3. 化学防治

（1）土壤处理：播种前选用 70% 甲基硫菌灵可湿性粉剂按每亩 2 ～ 3 kg 加细土 20 ～ 30 kg，均匀施入播种沟中进行土壤处理。

（2）药剂拌种：用 12.5% 硅噻菌胺悬浮剂 20 mL，或用 15 亿 / g 荧光假单孢杆菌水分散粒剂 100 ～ 150 g，或用 2.5% 咯菌腈悬浮种衣剂 10 ～ 20 mL+3% 苯醚甲环唑悬浮种衣剂 50 ～ 100 mL，拌麦种 10 kg。

（3）药剂灌根：小麦返青期，用 15 亿 / g 荧光假单孢杆菌水分散粒剂每亩 100 ～ 150 g 对水 150 kg 灌根。

# （一）主要病虫害　6. 小麦胞囊线虫病

## 分布为害

小麦胞囊线虫病是小麦上的一种新病害，严重影响小麦产量和品质。河南省 1990 年确认此病害发生，目前已有 15 个地级市有该病分布。小麦受害后叶片发黄似干旱缺肥状，生长缓慢，分蘖减少，成穗率低，籽粒少。一般能造成小麦减产 20% ～ 30%，发病严重的地块减产 50% 以上，甚至绝收（图 1 ～图 6 ）。

图 1　小麦胞囊线虫病，大田为害状，苗期

图 2　小麦胞囊线虫病，大田为害状，抽穗后

图 3　小麦胞囊线虫病，大田为害状，严重病株抽穗后表现明显矮化

图 4　小麦胞囊线虫病，收获时病健株高对比，病株矮化

图 5　小麦胞囊线虫病，生长期病健株高对比，病株矮化

图 6　小麦胞囊线虫病，病健株籽粒对比，病粒瘪瘦

## 症状特征

小麦受害后在不同的生育期表现出的症状不一。小麦地上部的表现症状是小麦胞囊线虫为害小麦根系所致。

**1. 苗期**

地上部植株矮化，叶片发黄，麦苗瘦弱，分蘖明显减少或不分蘖，似缺肥缺水状，小麦根部出现大量根结，病健株根系差别明显（图 7 ～图 11）。

图 7　小麦胞囊线虫病，苗期发黄，似缺肥状

图 8　小麦胞囊线虫病，苗期感病叶片发黄，似缺肥状

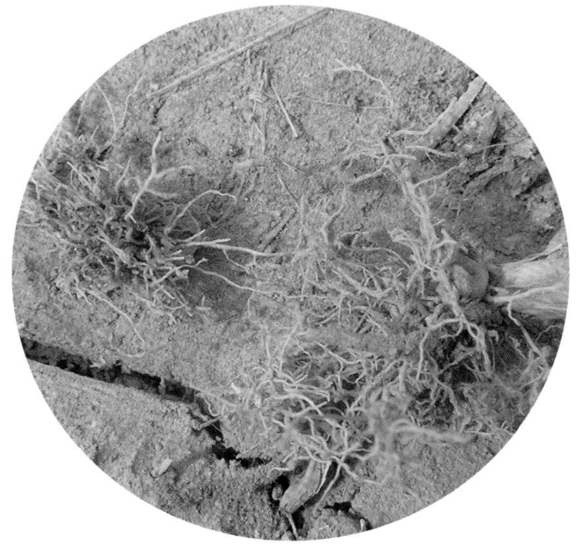

图 9　小麦胞囊线虫病，苗期根部形成大量根结

图 10　小麦胞囊线虫病，苗期根部形成大量根结，扭结成须根团

图 11　小麦胞囊线虫病，苗期病健株根系比较，病株有大量根结

### 2. 拔节期

病株生长势弱，明显矮于健株，病苗在田间分布不均匀，常成片发生。地下部分根系有多而短的分叉，形成大量根结，严重时丝结呈乱麻状须根团（图 12，图 13）。

图 12　小麦胞囊线虫病，病健株高比较，病株矮化

图 13　小麦胞囊线虫病，病株根系成乱麻状须根团

### 3. 灌浆期

小麦群体常现绿中加黄，高矮相间的山丘状；根部可见大量白色胞囊；成穗少，穗小粒少，产量低（图 14 ~ 图 16）。

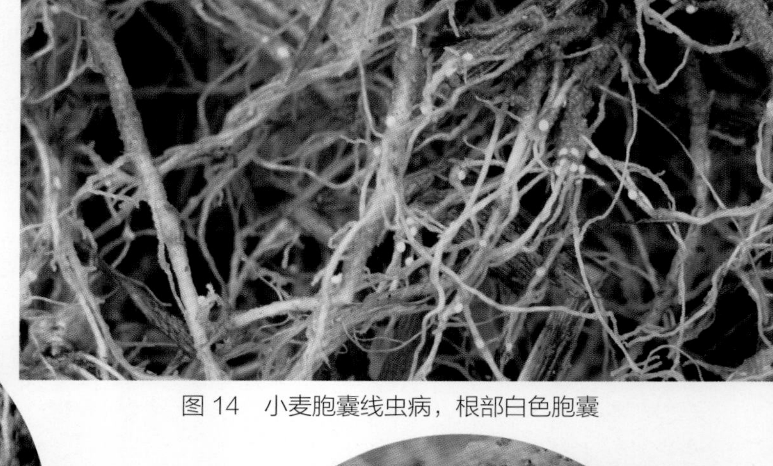

图 14　小麦胞囊线虫病，根部白色胞囊

图 15　小麦胞囊线虫病，根部附着的单个白色胞囊

图 16　小麦胞囊线虫病，根部附着的胞囊

## 发生规律

**1. 生活史**

该线虫在河南省一般1年发生1代，以胞囊在土壤中越夏。当秋季气温降低，土壤湿度适宜时，越夏胞囊内的卵先孵化成1龄幼虫，在卵内蜕皮后破壳而出变为2龄幼虫，侵入小麦根部，在根内发育至3～4龄，4龄在蜕皮后发育为雌成虫（柠檬形）或雄成虫（线形）。雄成虫进入土壤寻找雌成虫交配后死去，而雌成虫定居原处取食为害，开始孕卵，其体躯急剧膨大，撑破寄主根部表皮露于根表，发育老熟，成为褐色胞囊，脱落遗散于土中，成为下一季作物的初侵染源。

**2. 传播途径**

土壤是该线虫传播的主要途径，耕作、流水、农事操作及人畜带的土壤等可以近距离传播，农机具、种子携带带有该线虫的土块可以远距离传播。

**3. 发病条件**

（1）气候因素：在小麦的生长季节干旱或早春出现低温天气，受害加重。

（2）土壤因素：据调查，该线虫在除红棕土外的各类土壤中均有分布。一般在沙壤土及沙土中该线虫群体大、为害严重，黏重土壤中为害较轻。土壤含水量过高或过低均不利于线虫发育和病害发生，平均含水量8%～14%有利于发病。

（3）肥水因素：氮肥能够抑制该线虫群体增长，钾肥则刺激该线虫孵化及生长。土壤水肥条件好的田块，小麦生长健壮，损失较小；土壤肥水状况差的田块，则损失较大。

（4）作物及品种：小麦、大麦、燕麦等多种禾谷类作物都是该线虫的寄主，但感病程度有所不同。在河南省小麦是该线虫的主要寄主作物，不同小麦品种间对该线虫的抗、耐病性存在明显差异。

## 防治措施

**1. 农业措施**

（1）种植抗病品种：种植抗病品种是经济有效的防治措施。目前大面积推广或新选育的小麦品种中没有高抗品种，太空6号、温麦4号、偃4110、豫优1号和新麦11等品种具有一定抗性，各地可选择性推广。

（2）轮作：通过与非寄主植物（如豆科植物大豆、豌豆、三叶草和苜蓿等）和不适合的寄主植物（玉米等）轮作，可以降低土壤中小麦胞囊线虫的种群密度，与水稻、棉花、油菜连作2年后种植小麦，或与胡萝卜、绿豆轮作3年以上，可有效防治小麦胞囊线虫病。

（3）适当调整播期：土壤温度对小麦胞囊线虫的生活史及其对寄主植物的为害性存在很大的影响，低温可以刺激卵的孵化和抑制寄主根系的生长。因此，调节小麦播种期，适当早播，可以减少病害损失。随温度的降低，大量2龄幼虫孵化时，此时小麦根系已经发育良好，抗侵染能力增强，发病减轻。

（4）合理施肥和灌水：适当增施氮肥和磷肥，改善土壤肥力，促进植株生长，可降低小麦胞囊线虫的为害程度，而偏施钾肥可以加重病情。干旱时应及时灌水，能有效减轻为害。

**2. 化学防治**

在小麦播种期用10%克线磷颗粒剂或10%噻唑磷颗粒剂，每亩300～400 g，播种时沟施，能在一定程度上降低该线虫的为害。

# （一）主要病虫害　7. 小麦叶枯病

## 分布为害

小麦叶枯病是引起小麦叶斑和叶枯类病害的总称，广泛分布于河南小麦产区。小麦叶枯病以黄斑叶枯病、雪霉叶枯病、链格孢叶枯病为主。在多雨年份和潮湿地区发生比较严重。一般减产10% ~ 30%，重者减产 50% 以上（图 1，图 2）。

图 1　小麦叶枯病，大田为害状，上部叶片受害状

图 2　小麦叶枯病，大田为害状，下部叶片受害状

## 症状特征

小麦叶枯病多在抽穗期发生，主要为害叶片和叶鞘。一般先从下部叶片开始发病枯死，逐渐向上发展（图 3，图 4）。初发病叶片上生长出卵圆形淡黄色至淡绿色小斑，以后迅速扩大，形成不规则黄白色至黄褐色大斑块（图 5，图 6）。

图3　小麦叶枯病，下部叶片发病

图4　小麦叶枯病，上部叶片发病

图5　小麦叶枯病，发病初期叶片症状

图6　小麦叶枯病，发病后期表现出病斑扩大症状

## 发生规律

病菌在小麦残体上或种子上越夏，秋季开始侵入幼苗，以菌丝体在病株组织越冬。来年春季，病菌产生分生孢子传播为害。低温多湿条件有利于此病的发生扩展。小麦品种间的抗病性有较大差异。

## 防治措施

**1. 农业措施**

选用无病种子，适期适量播种，施足底肥，科学配方施肥，以控制田间群体密度，改善通风透光条件。合理灌水，禁忌大水漫灌。

**2. 化学防治**

（1）药剂拌种：用种子重量0.2% ~ 0.3%的50%福美双可湿性粉剂拌种，或33%多·酮可湿性粉剂按种子重量的0.2%拌种。

（2）生长期防治：小麦抽穗期至灌浆期是防治叶枯病的关键时期，每亩用12.5%烯唑醇可湿性粉剂25 ~ 30 g或20%三唑酮乳油100 mL对水50 kg均匀喷雾；也可用50%多菌灵可湿性粉剂1 000倍液，或50%甲基硫菌灵可湿性粉剂1 000倍液，或75%百菌清可湿性粉剂500 ~ 600倍液喷雾。间隔5 ~ 7 d再补防1次。

# （一）主要病虫害　8. 小麦黄花叶病毒病

## 分布为害

小麦黄花叶病毒病又称小麦梭条斑病毒病、小麦土传花叶病毒病，广泛分布于河南省小麦产区。小麦受害后叶片失绿，植株矮化，分蘖减少，成穗率降低。一般减产 10% ~ 30%，重者减产 50% 以上甚至绝收（图 1）。

图 1　小麦黄花叶病毒病，大田为害状

## 症状特征

在麦田一般以点片发生，严重时全田发病（图 2 ~ 图 4）。发病初期病株叶片呈现褪绿或坏死梭形条斑，与绿色组织相间，呈花叶症状，后造成整个病叶发黄、枯死（图 5 ~ 图 7）。发病严重植株严重矮化，分蘖减少，节间缩短变粗，茎基部变硬老化，抽出新叶黄化枯死（图 8，图 9）。

图2　小麦黄花叶病毒病，轻病田点片分布

图3　小麦黄花叶病毒病，连片分布

图4　小麦黄花叶病毒病，全田发病

图5　小麦黄花叶病毒病，花叶症状

图6　小麦黄花叶病毒病，叶片上的坏死条斑

图7　小麦黄花叶病毒病，病株叶片全部变黄

图8　小麦黄花叶病毒病，病株严重矮化

图9　小麦黄花叶病毒病，重病田矮化发黄病株与少量正常植株株高比较

## 发生规律

小麦黄花叶病毒病是一种土传病害，传毒媒介是习居于土壤中的禾谷多粘菌。秋苗期侵染多不显症，翌年麦苗返青阶段开始发病。通常 2 月中下旬开始表现症状，3 月上中旬为发病盛期。病情发展的适宜气温为 5 ～ 15℃，土壤温度达到 20℃以上时病情停止发展。该病主要靠病土、病根残体、病田水流传播，也可以经汁液摩擦接种传播。麦播后气温较低，土壤湿度大，春季气温回升慢，长期阴雨，低温天气则病害发生重。

## 防治措施

防治小麦黄花叶病毒病应以追施尿素等速效氮肥为主，辅以叶面肥，促进苗情转化，减轻病害损失。

**1. 农业防治**

选用抗（耐）病小麦品种；与非寄主作物油菜、马铃薯等进行多年轮作倒茬；适期晚播，避开传毒介体的最适侵染期；加强肥水管理，增强植株的抗病性。

**2. 化学防治**

发病地块每亩追施 5 ～ 8 kg 尿素以补充营养，同时混合喷施 20% 盐酸吗啉胍・乙铜可湿性粉剂 100 g + 0.01% 芸苔素内酯可溶液剂 10 mL + 98% 磷酸二氢钾结晶粉 100 g。

# （一）主要病虫害　9. 小麦根腐病

## 分布为害

小麦根腐病是小麦生产上的主要病害，广泛分布于河南小麦产区。小麦受害后叶片发黄枯死或整株、成片枯死，千粒重降低。种子感病后籽粒瘪瘦，胚部变黑，发芽率低。一般发生田减产10% ~ 20%，重病田减产 50% 以上（图 1，图 2）。

图 1　小麦根腐病，大田为害状，田间零散的枯白穗

图 2　小麦根腐病，大田为害状，小麦受害成片死亡

## 症状特征

小麦根腐病在小麦整个生育期都可以发生，表现症状因气候条件、生育期而异。干旱、半干旱地区，多引起茎基腐、根腐（图 3 ~ 图 5）；多湿地区除以上症状外，还引起叶斑、茎枯、穗颈枯。返青时

图 3　小麦根腐病，茎基腐，单株病株

图 4　小麦根腐病，地下茎受害变色

图 5　小麦根腐病，示根系全部腐烂

地上多表现为死苗，成株期地上多表现为叶枯、死株、死穗、植株倒伏等。

种子带菌发病重者多不能发芽出土，发病轻者在胚芽鞘、地下茎、幼根、叶鞘上产出褐色或黑色病斑（图6），小麦茎基部近分蘖节处出现褐色病斑，近地面的叶鞘生褐色梭形病斑，一般不深达茎节内部。种子带菌的小麦根部受害后生长势极弱，易提早死亡。

图6　小麦根腐病，幼根受害形成的黑色病斑

小麦生长期根部发病后，常造成根发育不良，次生根少，种子根、茎基部具褐色或黑色斑点，可深达内部，严重的次生根根尖或中部也褐变腐烂，分蘖节腐烂死亡（图7，图8），分蘖枯死，生育中后期部分或全株成片死亡。

小麦根腐病的根皮层易与根髓分离而脱落，而全蚀病的根皮层通常与根髓部成一体，不易脱落，据此可区分两种病害（图9，图10）。

图7　小麦根腐病，分蘖节受害腐烂死亡

图8　小麦根腐病，分蘖节受害腐烂死亡

图9　小麦根腐病，示根部皮层与根髓分离脱落

图10　小麦全蚀病，根部皮层与根髓不分离脱落

## 发生规律

病菌随病残体在土壤中或在种子上越冬或越夏，分生孢子经胚芽鞘或幼根侵入，引起地下茎次生根或茎基部叶鞘等部位发病。带菌种子是引起叶斑的重要初侵染源。小麦拔节后至成株期，根腐菌继续扩展，叶斑也从下向上不断扩展，地面上的病残体和植株病部不断产生大量病菌分生孢子，借风雨传播，进行再侵染。

播种过早、连作和种子带菌量大发病重。小麦生育前期温、湿度低，菌源量小，发病轻。幼苗受冻地下部根系发病重，高温多雨地上部发病重。气温 18 ～ 25℃，相对湿度 100%，叶片、穗部易发病流行。采取深翻、中耕、施肥、浇水等栽培措施的发病轻。品种间抗病性有差异。

## 防治措施

**1. 农业防治**

选用抗（耐）病和抗逆性强的小麦品种。深耕细耙，适期早播，合理轮作倒茬，增施有机肥、磷肥，科学配方施肥，培肥地力，合理灌溉，避免出现干旱或过湿。

**2. 化学防治**

用 6% 戊唑醇悬浮种衣剂 30 ～ 45 mL，或 2.5% 咯菌腈悬浮种衣剂 15 ～ 20 mL，或 15% 多・福悬浮种衣剂 150 ～ 200 mL，拌小麦种子 10 kg。发病重时选用 12.5% 烯唑醇可湿性粉剂 1 500 ～ 2 000 倍液，或 50% 多菌灵可湿性粉剂 1 000 倍液，或 50% 甲基硫菌灵可湿性粉剂 1 000 倍液喷雾，保护小麦功能叶，第一次在小麦扬花期，第二次在小麦乳熟初期。

# （一）主要病虫害　10. 小麦黄矮病

## 分布为害

小麦黄矮病是由麦蚜传播的一种病毒性病害，广泛分布于河南小麦产区。一般能造成小麦减产 10% ~ 20%，发病严重时减产可达 50% 以上，甚至绝收（图 1，图 2）。

图 1　小麦黄矮病，大田为害状，受害小麦叶片发黄，植株矮化

图 2　小麦黄矮病，大田为害状，受害小麦面积较大

## 症状特征

小麦受害后主要表现为叶片黄化，植株矮化。叶片上典型症状是新叶发病从叶尖渐向叶基扩展变黄，黄化部分占全叶的 1/3 ~ 1/2，叶基仍为绿色，且保持较长时间，有时出现与叶脉平行但不受叶脉限制的黄绿相间条纹（图 3，图 4）。发病早植株矮化严重，但因品种而异。冬麦发病不显症，越冬期间不耐低温易冻死，能存活的翌春分蘖减少，病株严重矮化，不抽穗或抽穗很小。拔节孕穗期感病的植株稍矮，根系发育不良。抽穗期发病仅旗叶发黄，植株矮化不明显，能抽穗，粒重降低。

图 3　小麦黄矮病，小麦叶尖向叶基逐渐变黄，发黄部分占叶片的 1/3 至 1/2

与生理性黄化区别在于，生理性的从下部叶片开始发生，整叶发病，田间发病较均匀。小麦黄矮病毒病下部叶片绿色，新叶黄化，旗叶发病较重，从叶尖开始发病变黄，向叶基发展，田间分布上从中心病株向四周扩展。

图4　小麦黄矮病，受害叶片黄绿相间条纹

图5　小麦黄矮病，主要传毒媒介麦二叉蚜

## 发生规律

该病的病原是病毒，由麦二叉蚜、麦长管蚜和黍缢管蚜传播，但以麦二叉蚜为主（图5）。其传毒蚜虫或来源于自生麦苗和禾本科杂草或秋作物上的带毒蚜虫，或随季风远距离迁飞来的带毒蚜虫。小麦从幼苗到成株期均能感病，麦田和附近杂草的多少，传毒蚜虫虫口密度的大小，带毒蚜虫迁移的早晚和小麦生长阶段的不同都与发病轻重有直接关系。气候条件有利于蚜虫繁殖时，常引起黄矮病严重发生。肥、水等栽培条件较差的田块，病情较重。

## 防治措施

**1. 农业防治**

选用抗（耐）病小麦品种。加强栽培管理，避免过早或过迟播种；强化肥水管理，增强植株的抗病性；及时清除田间、路边杂草。

**2. 化学防治**

（1）药剂拌种：60% 吡虫啉悬浮种衣剂 20 mL 拌小麦种子 10 kg。用 40% 甲基异柳磷乳油 100 ~ 150 mL，加水拌小麦种子 50 kg。

（2）防治传毒蚜虫：秋季发现蚜虫传毒中心时，及时采用 10% 吡虫啉可湿性粉剂或 50% 抗蚜威可湿性粉剂等药剂，及时杀灭传毒媒介。当蚜虫和黄矮病毒病混合发生时，要采用治蚜、防治病毒病和健身管理相结合的综合措施。将杀蚜剂、防病毒剂和叶面肥、植物生长调节剂等，按照适宜比例混合喷雾，能收到比较好的效果。

# （一）主要病虫害

## 11. 小麦秆黑粉病

### 分布为害

小麦秆黑粉病广泛分布于河南小麦产区。病原自幼苗开始进行系统侵染。小麦受害后一般减产10% ~ 30%，重者减产50%以上，甚至绝收（图1，图2）。

图1　小麦秆黑粉病，大田为害状（前期）

图2　小麦秆黑粉病，大田为害状，全田小麦提早干枯死亡

## 症状特征

小麦感病后病株多矮化、卷曲或畸形（图 3，图 4），多数病株不能抽穗而卷曲在叶鞘内，或抽出畸形穗（图 5），大多不结实，即使结实，种子也细小、皱缩。病株分蘖多，有时无效分蘖可达百余个，抽穗前即枯死（图 6）。

图 3　小麦秆黑粉病，病株严重矮化

图 4　小麦秆黑粉病，病株卷曲畸形

图 5　小麦秆黑粉病，抽出畸形穗

图 6　小麦秆黑粉病，病株抽穗前枯死

小麦秆黑粉病最初是在叶、叶鞘、茎等部位出现与叶脉平行的条纹状孢子堆。孢子堆略隆起，初白色，后变灰白色至黑色，病组织老熟后，孢子堆破裂，散出黑色粉末（即冬孢子）（图 7 ~ 图 11）。

图 7　小麦秆黑粉病病叶

图 8　小麦秆黑粉病，叶片上隆起的孢子堆条纹

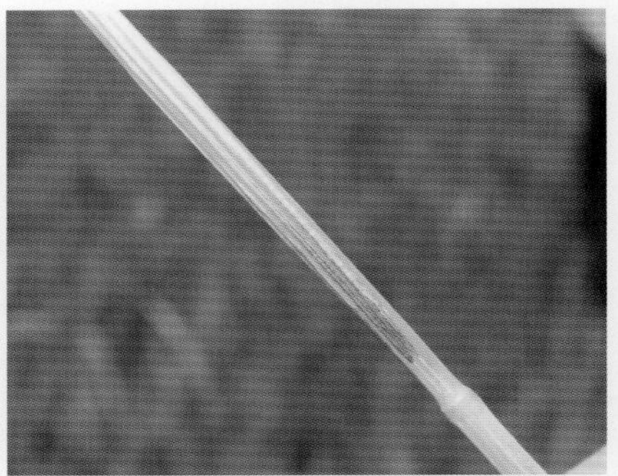

图 9　小麦秆黑粉病，茎秆上的症状

图 10　小麦秆黑粉病，茎秆叶鞘上隆起的孢子堆条纹

图 11　小麦秆黑粉病，孢子堆破裂散出黑粉状冬孢子

## 发生规律

小麦秆黑粉病是幼苗系统性侵染病害，没有二次侵染。病原菌随病残体在土壤、粪肥中越冬传播，也可以随小麦种子做远距离传播。小麦收获前病菌的厚垣孢子有一部分落入土中，收获后，大部分病株遗留在田间。当土壤中的冬孢子萌发后，侵入小麦叶鞘进而到达生长点，随幼苗生长而发育，翌年春天显现症状。

该病发生与小麦发芽期间土壤温度有关，土温在 9 ～ 26℃均可发病，平均土温 20℃最为适宜。整地粗糙，播种时墒情不好，播种过深发病重。品种间抗病性差异明显。

## 防治措施

**1. 农业防治**

选用抗病品种和无病种子。合理轮作，精细整地，施用无菌粪肥，适期迟播。

**2. 化学防治**

用 6% 的戊唑醇悬浮种衣剂 30 ～ 45 mL，拌小麦种子 100 kg，或 15% 三唑酮可湿性粉剂 150 g，拌小麦种子 100 kg。发病初期可用 15% 三唑酮可湿性粉剂或 12.5% 烯唑醇可湿性粉剂或 50% 多菌灵可湿性粉剂喷雾防治。

# （一）主要病虫害　12. 小麦腥黑穗病

## 分布为害

小麦腥黑穗病是河南省补充检疫对象，病原自小麦幼苗期进行系统侵染为害。小麦受害后多能正常抽穗，但感病株麦粒充满病原菌因而丧失食用价值，所以该病一旦发生就会造成小麦严重损失，降低麦粒及面粉品质（图 1，图 2）。

图 1　小麦腥黑穗病，大田为害状，受害小麦穗部

图 2　小麦腥黑穗病，发病麦田收获后的小麦麦粒上附着的黑粉，即病原冬孢子，小麦产品中混杂菌瘿与病粒

## 症状特征

小麦腥黑穗病包括网腥黑穗病和光腥黑穗病两种，其症状无区别。病株一般较健株稍矮，分蘖增多。病穗较短，直立，颜色较健穗深（图 3）；开始为灰绿色，以后变为灰白色。颖壳略向外张开，露出部分病粒（图 4）。

图 3　小麦腥黑穗病，病穗直立

图 4　小麦腥黑穗病，病穗颖壳张开，露出黑色病粒

小麦受害后，一般全穗麦粒均变成病粒（图 5）。病粒较健粒短、肥，初为暗绿色，后变为灰白色，外面包有一层灰褐色薄膜，里面充满黑粉，病健粒极易识别（图 6，图 7）。

图 5　小麦腥黑穗病，全穗麦粒均变成病粒

图 6　小麦腥黑穗病，灌浆期病健粒比较，病粒充满病原菌

图 7　小麦腥黑穗病，收获后病健粒比较，病粒瘪瘦且充满病原菌而呈黑色籽粒

## 发生规律

小麦腥黑穗病病菌孢子附着在种子外表或混入粪肥、土壤内越夏或越冬。播种后小麦发芽时，病菌由芽鞘侵入麦苗并到达生长点，在植株体内生长，以后侵入开始分化的幼穗，破坏穗部的正常发育，至抽穗时在麦粒内又形成厚垣孢子。小麦收获脱粒时，病粒破裂，病菌飞散并黏附在种子外表或混入粪肥、土壤内越夏或越冬，翌年进行再次侵染循环。

小麦腥黑穗病是系统性侵染型病害，在地下害虫为害较重的麦田病害往往发生重。小麦幼苗出土以前的土壤环境条件与病害的发生发展密切相关，以土壤温度对发病的影响最为重要。小麦腥黑穗病侵入幼苗的最适温度较麦苗发育适温低，一般为 9 ~ 12℃，土温较低利于病菌侵染，冬小麦迟播发病重。另外，土壤湿度对病害的发生也有一定影响，土壤过干或过湿均不利于病害发生。

## 防治措施

### 1. 农业防治

选用抗病品种；适期播种，提高播种质量；加强田间管理，合理灌水施肥，及时排涝。

### 2. 药剂拌种

用 6% 戊唑醇悬浮种衣剂 30 ~ 45 mL，或 2.5% 咯菌腈悬浮种衣剂 100 ~ 200 mL，拌小麦种子 100 kg，可兼治散黑穗病。

# （一）主要病虫害　13. 小麦散黑穗病

## 分布为害

小麦散黑穗病广泛分布于河南小麦产区，除为害小麦外，也为害大麦。该病主要为害小麦穗部，穗部受害后小穗全部或部分被毁，一般减产 10% ~ 20%，严重的可达 30%以上，对小麦产量和品质影响很大（图 1，图 2）。

图 1　小麦散黑穗病，为害小麦，大田为害状，小麦病穗

图 2　小麦散黑穗病，为害大麦，大麦受害病穗

## 症状特征

小麦感染散黑穗病在孕穗前不表现症状。感病植株较健株矮，病穗比健穗较早抽出（图 3）。初期感病小穗外面包有一层灰色薄膜，成熟后破裂散出黑粉（病菌的厚垣孢子），黑粉吹散后，只残留裸露的穗轴（图 4 ~ 图 6）。感病麦穗上有的小穗全部被毁，有的部分小穗被毁仅上部残留少数健康小穗（图 7）。主茎、分蘖都能出现病穗，但在抗病品种上有的分蘖不发病。该病偶尔也侵害叶片和茎秆，在其上长出条状黑色孢子堆。

图 3　小麦散黑穗病，病株矮化

图4 小麦散黑穗病，病穗小穗外面包裹一层灰色薄膜

图5 小麦散黑穗病，病穗小穗外面的灰色薄膜破裂，散出黑粉

图6 小麦散黑穗病，病穗剩下穗轴

## 发生规律

小麦散黑穗病是花器侵染病害，一年只侵染一次。带菌种子是病害传播的唯一途径。病菌以菌丝潜伏在种子胚内，外表不显症。当带菌种子萌发时，潜伏的菌丝也开始萌发，随小麦生长发育经生长点向上发展，侵入穗原基。孕穗时菌丝体迅速发展，使麦穗变为黑粉（即病原的厚垣孢子）。小麦扬花期厚垣孢子随风落在健穗上，落在湿润的柱头上萌发侵入子房进入胚珠，种子成熟时潜伏在胚内，当年不表现症状，翌年发病，侵染小麦种子并潜伏，完成侵染循环。刚产生厚垣孢子 24 小时后即能萌发，温度范围 5 ～ 35℃，最适 20 ～ 25℃。厚垣孢子在田间仅能存活几周，没有越冬 ( 或越夏 ) 的可能性。小麦扬花期空气湿度大，连续阴雨天气多利于孢子萌发侵入，形成较多的带病种子，翌年发病重。反之，气候干燥、种子带菌率低，翌年发病就轻。

图7 小麦散黑穗病，示病穗小穗全部被毁（左）和上部剩余健康小穗（右）

## 防治措施

**1. 农业防治**

选用抗病品种，合理轮作，精耕细作，足墒适时下种，使用无菌肥，增强小麦抗耐病能力。

**2. 药剂防治**

（1）种子处理：用 6% 戊唑醇悬浮种衣剂 30 ～ 45 mL，或 3% 苯醚甲环唑悬浮种衣剂 200 ～ 300 mL，或 2% 灭菌唑悬浮种衣剂 125 ～ 250 mL，拌小麦种子 100 kg。

（2）生长期防治：小麦抽穗扬花初期，用 50% 多菌灵可湿性粉剂或 70% 甲基硫菌灵可湿性粉剂喷雾。

# （一）主要病虫害　14. 小麦颖枯病

## 分布为害

小麦颖枯病广泛分布于河南小麦产区。主要为害小麦未成熟的穗部和茎秆，有时也为害小麦叶片和叶鞘。小麦受害后穗粒数减少，籽粒瘪瘦，出粉率降低。一般颖壳受害率 10% ~ 80%，轻者减产 1% ~ 7%，重者减产达 30% 以上（图 1）。

图 1　小麦颖枯病，大田为害状

## 症状特征

小麦穗部受害初期在颖壳上产生深褐色斑点，后变枯白色，扩展到整个颖壳（图 2，图 3），并在其上长满菌丝和小黑点（分生孢子器），病重的不能结实。叶片上病斑初为长椭圆形、淡褐色小点，

图 2　小麦颖枯病，颖壳上初期病斑和扩展后病斑

图 3　小麦颖枯病，示多个颖壳感病

后逐渐扩大成不规则形病斑，边缘有淡黄色晕圈，中间灰白色，其上密生小黑点（图 4，图 5）。茎节受害呈褐色病斑，其上也生细小黑点。

图 4　小麦颖枯病，叶片及叶鞘症状

图 5　小麦颖枯病，叶片上症状

## 发生规律

此病发生与病残体、种子带菌、气候及栽培条件密切相关。颖枯病喜温暖潮湿环境，高温多雨利于病害发生蔓延。病菌侵染温度为 10 ~ 25℃，以 22 ~ 24℃最适。颖枯病仅侵染未成熟的麦穗，至蜡熟期即不再侵染。连作田、土壤贫瘠、偏施氮肥、土壤潮湿的田块发病重。病菌在病残体或附在种子上越夏，秋季侵入麦苗，以菌丝体在病株上越冬。小麦品种间抗性有差异。

## 防治措施

### 1. 农业措施

选用无病种子。合理轮作，麦收后深耕灭茬，清除病残体，消灭自生麦苗，压低菌源。施用腐熟有机肥，增施磷、钾肥，采用配方施肥技术，增强植株抗病能力。

### 2. 药剂防治

种子处理。用 50% 多菌灵可湿性粉剂或 70% 甲基硫菌灵可湿性粉剂或 50% 多 · 福可湿性粉剂按种子量的 0.2% 拌种。病情严重的地块，在小麦抽穗期喷洒 75% 百菌清可湿性粉剂 800 ~ 1 000 倍液，或 25% 苯菌灵乳油 800 ~ 1 000 倍液，或 25% 丙环唑乳油 2 000 倍液喷雾防治，间隔 15 d 再喷一次。

# （一）主要病虫害　15. 小麦霜霉病

## 分布为害

又称黄化萎缩病，广泛分布于河南省小麦产区。小麦染病后不能正常抽穗，千粒重明显降低。田间低洼处或水渠旁易发生，常零星、成片、全田发病，没有明显的发病中心。一般发病率为10% ~ 20%，重者高达 50% 以上（图 1，图 2）。

图 1　小麦霜霉病，大田为害状，点片发病

图 2　小麦霜霉病，大田为害状，全田发病

## 症状特征

小麦感病植株矮缩，株高不到正常小麦的1/2，叶片呈淡绿，扭曲，现黄白条形花纹（图3 ~图6）。染病重的小麦不能正常抽穗或穗从旗叶叶鞘旁拱出，弯曲成畸形龙头穗（图7 ~图9）。

图3　小麦霜霉病，植株严重矮化

图4　小麦霜霉病，病健株比较，病株严重矮化

图5　小麦霜霉病，叶片扭曲

图6　小麦霜霉病，叶片褪绿，现黄白相间条形花纹

图7　小麦霜霉病，心叶扭曲无法抽穗

图8　小麦霜霉病，穗从旗叶叶鞘抽出

图9　小麦霜霉病，穗部扭曲成畸形龙头穗

## 发生规律

病菌以卵孢子在土壤内的病残体上越冬或越夏。一般休眠5～6个月后发芽，产生游动孢子，在有水或湿度大时，萌芽后从幼芽侵入，进行系统性侵染。小麦播后芽前麦田被水淹及翌年3月又遇有春寒，气温偏低利于该病发生。地势低洼、稻麦轮作田易发病。

## 防治措施

**1. 农业防治**

实行轮作，发病重的田块与非禾谷类作物进行一年以上轮作；避免大水漫灌，雨后及时排水防止湿气滞留，发现病株及时拔除。

**2. 药剂拌种**

每100 kg小麦种子用35%甲霜灵可湿性粉剂200～300 g拌种，晾干后播种。小麦生长期表现发病症状时可喷洒58%甲霜灵·锰锌可湿性粉剂800～1 000倍液，或72%霜脲·锰锌可湿性粉剂600～700倍液等进行防治。

# （一）主要病虫害

## 16. 小麦蚜虫

### 分布为害

小麦蚜虫，简称麦蚜，又名腻虫，以麦长管蚜、麦二叉蚜、黍缢管蚜为主，常混合发生，广泛分布于河南省小麦产区。

麦蚜以成蚜、若蚜吸食小麦叶片、茎秆和嫩穗的汁液为害。苗期多集中在叶背面、叶鞘及心叶处刺吸为害，轻者造成叶片发黄、生长停滞、分蘖减少，重者麦株枯萎死亡（图 1 ~图 3）。小麦抽穗后集中在穗部为害，造成小麦灌浆不足、籽粒干瘪、千粒重下降，造成严重减产（图 4 ~图 7）。

图 1　小麦蚜虫，大田为害状，小麦叶片被害点片发黄

图 2　小麦蚜虫，大田为害状，小麦叶片被害成片发黄枯死

图 3　小麦蚜虫，大田为害状，小麦下部叶片被害发黄枯死

除直接为害小麦外，麦长管蚜和麦二叉蚜还是小麦黄矮病的主要传毒媒介，以麦二叉蚜的传毒力最强。麦蚜排泄的蜜露还易在小麦叶片上诱发煤污病，影响小麦叶片的光合作用（图 8，图 9）。

图4　小麦蚜虫，大田为害状，穗部被害状

图5　小麦蚜虫，大田为害状，穗期穗部受害变黑，田间为害界限明显

图6　小麦蚜虫，大田为害状，蚜虫在小麦穗部为害

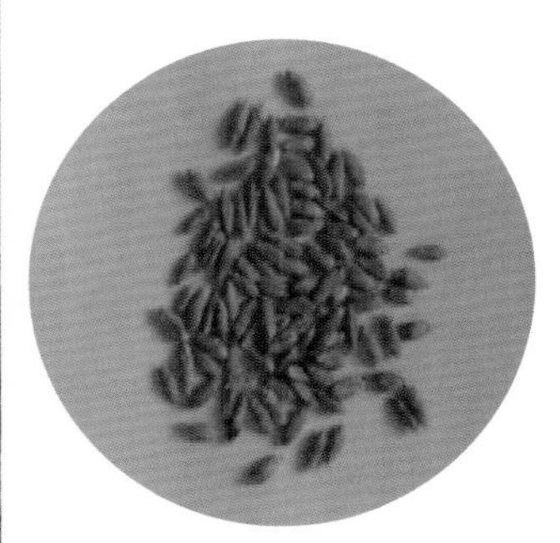

图7　小麦蚜虫，被害穗与健康穗籽粒对比，病穗籽粒干瘪

图8　小麦蚜虫，麦蚜排泄物诱发小麦煤污病（下部叶片）

图9　小麦蚜虫，麦蚜排泄物诱发小麦煤污病（穗部和叶片）

## 形态特征

三种小麦蚜虫形态特征的区别主要在体色、触角、腹管及成虫翅脉。麦长管蚜体色绿色，触角长超过腹部 2/3，腹管长超过腹部末，翅脉没有明显的二叉分支（图 10，图 11）；麦二叉蚜体色多淡绿色至黄褐色，触角长不超过腹部 2/3，腹管通常不超过腹部末，翅脉有明显的二叉分支（图 12，图 13）；黍缢管蚜体色多暗绿至黑绿色（图 14 ~ 图 16）。再结合它们的发生规律，极易将三种蚜虫区分开来。

图 10　小麦蚜虫

图 11　麦长管蚜，行孤雌生殖

图 12　麦长管蚜，触角长，超过腹部 2/3，腹管长超过腹部末

图 13　麦二叉蚜，若蚜腹管和有翅蚜翅脉

图 14　小麦黍缢管蚜，若蚜体色暗绿、墨绿色，在小麦苗期植株下部为害状

图 15　小麦黍缢管蚜，若蚜体色暗绿、墨绿色，在小麦苗期植株下部为害

图 16　小麦黍缢管蚜，若蚜体色暗绿、墨绿色，在小麦穗部为害

## 发生规律

在适宜的环境条件下，麦蚜都能以无翅型孤雌胎生蚜生活（图 17）。在营养不足、环境恶化或虫群密度大时，则产生有翅型迁飞扩散，但仍行孤雌胎生，只是在寒冷地区秋季才产生有性雌、雄蚜交尾产卵。卵翌春孵化为干母，继续产生无翅型或有翅型蚜虫。卵呈长卵形，刚产出的卵淡黄色，逐渐加深，5 d 左右即呈黑色。

三种麦蚜一年均可发生 10 ~ 20 代。麦长管蚜在南方以成、若虫越冬，每年春季 3 ~ 4 月随气温回升，小麦由南至北逐渐成熟，越冬区麦长管蚜产生大量有翅蚜，随气流迁入北方冬麦区进行繁殖为害。麦二叉蚜、黍缢管蚜均以卵越冬，初夏飞至麦田。小麦返青至乳熟初期，麦长管蚜种群数量最大，随植株生长向上部叶片扩散为害，最喜在嫩穗上吸食，故也称“穗蚜”。麦二叉蚜分布在下部叶片背面为害；小麦乳熟后期黍缢管蚜数量有明显上升为害叶片。麦长管蚜及麦二叉蚜最适气温为 16 ~ 25℃，黍缢管蚜在 30℃左右发育最快。麦长管蚜最适相对湿度为 50% ~ 80%，麦二叉蚜则喜干旱。麦蚜的天敌有瓢虫（图 18，图 19）、食蚜蝇、草蛉、蚜茧蜂（图 20 ~图 22）等 10 余种，天敌数量大时，能有效控制后期麦蚜种群数量。

图 17　小麦蚜虫，孤雌生殖

图 18　小麦蚜虫天敌，瓢虫幼虫

图 19　小麦蚜虫天敌，瓢虫成虫

图 20　小麦蚜虫天敌，叶片上被蚜茧蜂寄生形成的僵蚜

## 防治措施

防治策略上，对黄矮病流行区，应以麦二叉蚜为主攻目标，做到早期治蚜控制黄矮病发展；非黄矮病流行区，在做好苗期蚜虫控制的基础上，重点抓好小麦抽穗灌浆期麦长管蚜和黍缢管蚜的防治。协调应用各种防治措施，充分发挥自然天敌的作用，依据科学的防治指标及天敌利用指标，适时进行化学防治，把小麦损失控制在经济允许水平以下。

### 1. 农业防治

清洁田园，清除路边田埂上的杂草；加强田间管理，合理配方施肥浇水，增强小麦抗逆性。

### 2. 生物防治

改进施药技术，选用对天敌安全的药剂，减少用药次数和数量，保护利用天敌免受伤害。当天敌与麦蚜比例小于 1∶150（蚜虫小于 150 头）时，延缓使用化学药剂。

### 3. 物理防治

推广应用黄色诱杀和银灰色避蚜技术，减少化学药剂的使用。

### 4. 化学防治

用 60% 吡虫啉悬浮种衣剂 20 mL，拌小麦种子 10 kg。小麦穗期当百穗蚜量达到 500 头，天敌与麦蚜比例在 1∶150 以上时，可用 50% 抗蚜威可湿性粉剂 4 000 倍液，或 10% 吡虫啉可湿性粉剂 1 000 倍液，48% 毒死蜱乳油 1 000 倍液，或 5% 啶虫脒可湿性粉剂 1 000 ~ 1 500 倍液喷雾防治。

# （一）主要病虫害　17. 小麦红蜘蛛

## 分布为害

小麦红蜘蛛俗名火龙、麦虱子，分为麦圆蜘蛛和麦长腿蜘蛛两种。水浇地以麦圆蜘蛛为主，麦长腿蜘蛛主要分布在山区、丘陵、旱地。小麦红蜘蛛成、若螨以刺吸式口器刺吸小麦叶片、叶鞘、嫩茎等部位进行为害。小麦受害后田间主要表现为点片发黄，并扩展到整个田块（图 1 ~ 图 5）。被害小麦叶片上最初表现为白斑，后变黄。受害小麦植株矮小，发育不良，严重者整株干枯死亡。一

图 1　小麦红蜘蛛，大田早期为害状，麦圆蜘蛛为害小麦叶片造成点片发黄

图 2　小麦红蜘蛛，大田为害状，麦圆蜘蛛为害造成小麦成片发黄枯死

图 3　小麦红蜘蛛，大田为害状，麦圆蜘蛛严重田造成全田小麦发黄枯死

图 4　小麦红蜘蛛，春季麦圆蜘蛛严重发生田地面上的大量麦圆蜘蛛若虫和成虫

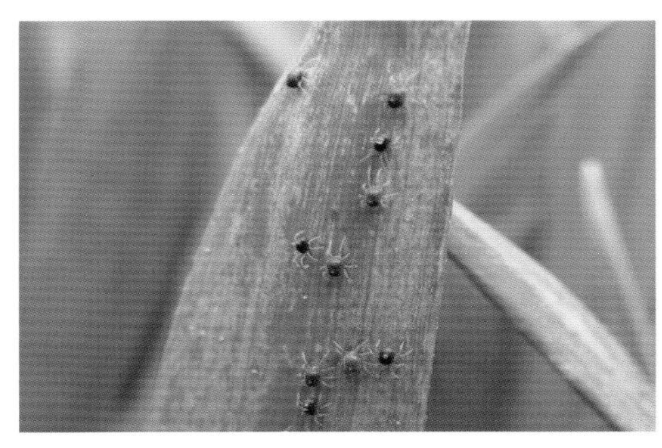

图 5　小麦红蜘蛛，大发生时小麦叶片上的麦圆蜘蛛若虫和成虫

般减产 15% ~ 20%，重者减产 50% 以上，甚至绝收（图 6 ~ 图 8）。有些时候小麦红蜘蛛也能爬到小麦穗部为害（图 9）。

图6　小麦红蜘蛛，为害早期，在小麦叶片背面造成白斑

图7　小麦红蜘蛛，严重为害，在小麦叶片正面造成大量白斑

图8　小麦红蜘蛛，为害小麦造成叶片枯死

图9　小麦红蜘蛛，为害小麦上部叶片和穗

## 形态特征

**1. 麦圆蜘蛛**

成螨体长 0.65 mm，宽 0.43 mm，略呈圆形，深红褐色，体背后部有隆起的肛门（背肛）。足 4 对，第一对最长，第四对次之，第二、三对约等长，足和肛门周围红色（图 10 ~ 图 12）。若螨共四龄，第一龄体圆形，足三对，称幼螨；二龄以后足四对，似成螨；四龄深红色，和成螨极相似。

**2. 麦长腿蜘蛛**

成螨体长 0.61 mm，宽 0.23 mm，呈卵圆形，红褐色。足四对，橘红色，第一对足特别发达（图 13）；若螨共三龄，第一龄体圆形，足三对，称幼螨。第二、三龄足四对，体较长，似成螨。

图 10　小麦红蜘蛛，麦圆蜘蛛背肛和第一对足

图 11　小麦红蜘蛛，麦圆蜘蛛背肛排泄及第一对足（放大）

图 12　小麦红蜘蛛，麦圆蜘蛛若虫和成虫背肛

图 13　小麦红蜘蛛，麦长腿蜘蛛

## 发生规律

在河南，麦长腿蜘蛛每年发生 3 ～ 4 代，麦圆蜘蛛每年发生 2 ～ 3 代。两者都是以成螨和卵在植株根际和土缝中越冬，翌年 2 月中旬成虫开始活动，越冬卵孵化，3 月中下旬虫口密度迅速增大，为害加重，4 月下旬至 5 月上中旬麦株黄熟后，成虫数量急剧下降，以卵越夏。10 月上中旬，越夏卵陆续孵化，在小麦幼苗上繁殖为害，12 月以后若螨减少，越冬卵增多，以卵或成螨越冬。

麦长腿蜘蛛喜温暖、干燥，最适温度为 15 ～ 20℃，最适湿度为 50% 以下，多分布在丘陵、山区、干旱麦田，一般春旱少雨年份活动猖獗。麦圆蜘蛛喜阴湿，怕高温、干燥，最适温度为 8 ～ 15℃，适宜湿度为 80% 以上，多分布在水浇地或低洼、潮湿、阴凉的麦地，冬季雨雪多及春季阴凉多雨时发生严重。

麦长腿蜘蛛和麦圆蜘蛛都进行孤雌生殖，有群集性和假死性，均靠爬行和风力扩大蔓延为害，所以在田间常呈现从田边或田中央先点片发生，再蔓延到全田发生的特点。

## 防治措施

1. 农业防治

麦收后采取浅耕灭茬、除草、增施粪肥、轮作等措施，破坏小麦红蜘蛛的适生环境，压低虫口基数。

2. 化学防治

防治麦蜘蛛以挑治为主，当市尺单行麦圆蜘蛛 200 头、麦长腿蜘蛛 100 头，小麦叶部白色斑点大量出现时，立即喷药防治。可用 1.8% 阿维菌素乳油 5 000 ～ 6 000 倍液，或 15% 哒螨酮乳油 2 000 ～ 3 000 倍液，或 4% 联苯菊酯微乳剂 1 000 倍液喷雾。

# (一)主要病虫害 18. 小麦吸浆虫

## 分布为害

小麦吸浆虫又名麦蛆，分为麦红吸浆虫、麦黄吸浆虫两种，河南以麦红吸浆虫为主，麦黄吸浆虫主要发生在豫西等高山地带和某些特殊生态条件的地区。

小麦吸浆虫以幼虫潜伏在颖壳内吸食正在灌浆的麦粒汁液为害，造成小麦籽粒秕粒、空壳，幼虫还能为害花器、籽实（图 1 ~图 3）。小麦受害后由于麦粒被吸空，麦秆表现为直立不倒，具有“假旺盛”的长势，田间表现为贪青晚熟（图 4 ~图 6）。受害小麦麦粒有机物被吸食，麦粒变瘦，甚至成空壳，出现“千斤的长势，几百斤甚至几十斤的产量”的异常现象，主要原因是受害小麦千粒重大幅降低（图 7，图 8）。小麦吸浆虫对小麦产量的影响是毁灭性的，一般可造成 10% ~ 30% 的减产，严重的达 70% 以上，甚至绝收。

图 1　小麦吸浆虫，被幼虫吸食为害没有灌浆的麦粒和正常灌浆的麦粒

图 2　小麦吸浆虫，被吸浆虫幼虫吸成空壳的籽粒

图 3　小麦吸浆虫，幼虫正在为害正灌浆的小麦籽实

图4　小麦吸浆虫，受害麦穗贪青、直立、瘦长的小麦植株

图5　小麦吸浆虫，受害小麦穗贪青、直立、瘦长

图6　小麦吸浆虫，大田为害状，受害麦田贪青晚熟，与旁边的正常小麦成熟落黄形成鲜明对比

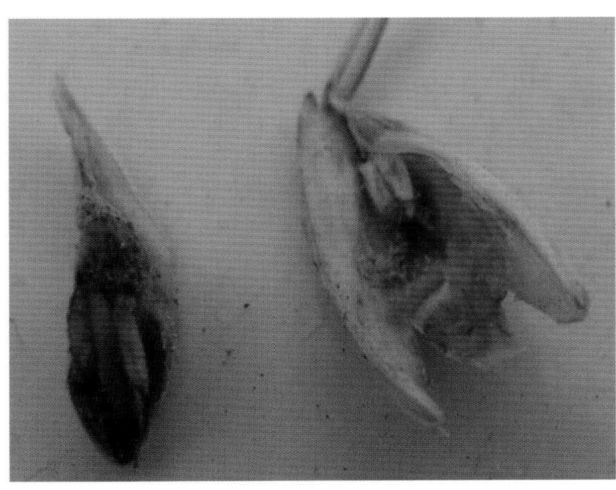

图7　小麦吸浆虫，受害麦粒被吸成空壳

图8　小麦吸浆虫，正常麦粒与受害粒相比较，病粒干瘦

## 形态特征

麦红吸浆虫成虫橘红色，雌虫体长 2 ~ 2.5 mm，雄虫体长约 2 mm，雌虫产卵管伸出时约为腹长的 1/2（图 9，图 10）。卵呈长卵形，末端无附着物（图 11）。幼虫橘黄色，经二次蜕皮成为老熟幼虫，

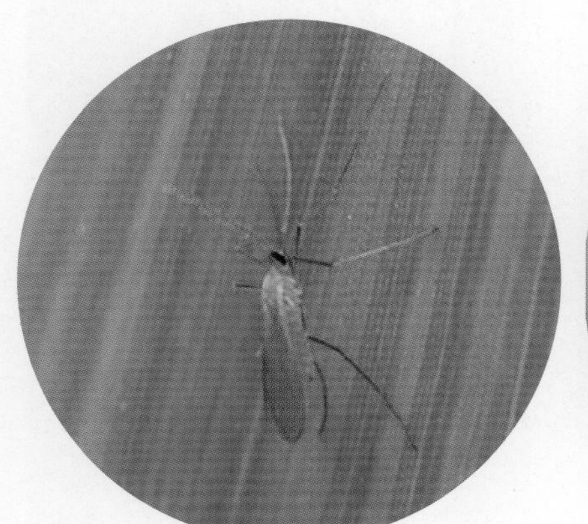

图 9　小麦吸浆虫，麦红吸浆虫成虫

图 10　小麦吸浆虫，麦红吸浆虫成虫正在产卵

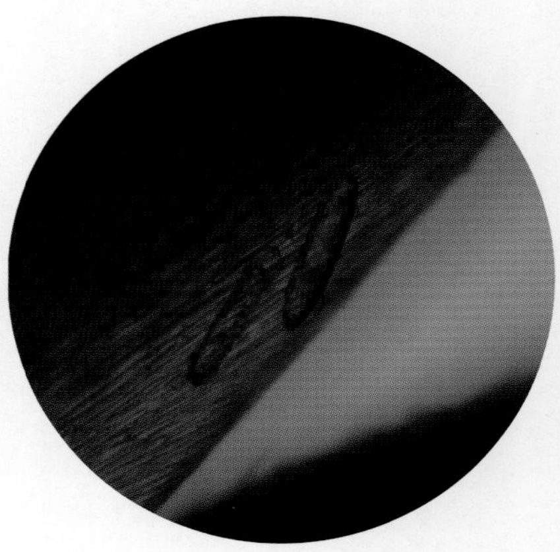

图 11　小麦吸浆虫，卵

幼虫体表有鳞片状突起（图 12 ~ 图 15）。茧（休眠体）呈淡黄色，圆形。蛹橙红色，分前蛹、中蛹、后蛹三个时期（图 16 ~ 图 19）。

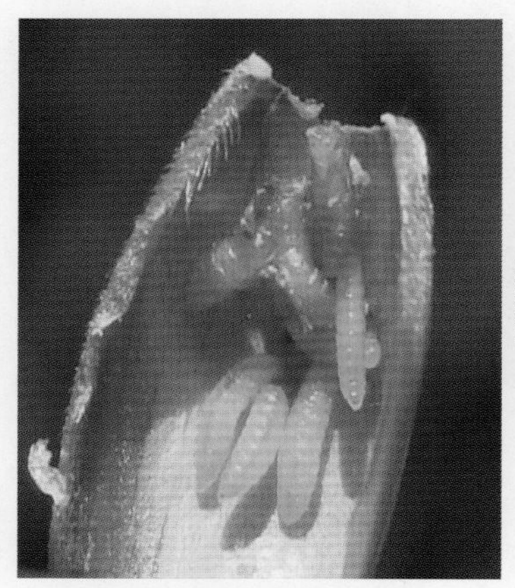

图 12　小麦吸浆虫，橘黄色幼虫

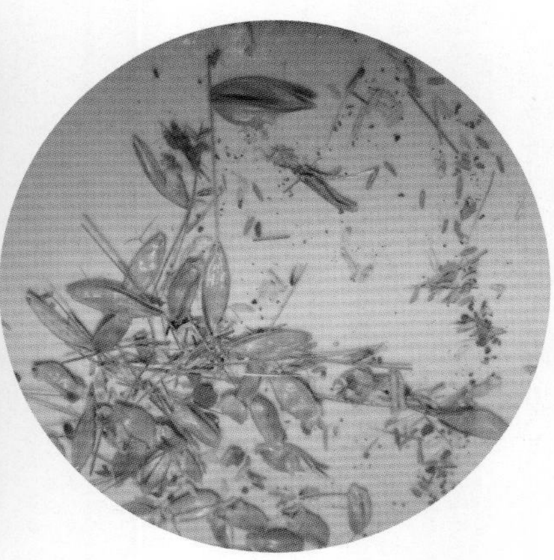

图 13　小麦吸浆虫，剥穗时的吸浆虫幼虫

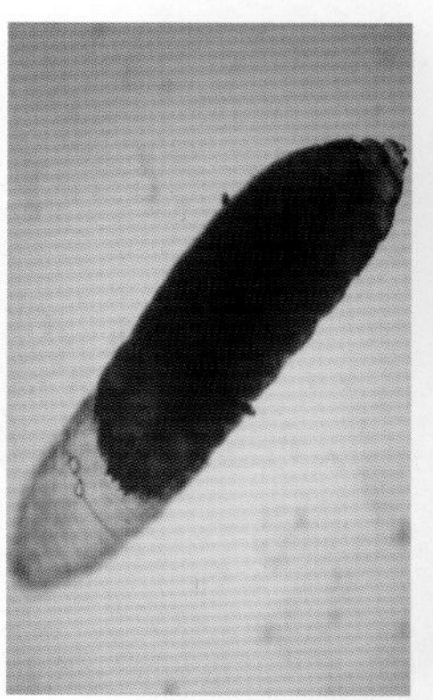

图 14　小麦吸浆虫，幼虫蜕皮

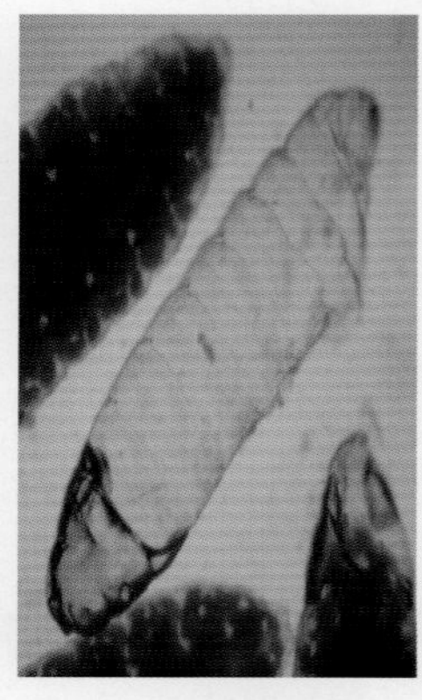

图 15　小麦吸浆虫，幼虫皮蜕

麦黄吸浆虫呈姜黄色，雌虫体长 1.5 mm，雄虫略小。雌虫产卵管伸出时与腹部等长。卵呈香蕉形，末端有细长卵柄附着物，幼虫姜黄色，体表光滑。蛹淡黄色。

图 16　小麦吸浆虫，蛹橙红色，前部伸出一对较长的呼吸管

图 17　小麦吸浆虫，初蛹

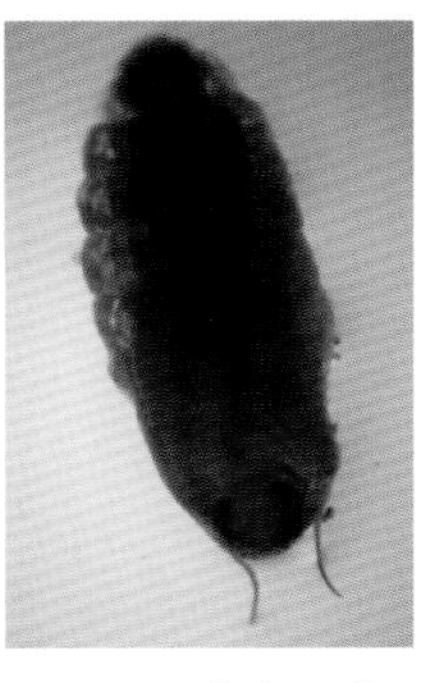
图 18　小麦吸浆虫，中蛹

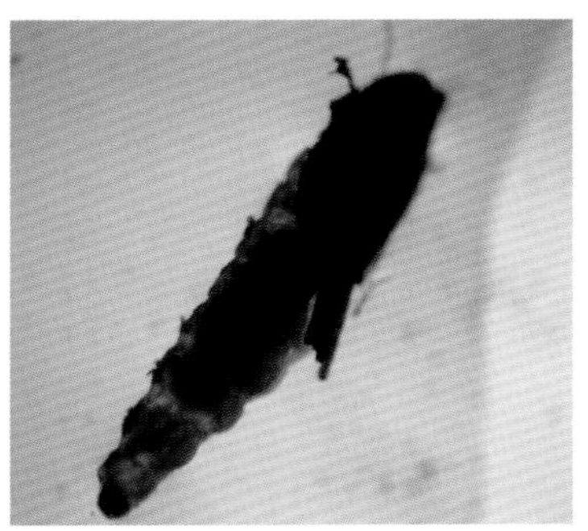
图 19　小麦吸浆虫，后蛹

## 发生规律

小麦吸浆虫在河南一年发生 1 代，遇到不适宜的环境可多年发生 1 代。麦红吸浆虫可在土壤内滞留 7 年以上，甚至达 12 年仍可羽化为成虫。麦黄吸浆虫可滞留 4 ~ 5 年。

小麦吸浆虫以老熟幼虫在土中结茧越夏、越冬。一般 3 月上、中旬（小麦拔节期）越冬幼虫破茧向地表上升，4 月中、下旬（小麦孕穗期）在地表大量出土化蛹，可以直接从湿润的地表出土，也可以从土壤裂缝出土，出土后地面留下出土孔（图 20 ~图 22），4 月下旬至 5 月上旬（小麦抽穗期）成虫羽化飞到麦穗上产卵，一般 3 天后孵化，幼虫从颖壳缝隙钻入麦粒内吸食浆液。老熟幼虫为害后，爬至颖壳及麦芒上，随雨珠、露水或自动弹落在土表，钻入土中 10 ~ 20 cm 处做圆茧越夏、越冬（图 23 ~图 25）。该虫具有“富贵性”，小麦产量高、品质好、土壤肥沃，利于虫害发生。如果温、湿条件利于化蛹和羽化，往往加重为害。近年来，随着小麦产量、品质的不断提高，水肥条件的不断改善和农机免耕作业、跨区作业的发展，该虫发生范围不断扩大，为害程度有加重趋势。

图 20　小麦吸浆虫，从地表正在出土的幼虫

图 21　小麦吸浆虫，从土缝隙中正在出土的幼虫

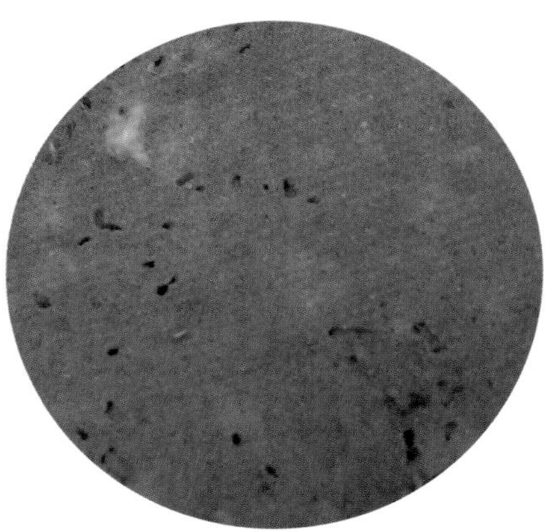
图 22　小麦吸浆虫，幼虫出土后留下的出土孔

图 23　小麦吸浆虫，老熟幼虫爬到麦穗芒上，准备落地入土

图 24　小麦吸浆虫，老熟幼虫爬到麦穗上，准备落地入土

图 25　小麦吸浆虫，老熟幼虫落到地表准备入土

## 防治措施

小麦吸浆虫的防治应贯彻“蛹期和成虫期防治并重，蛹期防治为主”的指导思想。

**1. 农业防治**

选用穗型紧密、颖缘毛长而密、麦粒皮厚、浆液不易外溢的抗虫品种。对重发生区实行轮作，不进行春灌，实行水地旱管，减少虫源化蛹率。

**2. 化学防治**

（1）蛹期（小麦孕穗期）防治：每亩用 3% 毒死蜱颗粒剂 2 ～ 3 kg，拌细土 20 kg，均匀撒在地表，土壤墒情好或撒毒土后浇水效果更好。也可用 30% 毒死蜱缓释剂撒施防治，持效期长。

（2）成虫期（小麦抽穗至扬花期）防治：可选用 20% 氰戊菊酯乳油 1 500 ～ 2 000 倍液，或 10% 氯氰菊酯微乳剂 1 500 ～ 2 000 倍液，或 4.5% 高效氯氰菊酯乳油 1 000 ～ 1 500 倍液，或 2.5% 高效氯氟氰菊酯乳油 2 000 ～ 3 000 倍液喷雾防治。

# （一）主要病虫害

## 19. 麦叶蜂

### 分布为害

麦叶蜂又名齐头虫、小黏虫、青布袋虫，广泛分布于河南省小麦产区，发生严重的田块可将小麦叶尖吃光，对小麦灌浆影响极大（图1，图2）。幼虫主要为害叶片，有时也为害穗部（图3，图4）。麦叶蜂为害叶片时，常从叶边缘向内咬成缺口，或从叶尖向下咬成缺刻（图5～图9）。

图1　麦叶蜂，大田为害状，严重发生田大量幼虫为害小麦叶片

图2　麦叶蜂，大田为害状，严重发生田把小麦叶尖吃光

图3　麦叶蜂，幼虫为害小麦穗部

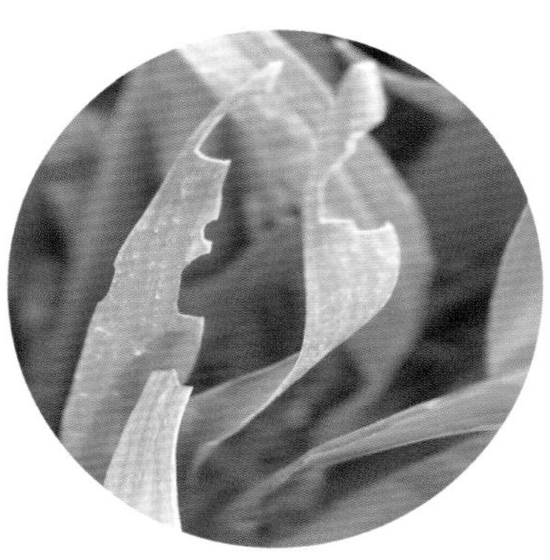

图5　麦叶蜂，幼虫从叶缘向内咬成缺口状

图4　麦叶蜂，幼虫为害小麦穗部，并显示旁边的叶部为害状

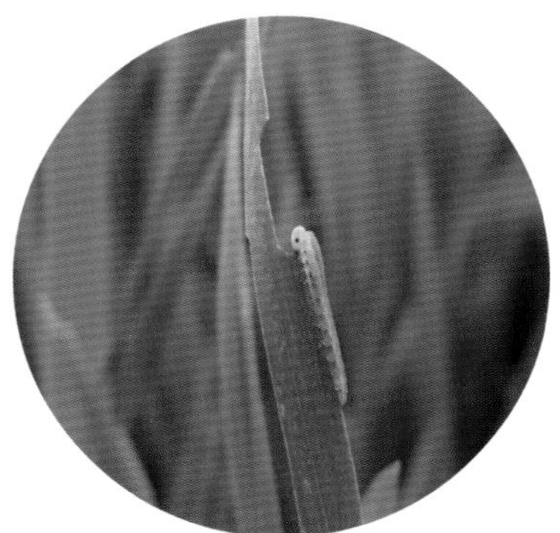

图6　麦叶蜂，幼虫从叶缘向内咬成缺口状，正在为害

图7　麦叶蜂，两头幼虫正在为害叶缘

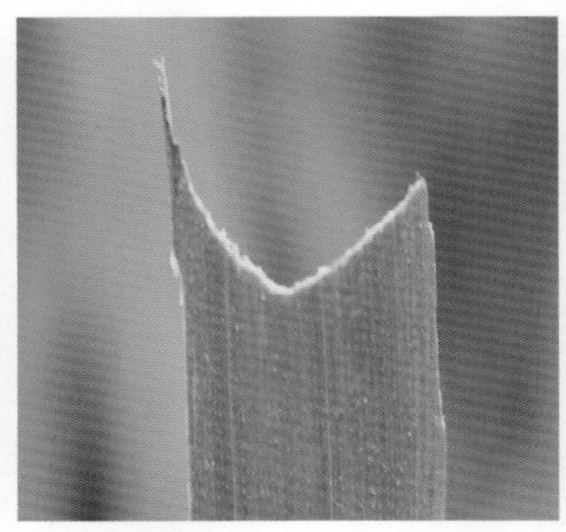
图8　麦叶蜂，幼虫从叶尖向下咬成缺刻状

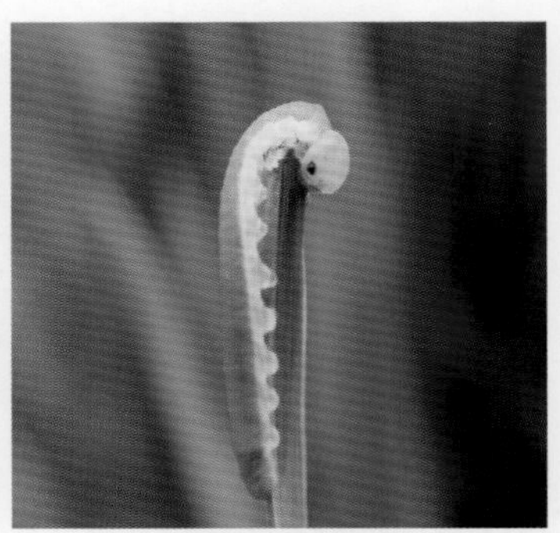
图9　麦叶蜂，幼虫正在从小麦叶尖向下为害

## 形态特征

成虫：体长 8 ~ 9.8 mm，雄体略小，黑色微带蓝光，前胸背板、中胸前盾板和翅基片锈红色，后胸背面两侧各有 1 个白斑，翅透明膜质（图 10，图 11）。

图 10　麦叶蜂，成虫背面，前胸背板、中胸前盾板和翅基片锈红色

图 11　麦叶蜂，成虫侧面，前胸背板、中胸前盾板和翅基片锈红色

卵：肾形，扁平，淡黄色，表面光滑。

幼虫：共 5 龄，老熟幼虫圆筒形，头大，胸部粗，胸背前拱，腹部较细，胸腹各节均有横皱纹（图 12，图 13）。末龄幼虫腹部最末节的

图 12　麦叶蜂，幼虫，头大、胸粗、胸背向前拱、腹部细

图 13　麦叶蜂，幼虫，胸腹各节的横纹

背面有一对暗色斑（图 14）。

蛹：长 9.8 mm，雄蛹略小，淡黄色至棕黑色。腹部细小，末端分叉。

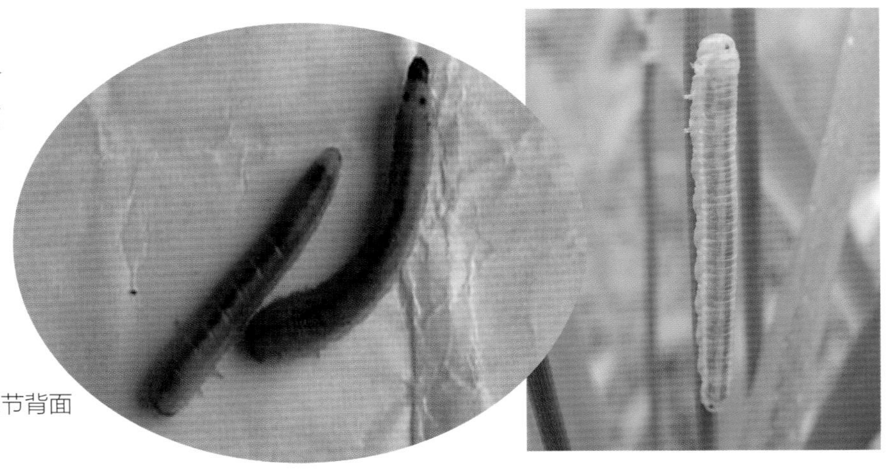

图 14　麦叶蜂，末龄幼虫腹部最末节背面的一对暗色斑

## 发生规律

麦叶蜂在河南麦区一年发生 1 代，以蛹在土中 20 cm 深处越冬，翌年 3 月气温回升后开始羽化，成虫用锯状产卵器将卵产在叶片主脉旁边的组织中，卵期 10 d。幼虫有假死性和转叶为害习性（图 15 ~图 17）。1 ~ 2 龄期为害叶片，3 龄后怕光，白天伏在麦丛中，傍晚后为害，4 龄幼虫食量增大，虫口密度大时，可将麦叶吃光。一般 4 月中旬进入为害盛期。5 月上、中旬老熟幼虫入土做茧休眠，至 9、10 月才蜕皮化蛹越冬。麦叶蜂在冬季气温偏高、土壤水分充足、春季气温适宜、土壤湿度大的条件下发生为害重。沙质土壤麦田比黏性土壤麦田受害重。

图 15　麦叶峰，幼虫的假死性

图 16　麦叶蜂，幼虫的转叶片为害习性

图 17　麦叶蜂，两头幼虫一起转叶为害习性

## 防治措施

### 1. 农业防治

麦播前深翻土壤，把土中休眠的幼虫翻出，使其不能正常化蛹而死亡。有条件的地区可实行稻麦水旱轮作，可控制为害。利用麦叶蜂幼虫的假死性，傍晚时进行人工捕捉。

### 2. 化学防治

防治适期应掌握在幼虫 3 龄前，可用 2.5% 溴氰菊酯乳油 2 000 倍液，或 20% 氰戊菊酯乳油 2 000 倍液喷雾防治，也可用 1.8% 阿维菌素乳油 4 000 ~ 6 000 倍液喷雾防治。

# （一）主要病虫害

## 20. 小麦潜叶蝇

### 分布为害

小麦潜叶蝇广泛分布于河南小麦产区。以雌虫产卵器刺破小麦叶片表皮产卵及幼虫潜食叶肉为害。雌虫产卵器在小麦第一、二片叶中上部叶肉内产卵，形成一行行淡褐色针孔状斑点（图 1，图 2），卵孵化成幼虫后潜食叶肉为害，潜痕呈袋状，其内可见蛆虫及虫粪，造成小麦叶片半段干枯（图 3 ~ 图 5）。一般年份小麦被害株率 5% ~ 10%，严重田小麦被害株率超过 40%，严重影响小麦生长发育。

图 1　小麦潜叶蝇，大田为害状，大量小麦叶片受害

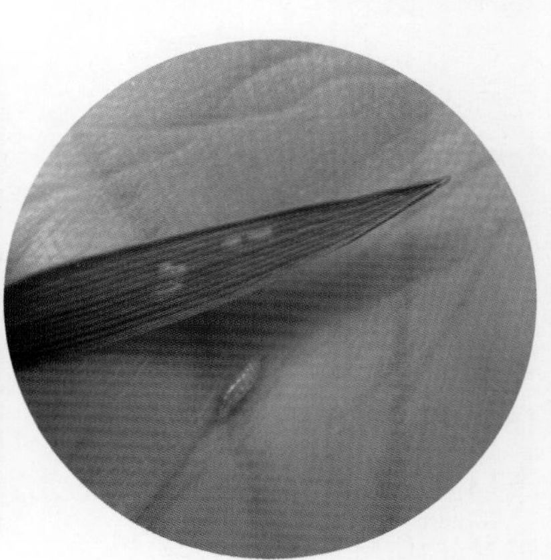

图 2　小麦潜叶蝇，大田为害状，产卵刻痕

图 3　小麦潜叶蝇，大田受害状，幼虫在小麦叶肉内潜食为害

图 4　小麦潜叶蝇，大田为害状，叶尖被害

图 5　小麦潜叶蝇，叶片上的为害状和潜道内的幼虫

## 形态特征

小麦上的潜叶蝇种类较多，以小麦黑潜蝇较为常见。

成虫：体长2.2 ~ 3 mm，黑色小蝇类。头部半球形，间额褐色，前端向前显著突出。复眼及触角1 ~ 3节黑褐色。前翅膜质透明，前缘密生黑色粗毛，后缘密生淡色细毛，平衡棒的柄为褐色，端部呈球形白色（图6，图7）。

幼虫：长3 ~ 4 mm，乳白色或淡黄色，蛆状（图8，图9）。

蛹：长3 mm，初化时为黄色，背呈弧形，腹面较直（图10）。

图6　小麦潜叶蝇，成虫

图7　小麦潜叶蝇，在叶片上羽化的成虫

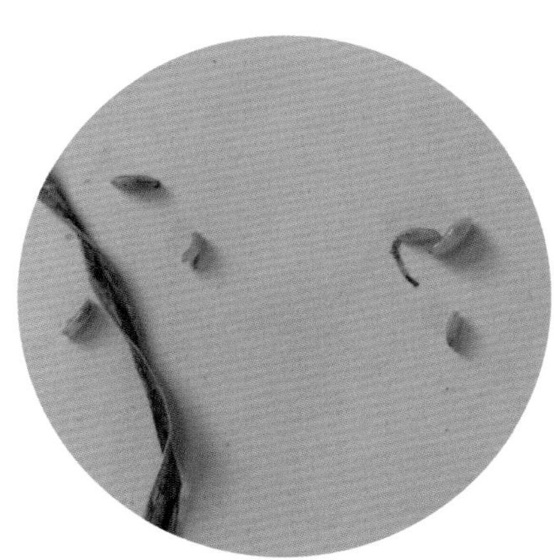

图8　小麦潜叶蝇，幼虫，浅黄色

图9　小麦潜叶蝇，幼虫，乳白色

图10　小麦潜叶蝇，蛹

## 发生规律

一般年份一年发生 1 代，为害盛期在小麦越冬前至次年 2 月下旬至 3 月上中旬，幼虫孵化盛期在 3 月中下旬，化蛹盛期在 4 月下旬。返青越早，长势越好的田块，成虫产卵为害越重。

## 防治措施

以成虫防治为主，幼虫防治为辅。

**1. 农业防治**

深翻土壤，清洁田园。及时浇封冻水，杀灭土壤中的蛹。加强田间管理，科学配方施肥，增强小麦抗逆性。

**2. 化学防治**

（1）成虫防治：小麦出苗后和返青前，用 2.5% 溴氰菊酯乳油或 20% 甲氰菊酯乳油 2 000 ～ 3 000 倍液，均匀喷雾防治。

（2）幼虫防治：发生初期，用 1.8% 阿维菌素乳油 3 000 ～ 5 000 倍液，或 4.5% 高效氯氰菊酯乳油 1 500 ～ 2 000 倍液，或用 20% 阿维 · 杀单微乳剂 1 000 ～ 2 000 倍液，或用 48% 毒死蜱乳油 800 ～ 1 000 倍液，或用 0.4% 阿维 · 苦参碱水乳剂 1 000 倍液喷雾防治。

# （二）次要病虫害　21. 小麦煤污病

图 1　小麦煤污病，穗部症状

图 2　小麦煤污病，叶片上症状

# （二）次要病虫害　22. 小麦黑颖病

图 1　小麦黑颖病，颖壳上黑色条斑症状

图 2　小麦黑颖病，叶片上黄褐色条斑症状

图 3　小麦黑颖病，叶鞘上褐色长条斑症状

# （二）次要要病虫

## 23. 耕葵粉蚧

图1　小麦耕葵粉蚧，在小麦根部为害

图2　小麦耕葵粉蚧，小麦根部为害状放大

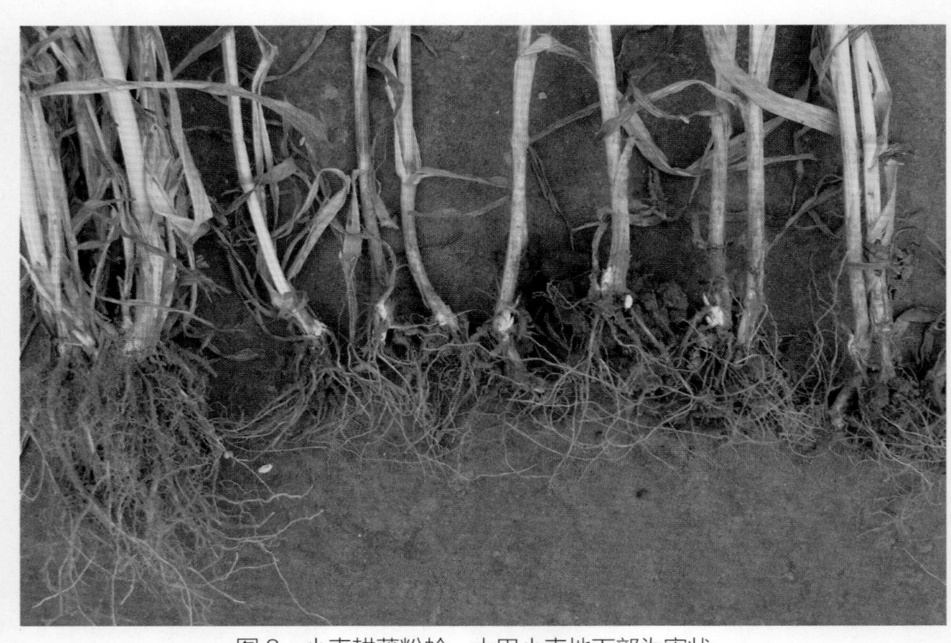

图3　小麦耕葵粉蚧，大田小麦地下部为害状

# （二）次要要病虫　24. 斑须蝽

图 1　斑须蝽，小麦叶片上的卵块

图 2　斑须蝽，小麦叶片上的卵块孵化

图 3　斑须蝽，在小麦穗部的卵和刚孵化的若虫及卵壳

图 4　斑须蝽，在小麦穗部的卵和刚孵化的若虫及卵壳

图 5　斑须蝽，成虫

## （二）次要病虫害　25. 赤须盲蝽

图 1　赤须盲蝽，成虫及为害状，白色小点状害斑

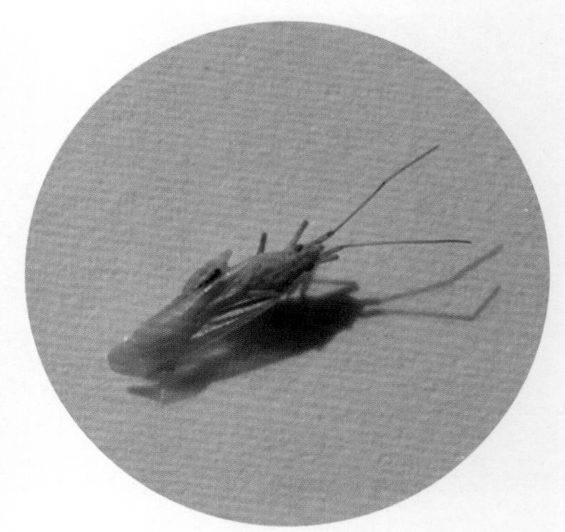

图 2　小麦赤须盲蝽，触角红色

## （二）次要病虫害　26. 小麦皮蓟马

小麦皮蓟马，成虫，尾管和尾毛

## （二）次要病虫害　27. 麦田袋蛾

图 1　袋蛾，小麦上的为害状

图 2　袋蛾，为害小麦

## （二）次要病虫害　28. 大灰象甲

图 1　大灰象甲，小麦叶片上的为害状

图 2　大灰象甲，成虫

## （二）次要病虫害 29. 麦田蜗牛

蜗牛，在小麦叶片上的蜗牛及为害状

## （二）次要病虫害 30. 灰飞虱

麦田灰飞虱，成虫

# （二）次要病虫害　31. 麦茎蜂

图1　麦茎蜂，小麦茎秆上的蛀孔

图2　麦茎蜂，幼虫

图3　麦茎蜂，幼虫

# （二）次要病虫害　32. 麦拟根蚜

图1　麦拟根蚜，大田为害状

图2　麦拟根蚜，在小麦根部聚集

图3　麦拟根蚜，与其共生的草地蚁

## （二）次要病虫害　33. 麦田白蚁

图 1　白蚁，在小麦田的为害状，造成白穗

图 2　白蚁，为害小麦放大图

## （二）次要病虫害　34. 麦凹胫跳甲

图 1　麦凹胫跳甲，幼虫，为害小麦

图 2　麦凹胫跳甲，幼虫，为害小麦

## （二）次要病虫害 35. 甘蓝夜蛾

甘蓝夜蛾，幼虫，在小麦叶片上

## （二）次要病虫害 36. 小麦黑胚病

小麦黑胚病，小麦籽粒胚变黑及籽粒上的黑斑

# （二）次要病虫害

## 37. 麦田大螟

图 1　大螟，幼虫为害小麦茎秆

图 2　大螟，为害小麦茎秆后留下的虫粪

图 3　大螟，成虫

图 4　大螟，幼虫

图 5　大螟，蛹

# （二）次要病虫害　38. 黄褐丽金龟

图 1　黄褐丽金龟，成虫在小麦叶片的为害状

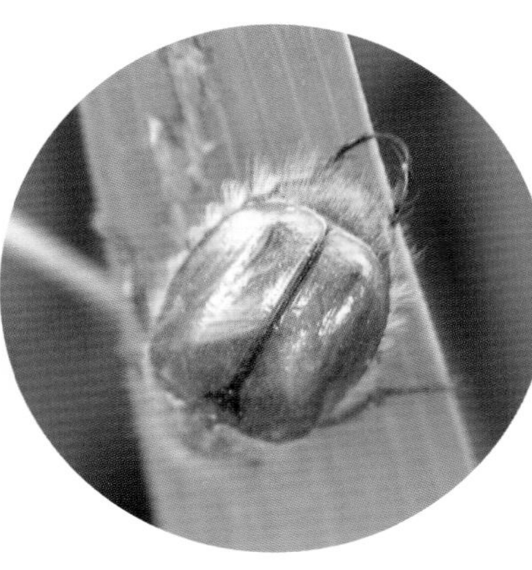

图 2　黄褐丽金龟，成虫

图 3　黄褐丽金龟，成虫正在小麦叶片上为害

# （二）次要病虫害　39. 小麦冻害

图 1　小麦冻害，大田受害状，叶片干枯死亡

图 2　小麦冻害，大田受害状，叶片大量死亡，生长点受害

图 3　小麦冻害，大田受害初期，叶片扭曲皱缩

图 4　小麦冻害，大田受害状后期，叶片严重受害干枯死亡

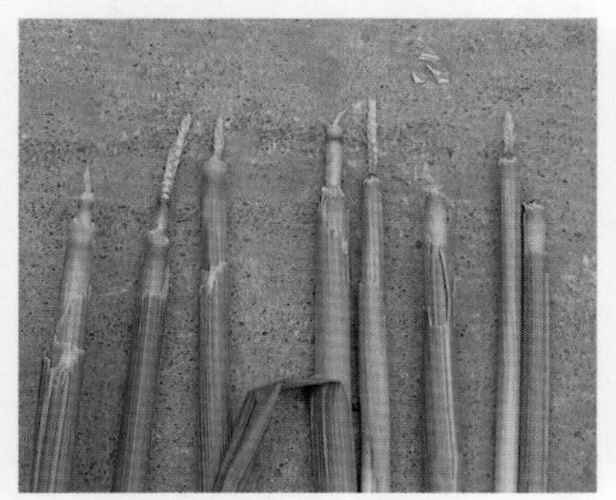

图 5　小麦冻害，早期剥开生长点示小穗受冻死亡

图 6　小麦冻害，抽穗后小麦小穗受冻死亡

图 7　小麦冻害，小麦上部小穗受冻停止发育枯死

图 8　小麦冻害，中部小穗受冻死亡

图 9　小麦冻害，小麦上部小穗受冻死亡

图 10　小麦冻害，小麦下部小穗受冻死亡

# 二、玉米病虫害

# （一）主要病虫害

## 1. 玉米弯孢霉叶斑病

### 分布为害

玉米弯孢霉叶斑病广泛分布于河南省玉米产区，是玉米主要叶部病害之一。主要发生在玉米生长中后期，严重时造成叶片枯死，导致产量损失，重病田可减产 30% 以上（图 1）。

图 1　玉米弯孢霉叶斑病，大田为害状

### 症状特征

玉米弯孢霉叶斑病主要为害叶片，也能侵染叶鞘和苞叶。病斑多在玉米 9 ～ 13 叶期开始出现，发病高峰期在玉米抽雄至灌浆期。发病初期，叶片上出现水渍状褪绿斑点（图 2），后逐渐扩大呈圆形或椭圆形，病斑大小一般为（1 ～ 2）mm × 2 mm。感病品种上病斑大小可达（4 ～ 5）mm ×（5 ～ 7）mm 以上，并且病斑常连接成片引起叶片枯死。病斑中心枯

图 2　玉米弯孢霉叶斑病，早期症状，水渍状褪绿斑点

图 3　玉米弯孢霉叶斑病，病斑症状

白色，周围红褐色（图 3），感病品种外缘具褪绿色或淡黄色晕环（图 4）。在潮湿的条件下，病斑正、反两面均可产生灰黑色霉状物。

图 4　玉米弯孢霉叶斑病病斑黄色晕环

## 发生规律

病菌以菌丝体或分生孢子在病残体组织越冬。不同品种之间病情差别较大。玉米苗期对该病的抗性高于成株期，苗期少见发生，玉米 9 ~ 13 叶期易感染该病，抽雄后是该病的发生流行高峰期。7 ~ 8 月气温、空气相对湿度、降水量、连续降水日数与玉米弯孢霉叶斑病发生时期、发生为害程度密切相关。30 ~ 32℃高温、90% 以上空气相对湿度、连续降水，则利于该病的快速流行。玉米种植过密、偏施氮肥、防治失时或不防治、管理粗放、地势低洼积水和连作的地块发病重。

## 防治措施

着重于选用抗病品种，加强栽培管理，抓好玉米易感病期的化学防治，控制其为害。

**1. 农业防治**

选用抗病品种；玉米收获后及时清理病残体和枯叶，集中深埋或处理；若进行秸秆直接还田，则应深耕深翻，减少初侵染菌源；合理轮作和间作套种，合理密植，施足底肥，及时追肥以防后期脱肥，提高植株抗病力。

**2. 化学防治**

当田间病株率达到 10% 时，可选用 75% 百菌清可湿性粉剂，或 50% 多菌灵可湿性粉剂，或 70% 甲基硫菌灵可湿性粉剂，或 70% 代森锰锌可湿性粉剂，或 80% 福美双・福美锌可湿性粉剂等 500 倍液进行喷雾防治，间隔 5 ~ 7 d 喷 1 次，连续用药 2 ~ 3 次。

# （一）主要病虫害　2. 玉米褐斑病

## 分布为害

玉米褐斑病在河南发生十分普遍，由于病害主要发生在玉米生长中后期，一般对产量影响不显著。但在一些感病品种上，病害发生严重，常导致在玉米前期病叶快速干枯，造成产量损失（图 1）。

图 1　玉米褐斑病，大田为害状

## 症状特征

玉米褐斑病主要发生在玉米叶片、叶鞘及茎秆上。病菌的初侵染发生在小喇叭口期，在叶片上常见与叶片主脉相垂直的带状褪绿感病区，对应的主脉上生褐色隆起斑点，内有大量黄褐色粉状物，是病菌的休眠孢子囊（图 2）；叶片上病斑初为水浸状小点，逐渐变为浅黄色，圆或椭圆形，直径 1 ~ 2 mm（图 3）；在主叶脉上病斑较大，呈深褐色（图 4）；由于病斑密布叶片，

图 2　玉米褐斑病，叶片分段发黄症状

图 3　玉米褐斑病，初期水浸状

图 4　玉米褐斑病，叶主叶脉褐色病斑

图 5　玉米褐斑病造成叶片干枯

常导致叶片干枯死亡（图 5）。茎秆（图 6）和果穗下方叶鞘上病斑出现较晚，为褐色、红褐色或深褐色，病斑较大，有时相连成不规则的大块斑（图 7，图 8）。发病后期病斑表皮破裂，散出黄褐色粉末（病原菌的休眠孢子囊），病叶局部散裂，叶脉和维管束残存如丝状。

图 6　玉米褐斑病，为害茎秆

图 7　玉米褐斑病，为害叶鞘深褐色病斑相连成不规则大斑

图 8　玉米褐斑病，为害叶鞘红褐色病斑

## 发生规律

玉米褐斑病病菌以休眠孢子囊在土壤或病残体中越冬，翌年病菌靠气流传播到玉米叶片上，遇到合适条件，休眠孢子囊萌发，囊盖打开，释放出大量的游动孢子，游动孢子在叶片表面上的水滴中游动一个时期后休止，然后形成侵染丝，侵害玉米的幼嫩组织。夏玉米区一般 6 月中旬至 7 月上旬，若阴雨天多、降水量大易感病。7、8 月若温度高、湿度大，阴雨天较多时，利于该病发展蔓延。在土壤瘠薄的地块，玉米叶色发黄，病害发生严重；在土壤肥力较高的地块，玉米健壮，叶色深绿，病害较轻，甚至不发病。一般在玉米 8 ～ 12 片叶时易发生病害，玉米 12 片叶以后，该病一般不会再侵染叶片。品种间发病程度差异较大。

## 防治措施

### 1. 农业防治

种植耐病品种；有条件的地区，实行 3 年以上轮作；玉米收获后彻底清除病残体组织，并深翻土壤，促进带菌秸秆腐烂，减少翌年的侵染菌源；施足底肥，适时追肥，一般应在玉米 4 ～ 5 叶期追施苗肥，每亩可追施尿素（或氮磷钾复合肥）10 ～ 15 kg，促进植株健壮生长，提高抗病能力；栽植密度适当，及时排出田间积水，降低田间湿度。

### 2. 药剂防治

在玉米 4 ～ 5 片叶期，用 25% 三唑酮可湿性粉剂 1 500 倍液叶面喷雾，可预防玉米褐斑病的发生。发病时可用 25% 三唑酮可湿性粉剂，或 50% 异菌脲可湿性粉剂，或 12.5% 烯唑醇可湿性粉剂 1 000 ～ 1 500 倍液，或 50% 多菌灵可湿性粉剂 500 倍液喷雾。在多雨年份，应间隔 7 d 喷 1 次药，连喷 2 ～ 3 次，喷后 6 小时内遇雨应在雨后补喷。

# （一）主要病虫害 3. 玉米纹枯病

## 分布为害

玉米纹枯病在河南玉米种植区发生普遍，潮湿阴雨地区发生严重。病害主要发生在玉米生长后期，为害玉米植株近地表的茎秆、叶鞘甚至果穗。由于茎秆被破坏，常造成严重的产量损失（图 1）。

图 1　玉米纹枯病大田为害状

## 症状特征

玉米纹枯病主要为害叶鞘，其次是叶片、果穗及其苞叶。发病严重时，能侵入坚实的茎秆，但一般不引起倒伏。最初从茎基部叶鞘感病，后侵染叶片及向上蔓延。发病初期，先出现水渍状灰绿色的圆形或椭圆形病斑（图 2），由灰绿色逐渐变成白色至淡黄色（图 3，图 4），后期变为红褐色云纹斑块（图 5）。叶鞘受害后，病菌常透过叶鞘为害茎秆，形成下陷的黑褐色斑块。发病早的植株病

图 2　玉米纹枯病为害叶鞘早期症状

图 3　玉米纹枯病为害叶鞘白色病斑

图 4　玉米纹枯病为害叶鞘淡黄色病斑

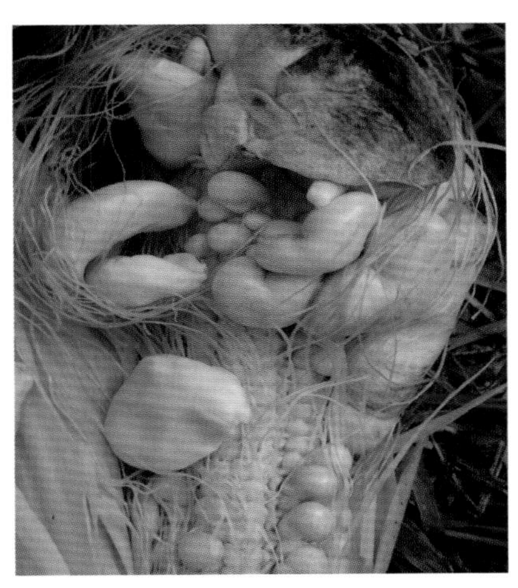

图 12　玉米瘤黑粉病，为害雌穗籽粒

图 13　玉米瘤黑粉病，为害整个雌穗成大菌瘤

## 发生规律

病菌以冬孢子在田间土壤中及病残株上或混在粪肥中越冬，成为初侵染源。种子表面带菌，对病害的远距离传播有一定的作用。越冬的冬孢子在条件适宜时产生担孢子和次生担孢子，二者经风雨传播到玉米的幼嫩组织上，萌发并直接穿透寄主表皮或经由伤口侵入。菌丝在组织中生长发育，并产生一种类似生长素的物质，刺激局部组织的细胞旺盛分裂，逐渐肿大成菌瘿，产生大量的冬孢子进行再侵染。在玉米的生育期内可进行多次侵染，在抽穗前后 1 个月内为玉米瘤黑粉病的盛发期。

发病条件与品种抗病性、菌源数量和环境条件有关。品种间抗病性有差异，一般杂交种比其亲本自交系或一般品种抗病力强，果穗的苞叶厚而紧的较为抗病，耐旱的品种也较为抗病；连作地和距村较近的地块由于有大量的菌源，一般发生较重；在干旱少雨的地区，缺乏有机质的沙性土壤中发病较重；偏施氮肥，造成组织柔嫩，易受感染；螟害、冰雹、暴风雨以及人工去雄造成的伤口，均有利于病害发生。

## 防治措施

**1. 农业防治**

选用抗病品种；彻底清除田间病株，翻地沤浸；在田间发病后及早割除菌瘿，并将其带出田外进行深埋或烧掉，减少菌源；加强栽培管理，合理密植，控制氮肥用量，在抽穗前后易感病的阶段及时灌溉；重病田可与玉米、高粱、谷子、大豆等作物 3 年轮作；及时彻底防治玉米螟等虫害，减少伤口。

**2. 化学防治**

可用 20% 福 · 克悬浮种衣剂按药种比 1 : 50 进行种子包衣，或用种子量的 0.2% ～ 0.3% 的 50% 福美双可湿性粉剂拌种；在玉米抽雄前喷 50% 多菌灵可湿性粉剂，或用 50% 福美双可湿性粉剂 500 倍液，防治 1 ～ 2 次，可有效减轻病害。

# （一）主要病虫害

## 5. 玉米青枯病（茎基腐病）

### 分布为害

玉米青枯病又称玉米茎基腐病，是由多种病原菌侵染产生的病害。在河南各玉米产区均有发生，局部地区为害严重，病株籽粒不饱满、瘪瘦，对玉米产量和品质影响很大（图 1）。

图 1　玉米青枯病，大田为害状

### 症状特征

玉米青枯病一般在玉米灌浆期开始发病，乳熟末期至蜡熟期为显症高峰。感病后最初表现萎蔫，以后叶片自下而上迅速失水枯萎，叶片青灰色或黄色逐渐干枯，表现为青枯或黄枯（图 2）。病株果穗下垂，果柄柔韧，不易剥落，籽粒瘪瘦，无光泽且脱粒困难（图 3）。茎基部 1 ～ 2 节表现褐色失水皱缩，变软，髓部中空（图 4），或茎基部 2 ～ 4 节有呈梭形或椭圆形水浸状病斑，绕茎秆逐渐扩大，变褐腐烂，易倒伏。根系发育不良，侧根少，根部呈褐色腐烂，根皮易脱落，病株易拔起。根部和茎部有絮状白色或紫红色霉状物。

图 2　玉米青枯病，病株青灰色干枯状

图 3　玉米青枯病，果穗倒挂

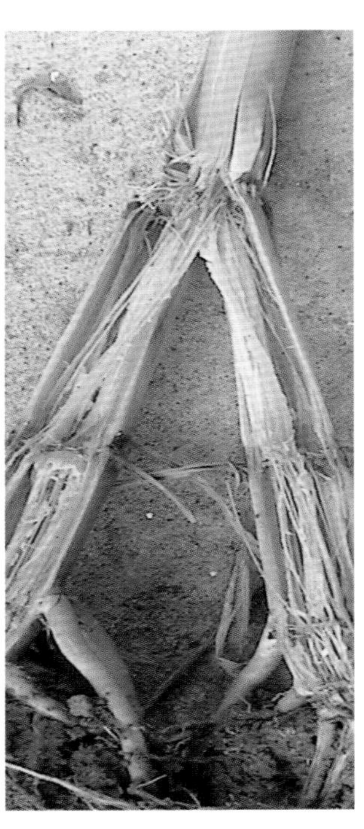
图 4　玉米青枯病，茎髓部中空状

图 5　玉米青枯病，不同品种抗性差异大

## 发生规律

玉米青枯病以分生孢子或菌丝体在病穗、病粒或寄主病残体内外及土壤内存活越冬，带病种子是翌年的主要侵染源。病菌借风雨、灌溉、机械、昆虫携带传播，通过根部或根茎部的伤口侵入或直接侵入玉米。种子带菌可以引起苗枯。

玉米吐丝期至成熟期，降雨多、湿度大发病重，沙土地、土地瘠薄、排灌条件差、玉米生长弱的田块发病较重，连作、早播发病重。玉米品种间抗病性存在明显差异（图 5）。

## 防治措施

玉米青枯病为多种病原菌侵染的病害。防治上应采用以抗病品种和栽培技术等为主的综合防治措施。

**1. 农业防治**

选用抗病品种；清除田间内外病残组织，集中烧毁，深翻土壤，减少侵染源；与其他非寄主作物（如水稻、甘薯、马铃薯、大豆等）实行 2 ～ 3 年的大面积轮作，防止土壤中病原菌积累；适期晚播，能有效减轻该病害发生；在玉米生长后期，控制土壤水分，避免田间积水；播种时，将硫酸锌肥作为种肥施用，用量为 45 kg / hm$^2$，能够有效降低植株发病率；增施钾肥，每亩用量 16 kg，能够明显提高植株的抗性，降低发病率。

**2. 化学防治**

用 2.5% 咯菌腈悬浮种衣剂 10 ～ 20 mL 拌 10 kg 种子，或 20% 福・克悬浮种衣剂 200 ～ 400 mL 拌 10 kg 种子，或 3.5% 咯菌・精甲霜悬浮种衣剂 10 ～ 15 mL 拌 10 kg 种子，进行种子包衣。

# （一）主要病虫害

## 6. 玉米锈病

### 分布为害

玉米锈病在河南玉米产区分布广泛，近几年来发生面积和为害程度呈逐年加重趋势，不少地区暴发流行，损失较大。发病后，造成叶片早期干枯，影响产量，轻者减产 10% ~ 20%，重者达 30% 以上，严重地块甚至绝收（图 1）。

图 1　玉米锈病，大田为害状

### 症状特征

病害主要发生在玉米叶片上，也能够侵染叶鞘（图 2）、茎秆（图 3）和苞叶。初期叶片两面初生淡黄白色小斑，四周有黄色晕圈（图 4），后突起形成黄褐色乃至红褐色疱斑，散生或聚生，圆形

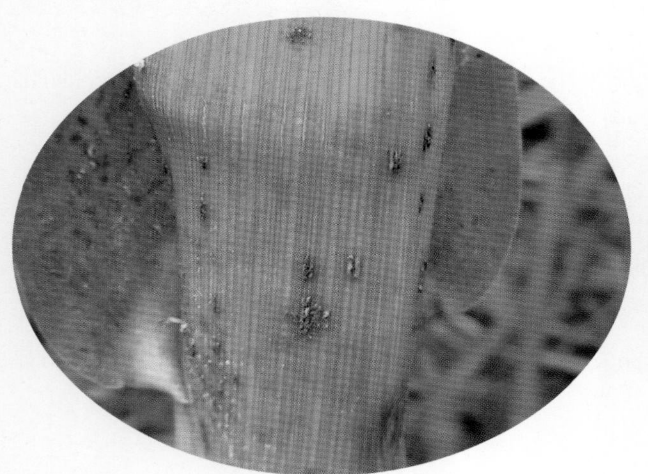

图 2　玉米锈病为害叶鞘

图 3　玉米锈病为害茎秆

或长圆形，即病菌的夏孢子堆（图 5）。孢子堆表皮破裂后，散出铁锈状夏孢子（图 6）。后期病斑上或其附近又出现黑色疱斑，即病菌的冬孢子堆，长椭圆形，疱斑破裂散出黑褐色粉状物。

图 5　玉米锈病，病叶上的孢子堆

图 4　玉米锈病，早期叶部症状，淡黄白色小斑及黄色晕圈

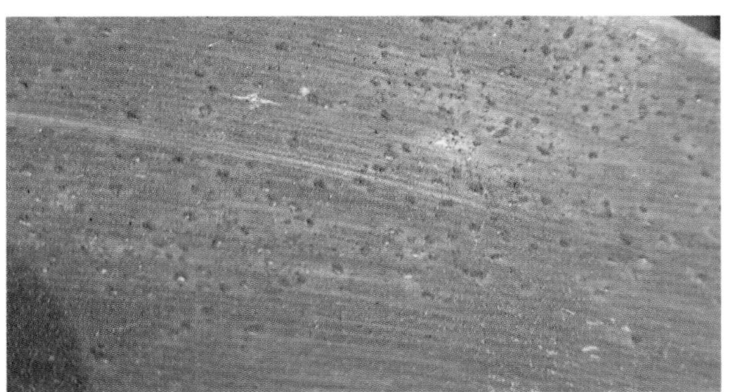

图 6　玉米锈病，孢子堆破裂散粉状

## 发生规律

病菌在南方温暖地区以夏孢子在玉米植株上越冬，翌年借气流传播成为初侵染源。田间叶片染病后，产生的夏孢子又可在田间借气流传播，进行多次再侵染，蔓延扩展。田间发病时，先从植株顶部开始向下扩展。

高温高湿或连阴雨天气有利于孢子的萌发、传播 、侵染，发病重。日平均温度在 27℃时最适宜发病。地势低洼、种植密度大、通风透气性差、偏施氮肥的地块发病重。品种间抗病性差异很大，品种的叶色、叶毛的多少与病害发生轻重有关，一般叶色黄、叶片少的品种发病重。

## 防治措施

### 1. 农业防治

选用抗病品种；清除田间病残体，集中深埋或烧毁，减少侵染源；施用酵素菌沤制的堆肥，增施磷、钾肥，避免偏施、过施氮肥，提高寄主抗病力；加强田间管理，适当早播，合理密植，中耕松土，适量浇水，雨后及时排渍降湿。

### 2. 化学防治

在发病初期开始喷洒 25% 三唑酮可湿性粉剂 800 ～ 1 000 倍液，或 12.5% 烯唑醇可湿性粉剂 1 000 ～ 1 500 倍液，或 25% 丙环唑乳油 1 500 倍液，或 80% 戊唑醇可湿性粉剂 6 000 倍液，隔 10 d 左右 1 次，连续防治 2 ～ 3 次。

# (一)主要病虫害　7. 玉米穗腐病

## 分布为害

玉米穗腐病又称赤霉病、果穗干腐病，河南各玉米产区都有发生。为多种病原菌侵染引起的病害，引起穗腐病的一些病原菌如黄曲霉菌，产生的有毒代谢产物黄曲霉素，对人和家畜、家禽健康严重有害（图 1）。

图 1　玉米穗腐病为害状

## 症状特征

果穗及籽粒均可受害，被害果穗顶部或中部变色，并出现粉红色、蓝绿色（图 2）、黑灰色或暗褐色、黄褐色霉层（图 3），即病原菌的菌体、分生孢子梗和分生孢子，扩展到果穗的 1/3 ~ 1/2 处，当多雨或湿度大时可扩展到全部果穗（图 4）。病粒无光泽，不饱满，质脆，内部空虚，常为交织的

图 2　玉米穗腐病病穗

图 3　玉米穗腐病病穗

图 4　玉米穗腐病整个果穗受害

菌丝所充塞。果穗病部苞叶常被密集的菌丝贯穿，黏结在一起贴于果穗上不易剥离，仓贮玉米受害后，粮堆内外则长出疏密不等、各种颜色的菌丝和分生孢子（图5），并散出发霉的气味。

图5　玉米穗腐病，病穗上各种颜色的菌丝和分生孢子

## 发生规律

病菌在种子、病残体上越冬，为初侵染病源。病菌主要从伤口侵入，分生孢子借风雨传播。温度在 15 ~ 28℃，相对湿度在 75% 以上，有利于病菌的侵染和流行，高温多雨以及玉米虫害发生偏重的年份，穗腐和粒腐病也较重发生。玉米粒没有晒干，入库时含水量偏高，以及贮藏期仓库密封不严，库内温度升高，也利于各种霉菌腐生蔓延，引起玉米粒腐烂或发霉。

花丝多、苞叶长而厚、穗轴含水量高、籽粒排列紧密、水分散失慢的玉米品种易感病；花丝少、苞叶薄、果穗顶部籽粒外露、收获前果穗已成熟下垂，雨水不易淋入的品种抗病性较强。地膜覆盖和适期早播的发病轻。

## 防治措施

**1. 农业防治**

选用抗病品种；加强管理，及时清除并销毁病残体，适期播种，合理密植，合理施肥，促进早熟；注意虫害防治，减少伤口侵染的机会；玉米成熟后及时采收，及时剥去苞叶，充分晒干后入仓贮存。

**2. 化学防治**

播种前精选种子，剔除秕小病粒，用 2.5% 咯菌腈悬浮种衣剂 20 mL + 3% 苯醚甲环唑悬浮种衣剂 40 mL 拌 10 kg 种子进行包衣或拌种；在玉米收获前 15 d 左右用 50% 多菌灵可湿性粉剂或 50% 甲基硫菌灵可湿性粉剂 1 000 倍液在果穗花丝上喷雾防治。

# （一）主要病虫害 8. 玉米细菌性茎基腐病

## 分布为害

玉米细菌性茎基腐病在河南各地均有发生。发病后植株基部变褐腐烂，严重的造成整株死亡。

## 症状特征

病害发生在苗期，引起严重的幼苗倒伏和萎蔫死亡（图 1）。症状与玉米细菌性茎腐病有所不同，发病初期在植株茎基部叶鞘出现浅褐色的水浸状病斑，逐步发展为褐色、菱形病斑，发病严重的植株在病斑部发生横向的茎秆开裂（图 2），叶片因缺水而枯萎，并由于茎秆开裂而导致大量发病植株倒伏和倒折，严重的全株枯死。该病害病斑多发生在茎节部位，典型症状为茎基处开裂，变黑变褐并干腐；纵剖病茎，维管束变褐，发病部位从茎表层向内扩展；横切病茎和根部，切面组织在显微镜下可见白色菌脓；在发病组织中未见真菌的菌丝体，而可见大量的细菌菌溢。

图 1 玉米细菌性茎基腐病，幼苗倒伏萎蔫状

图 2 玉米细菌性茎基腐病，茎节开裂状

## 发生规律

玉米细菌性茎基腐病为土壤传播病害，病菌存活在土壤中。偶发于玉米播种后幼苗期突遇持续15℃以下低温的地方。由于病害发生突然，待发现时往往田间已出现大量植株萎蔫和折倒，因此对生产有较大影响。

## 防治措施

由于玉米细菌性茎基腐病的发生与苗期持续低温和农事操作造成的根系受伤有关，因此，如果生产中气温开始回升，病斑的扩展将受到自然抑制。

**1. 农业防治**

实行轮作，尽可能避免连作；及时清除田间病株，减少菌源；加强田间管理，采用高畦栽培，严禁大水漫灌，雨后及时排水，防止湿气滞留。

**2. 化学防治**

及时治虫防病，苗期开始注意防治玉米螟、棉铃虫等害虫；在发病初期用46.1%氢氧化铜水分散粒剂1 000倍液，或72%农用硫酸链霉素可溶性粉剂4 000倍液进行根基部喷雾，以控制病害的发展。

# （一）主要病虫害　9. 玉米粗缩病

## 分布为害

玉米粗缩病近年来在河南省局部地区发生日益加重，已成为玉米产区的主要病害。由于严重发病植株不结实，对产量影响很大（图1，图2）。

图1　玉米粗缩病大田为害状

图2　玉米粗缩病拔节期症状

## 症状特征

玉米粗缩病症状一般出现在 5 ~ 6 片叶期，在心叶基部中脉两侧的细脉上出现透明的虚线状褪绿条纹，即明脉（图 3）。病株的叶背、叶鞘及苞叶的叶脉上具有粗细不一的蜡白色条状突起，用手触摸有明显的粗糙不平感，成为脉突（图 4）。叶片宽短，厚硬僵直，叶色浓绿，顶部叶片簇生（图 5）。病株生长受到抑制，节间粗肿缩短，严重矮化（图 6，图 7）。根系少而短，不及健株的一半，很易从土中拔起。轻病株雄穗发育不良、散粉少，雌穗短、花丝少、结实少；重病株雄穗不能抽出

图 3　玉米粗缩病，病叶上的虚线状褪绿条纹——明脉

图 4　玉米粗缩病叶片上的脉突

图 5　玉米粗缩病造成的叶片簇生

图 6　玉米粗缩病造成的病株节间粗肿缩短

图 7　玉米粗缩病造成的植株矮缩

或虽能抽出但分枝极少、无花粉（图 8，图 9），雌穗畸形不实或籽粒很少（图 10）。

图 8　玉米粗缩病造成的雄穗不能抽出

图 9　玉米粗缩病造成的雄穗不能抽出

图 10　玉米粗缩病造成的雌穗畸形不实

## 发生规律

玉米粗缩病在玉米整个生育期均可以侵染发病，侵染越早症状表现越明显，玉米苗期感病受害最重，雄穗多不能抽出，雌穗畸形，不结实或籽粒很少。该病为媒介昆虫灰飞虱传播的病害。病毒寄主范围十分广泛，主要侵染禾本科植物，如玉米、小麦、水稻、高粱、谷子等作物，以及马唐、稗草等禾本科杂草。该病毒主要在小麦、多年生禾本科杂草及传毒介体上越冬。玉米出苗后，小麦和杂草上的灰飞虱即带毒迁至玉米上取食传毒，引起玉米发病。在玉米生长中后期，病毒再由灰飞虱携带向高粱、谷子等晚秋禾本科作物及马唐等禾本科杂草传播，秋后再传向小麦或直接在杂草上越冬，形成周年侵染循环。

## 防治措施

坚持以农业防治为主，化学防治为辅的综合防治策略。核心是调整玉米播期，使玉米苗期避开带毒灰飞虱成虫的活动盛期。

**1. 农业防治**

选用抗耐病品种，根据本地条件选用抗性相对较好的品种，同时应注意合理布局，避开单一抗源品种的大面积种植；摒弃玉米麦垄套种，推广玉米麦收后直播，避开带毒灰飞虱成虫活动盛期；清除田间和地头杂草，减少害虫滋生地；及时拔除病株，带出田外烧毁或深埋；合理施肥浇水，加强田间管理，促进玉米健壮生长，缩短感病期。

**2. 药剂防治**

药剂拌种或包衣，用 70% 噻虫嗪可分散粉剂 10 ～ 30 g 拌 10 kg 种子进行种子包衣，防治苗期灰飞虱，减轻病害传播；苗期喷药防治灰飞虱，可用 10% 吡虫啉可湿性粉剂，或 5% 啶虫脒可湿性粉剂，每亩 20 g 加水 50 kg 喷雾，每 7 ～ 10 d 喷 1 次，连喷 2 ～ 3 次；玉米粗缩病发病初期，每亩用 5% 氨基寡糖素水剂 75 ～ 100 mL，或 6% 低聚糖素水剂 62 ～ 83 mL 加水 50 kg 喷雾防治。

# （一）主要病虫害

## 10. 玉米细菌性茎腐病

### 分布为害

玉米细菌性茎腐病在河南各地均有发生。发病后植株基部变褐腐烂，严重的造成整株死亡。

### 症状特征

病害常发生于植株茎秆中部，在茎节上产生水浸状腐烂（图 1），腐烂部位扩展较快，造成髓组织分解，茎秆因此折断（图 2）。在发病部位因细菌繁殖快并大量分解组织而产生恶臭味。叶鞘也会受到侵染（图 3），病斑不规则，边缘红褐色（图 4）。如果条件适宜，病菌可以通过叶鞘侵染雌穗，在雌穗苞叶上产生与叶鞘相同的病斑。有时茎秆上的发病部位可以靠近茎基部。发生在茎秆中上部的茎腐病，还会造成雌穗穗柄腐烂而严重影响雌穗的生长。

图 1　细菌性茎腐病前期症状

图 2　细菌性茎腐病茎秆折断状

图 3　细菌性茎腐病为害叶鞘状

图 4　细菌性茎腐病叶鞘边缘红褐色不规则病斑

## 发生规律

病菌存活在土壤表面未腐烂的病残体上越冬，翌年从植株的气孔或伤口侵入。玉米 60 cm 高时组织柔嫩易发病，害虫为害造成的伤口利于病菌侵入。此外害虫携带病菌同时起到传播和接种的作用，如玉米螟、棉铃虫等虫口数量大则发病重。

高温高湿利于发病，日平均温度 30℃左右，相对湿度高于 70% 即可发病；日均温 34℃，相对湿度 80% 扩展迅速。玉米常年连作发病重，地势低洼或排水不良、密度过大、通风不良、施用氮肥过多、伤口多发病重。轮作，高畦栽培，排水良好及氮、磷、钾肥比例适当地块植株健壮，发病率低。

## 防治措施

1. 农业防治

实行 2 ~ 3 年轮作，尽可能避免病田连作；合理施肥，避免偏施氮肥；采用高畦栽培，雨后及时排水，改善田间通风条件和降低湿度，提高植株抗病性；发现病株后，及时拔除，携出田外集中烧毁；收获后及时清除病残株，减少菌源。

2. 化学防治

及时治虫防病，苗期开始注意防治玉米螟、棉铃虫、甜菜夜蛾等害虫；在发病初期，用 46.1% 氢氧化铜水分散粒剂 1 000 倍液，或 72% 农用硫酸链霉素可溶性粉剂 4 000 倍液进行喷雾。

# （一）主要病虫害

## 11. 玉米大斑病

### 分布为害

玉米大斑病属于气流传播病害，在河南省分布广泛。一般年份可造成减产 5% 左右，严重发生年份，感病品种的损失高达 20% 以上（图 1）。

图 1　玉米大斑病大田为害状

### 症状特征

玉米大斑病主要为害叶片，严重时也为害叶鞘和苞叶。由植株下部叶片开始发病，向上扩展。病斑呈长梭形，灰褐色或黄褐色，长 5 ～ 10 cm，宽 1 cm 左右（图 2，图 3），有的病斑更大，或几个病斑连接成大型不规则形枯斑，严重时叶片枯焦（图 4）。在感病品种上，先出现水渍状斑，很快发展为灰绿色的小斑点；病斑沿叶脉迅速扩展并不受叶脉限制，很快形成长梭形、中央灰褐色、边缘没有典型变色区域的大型病斑（图 5）。多雨潮湿天气，病斑上可密生灰黑色霉层（即病原孢子）（图 6）。此外，发生在抗病品种上的病斑，沿叶脉扩展，表现为褐色坏死条纹，周围有黄色或淡褐色褪绿圈（图 7），不产生或极少产生孢子。

图 2　玉米大斑病病斑早期症状

图 3　玉米大斑病病斑

图 4　玉米大斑病多个病斑相连呈不规则焦枯状

图 5　感病品种上大斑病病斑

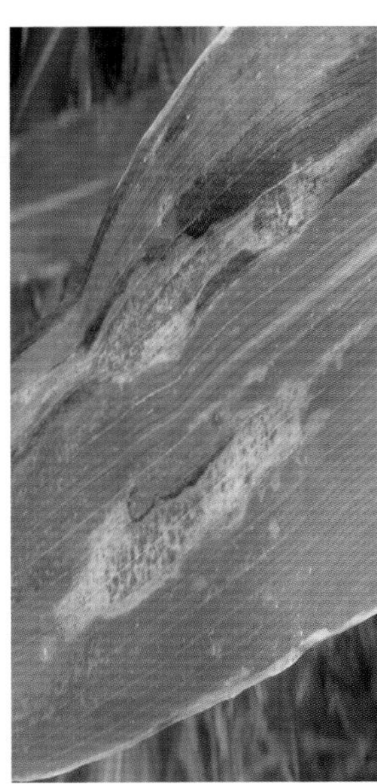
图 6　玉米大斑病病斑黑色霉层

图 7　抗病品种上大斑病病斑

## 发生规律

玉米大斑病的病原菌以其休眠菌丝体在病残体内越冬，成为翌年发病的初侵染源。其分生孢子也可在病株残体上越冬，也是侵染源。玉米生长季节，越冬菌源产生孢子，随雨水飞溅或气流传播到玉米叶片上，适宜温、湿度条件下萌发入侵。经 10 ~ 14 d，便可在病斑上产生大量分生孢子。以后分生孢子随气流传播，进行重复侵染，造成病害流行。夏玉米 7 月中旬田间始见病斑。

病原菌的分生孢子在 20 ~ 28℃产生，发病温度一般在 22℃以下。在春玉米区，由于玉米从拔节期到出穗期，基本可以满足玉米大斑病病菌对温度的要求，所以多雨多雾或连续阴雨天气，则易导致病害迅速扩展蔓延，造成严重的产量损失。

玉米播种过晚、出穗后氮肥不足、玉米连作均有利于病害的发展流行。

## 防治措施

玉米大斑病的防治应采取选用抗耐病品种、加强栽培管理、重点施药保护等综合措施。

1. 农业防治

选用抗耐病品种；实行轮作、倒茬制度，避免玉米连作，秋季深翻土壤，清除病残株，减少菌源；处理田边、村边的玉米秸秆，避免形成翌年的发病侵染源；施足底肥，增施磷钾肥，生长中期追施氮肥，保证后期不脱肥，提高玉米植株抗病能力；与小麦、花生、甘薯等其他矮秆作物间作，宽窄行种植，改善玉米田的通风条件；合理灌溉，注意田间排水。

2. 化学防治

在玉米抽雄前后或发病初期，用 18.7% 丙环・嘧菌酯悬乳剂 50 ~ 75 mL，或 70% 丙森锌可湿性粉剂 100 ~ 150 g，或 45% 代森铵水剂 75 ~ 100 mL，每亩用药液 50 ~ 75 kg 喷雾，隔 7 ~ 10 d 喷药 1 次，共防治 2 ~ 3 次。

# （一）主要病虫害　12. 玉米小斑病

## 分布为害

玉米小斑病又名玉米斑点病，是玉米生产中重要病害之一，广泛分布在河南各玉米产区，以夏玉米种植区发生较重，感病品种在一般发生年份减产 10% 以上，大流行年份可减产 20% ~ 30%。

## 症状特征

玉米小斑病从苗期到成熟期均可发生，以玉米抽雄后发病最重。主要为害叶片（图 1），也为害叶鞘和苞叶。叶片上病斑比大斑病小得多，但病斑数量多。病斑初为水浸状，以后变为黄褐色或红褐色，边缘颜色较深，椭圆形、圆形或长圆形，大小为（5 ~ 10）mm ×（3 ~ 4）mm（图 2），病斑密集时常互相连接成片，形成大型枯斑，多从植株下部叶片先发病，向上蔓延、扩展（图 3）。叶片病斑形状因品种抗性不同，有 3 种类型：

（1）不规则椭圆形病斑，或受叶脉限制表现为近长方形，有较明显的紫褐色或深褐色边缘（图 4）。（2）椭圆形或纺锤形病斑，扩展不受叶脉限制，病斑较大，灰褐色或黄褐色，无明显的深色边缘，病斑上有时出现轮纹。（3）黄褐色坏死小斑点，基本不扩大，周围有明显的黄绿色晕圈，此为抗性病斑。

图 1　玉米小斑病为害叶片状

图 2　玉米小斑病病斑早期

图 3　玉米小斑病病斑后期相连成大枯斑

图 4　玉米小斑病病斑受叶脉限制为近长方形

## 发生规律

玉米小斑病主要以菌丝体在病残株上越冬，其次是带病种子。玉米生长季节内，遇到适宜温、湿度，越冬菌源产生分生孢子，传播到玉米植株上，在叶面有水膜的条件下萌发侵入寄主，遇到适宜发病的温、湿度条件，经 5 ～ 7 d 即可重新产生新的分生孢子进行再侵染，这样经过多次反复再侵染造成病害流行。在田间，最初在植株下部叶片发病，向周围植株传播扩散（水平扩展），病株率达一定数量后，向植株上部叶片扩展（垂直扩展）。自然条件下，还侵染高粱。

温度和水分条件对玉米小斑病的发生和流行最重要。玉米小斑病病菌需要的适温比玉米大斑病病菌高。产生分生孢子的最适温度为 23 ～ 25℃，适于田间发病的日平均温度为 25.7 ～ 28.3℃。在适温的条件下，如再有充足的水分，则病势迅速发展，很容易导致大流行。河南 7 ～ 8 月温度适宜小斑病的发生流行，玉米也正处在拔节出穗阶段，如果降雨天数多，或结露时间长，田间相对湿度高，则往往引起玉米小斑病的严重发生。玉米连茬种植、施肥不足，特别是抽雄后脱肥、地势低洼、排水不良、土质黏重、播种过迟等均利于发病。

## 防治措施

玉米小斑病是气流传播、多次侵染的病害，且越冬菌源广泛，故应采用以抗病品种为主，结合栽培技术防病的综合措施进行防治。同时在玉米小斑病发生区，常常还有玉米大斑病、茎腐病和丝黑穗病同时发生，因而在防治玉米小斑病的同时，必须考虑兼治其他几种病害。

**1. 农业防治**

种植抗病品种；玉米收获后，彻底清除田间病残株；土壤深耕，高温沤肥，杀灭病菌；施足底肥，增加磷肥，重施喇叭口肥，及时中耕灌水；加强田间管理，增强植株抗病力。

**2. 化学防治**

在玉米抽穗前后，病情扩展前开始喷药。喷药时先摘除基部病叶。所用药剂参见玉米大斑病化学防治。

# （一）主要病虫害　13. 玉米顶腐病

## 分布为害

玉米顶腐病属于新发现的病害，近年来在河南各玉米产区发生。苗期严重发病可引起死苗，或对植株生长造成影响，导致雄穗不能正常抽出和散粉，对产量造成一定损失（图 1）。

图 1　玉米顶腐病大田症状

## 症状特征

玉米顶腐病从苗期到成株期都可发生，成株期病株多矮小，但也有矮化不明显的，其他症状更呈多样化。多数发病植株的新生叶片上部失绿，有的病株则发生叶片畸形或扭曲，叶片边缘产生黄化条纹（图 2）或叶片顶部腐烂并形成缺刻（图 3）或顶部 4 ～ 5 叶的叶尖褐色腐烂枯死（图 4）；有的

图 2　玉米顶腐病，叶缘黄化条纹

图 3　玉米顶腐病，叶尖腐烂缺刻状

图 4　玉米顶腐病，叶尖枯死症状

顶部叶片短小，残缺不全，扭曲卷缩成直立“长鞭状”（图 5），或在形成鞭状时被其他叶片包裹不能伸展形成“弓状”（图 6），有的顶部几个叶片扭曲缠结不能伸展（图 7）；有的感病叶片边缘出现“刀切状”缺刻（图 8）；个别植株出现雄穗受害，出现褐色腐烂状（图 9）。病株的根系通常不发达，主根短小，根毛细而多，呈绒状，根冠变褐腐烂。高湿的条件下，病部出现粉白色至粉红色霉状物。

图 5　玉米顶腐病，叶片卷缩直立呈“长鞭状”

图 6　玉米顶腐病，叶片扭曲卷裹呈“弓状”

图 7　玉米顶腐病，叶片扭曲缠结不能伸展

图 8　玉米顶腐病，叶缘现“刀切状”缺刻

图 9　玉米顶腐病为害雄穗

## 发生规律

该病为土传病害，但也可以通过种子带菌进行远距离传播，使发病区域不断扩大。病原菌分为镰刀菌顶腐病、细菌性顶腐病两种。玉米顶腐病具有某些系统侵染的特征，病株产生的病原菌分生孢子还可以随风雨传播，进行再侵染。在多雨、高湿条件下发生严重。

## 防治措施

### 1. 农业防治

种植抗病品种；排湿提温，消灭杂草，增强植株抗病能力；玉米大喇叭口期，要迅速追肥，并喷施叶面营养剂，促苗早发，补充养分，提高抗逆能力；对玉米心叶已扭曲腐烂的较重病株，可用剪刀剪去包裹雄穗以上的叶片，以利于雄穗的正常吐穗，并将剪下的病叶带出田外做深埋处理。

### 2. 化学防治

玉米顶腐病常发区可以采用药剂拌种，减轻幼苗发病，常用药剂有75%百菌清可湿性粉剂或50%多菌灵可湿性粉剂或80%代森锰锌可湿性粉剂，以种子种量的0.4%拌种，或用40%萎锈·福美双悬浮剂进行包衣处理。病害发生后，可以结合后期玉米螟等害虫的防治，混合以上药剂加农用硫酸链霉素或中生菌素对心叶进行喷施，每亩不少于40 kg药液。

# （一）主要病虫害　14. 玉米疯顶病

## 分布为害

玉米疯顶病又称丛顶病，在河南局部发生，是影响玉米生产的潜在危险性病害。近年来，由于制种基地相对集中，引种频繁，有进一步扩大蔓延趋势。由于植株感病后，95%以上的病株不结实，可基本造成绝收，对玉米生产影响很大（图1）。

图1　玉米疯顶病大田为害状

## 症状特征

玉米幼苗和成株都能受害。苗期侵染，可随植株生长点的生长而到达雌穗与雄穗。病株从 6 ~ 8 叶开始显症，病田苗期病株呈淡绿色，株高 20 ~ 30 cm 时部分病苗形成过度分蘖，每株 3 ~ 5 个或 6 ~ 8 个不等，叶片变窄，质地坚韧；亦有部分病苗不分蘖，但叶片黄化且宽大或叶脉黄绿相间，叶片皱缩凹凸不平；部分病苗叶片畸形，上部叶片扭曲或呈牛尾巴状。典型症状发生在抽雄后，有多种类型：

（1）雄穗完全畸形：全部雄穗异常增生，畸形生长，小花转为变态小叶，小叶叶柄较长、簇生，使雄穗呈刺头状即“疯顶”（图 2）。

（2）雄穗部分畸形：雄穗部分正常，部分则大量增生呈团状绣球，不能产生正常雄花（图 3）。

（3）雄穗变为团状花序：各个小花密集簇生，花色鲜黄，但无花粉。

（4）雌穗变异：果穗受侵染后发育不良，不抽花丝，苞叶尖变态为小叶，成 45° 簇生（图 4）；严重发病的雌穗内部全部为苞叶，雌穗叶化（图 5）；部分雌穗异化为雄穗（图

图 2　玉米疯顶病，疯顶症状

图 3　玉米疯顶病，部分雄穗畸形，小花叶化

图 4　玉米疯顶病，病株雌穗苞叶变态

图 5　玉米疯顶病，病株雌穗叶化

图 6　玉米疯顶病，病株雌穗异化为雄穗

6）；部分雌穗分化为多个小果穗，但均不能结实；穗轴呈多节茎状，不结实或结实极少且籽粒瘪小（图 7）。

（5）叶片畸形：成株期上部叶片和心叶共同扭曲呈不规则团状（图 8，图 9）或牛尾巴状（图 10），部分呈环状，植株不抽雄，也不能形成雄穗。

（6）植株上部叶片密集生长，呈现对生状，似君子兰叶片。

（7）植株轻度或严重矮化（图 11），上部叶片簇生，叶鞘呈柄状，叶片发窄。

图 7　玉米疯顶病，穗轴多节状

图 8　玉米疯顶病，心叶及上部叶扭曲

图 9　玉米疯顶病，心叶及上部叶扭曲如麻花

图 10　玉米疯顶病，叶片扭曲呈牛尾巴状

图 11　玉米疯顶病，植株矮化，叶片上呈黄色条纹

（8）部分植株超高生长：有的病株疯长，植株高度超过正常高度 1/5，头重脚轻，易折断（图 12）。

图 12　玉米疯顶病，感病植株株高明显高于健株

（9）部分病株中部或雌穗发育成多个分枝，并有雄穗露出顶部苞叶。

（10）田间常见疯顶病菌与瘤黑粉病菌复合侵染，感病植株上伴有瘤黑粉病发生，簇状雄穗、雌穗和茎秆上有瘤黑粉（图13）。

图13　玉米疯顶病伴生瘤黑粉病

## 发生规律

玉米苗期是主要感病期。播种后短期内或4 ～ 5片叶前，土壤湿度饱和，玉米疯顶病就可能发生。土壤湿度饱和状态持续24 ～ 48小时，病原就能完成侵染。适于侵染的土壤温度范围比较宽，在叶面上形成孢子的适温为24 ～ 28℃，孢子萌发适温为12 ～ 16℃。多雨年份，低洼、积水田极易发病。

受玉米疯顶病为害的玉米，一般不能结实，因该病是系统侵染，少数轻病株（5%左右）也能正常结实形成种子，但病田中被感染未表现症状的“健株”所产生的种子，有很高的带菌率，所以带病种子是该病远距离传播的一个重要途径。病残体是已发病田翌年发病的重要侵染源。

## 防治措施

### 1. 农业防治

选用抗病品种，通常马齿种比硬粒种抗病；适期播种；播种后严格控制土壤湿度，5叶期前避免大水漫灌，及时排出降雨造成的田间积水；及时拔除田间病株，集中烧毁或高温堆肥，也可把发病的雄蕊上方叶片剪除并深埋，防止传染健康植株；收获后彻底清除并销毁田间病残体，并深翻土壤，控制病菌在田间扩散；轮作倒茬，与非禾本科作物轮作，如豆类、棉花等。

### 2. 化学防治

药剂拌种，播种前用58%甲霜灵·锰锌可湿性粉剂，或64%噁霜灵·锰锌可湿性粉剂，以种子量的0.4%拌种；或用35%甲霜灵可湿性粉剂200 ～ 300 g拌100 kg玉米种；喷雾防治，在田间发病初期，可用58%甲霜灵·锰锌可湿性粉剂300倍液与50%多菌灵可湿性粉剂500倍液，或75%百菌清可湿性粉剂1 500倍液等杀菌剂混合用药，每隔7 d喷1次，连续喷2 ～ 3次。

# （一）主要病虫害

## 15. 玉米丝黑穗病

### 分布为害

玉米丝黑穗病又称乌米、哑玉米。由于丝黑穗病直接导致果穗全部受害，发病率几乎等同于损失率，一旦发生，对产量影响较大（图1）。20世纪80年代，玉米丝黑穗病已基本得到控制，但仍是玉米生产的主要病害之一。

图1　玉米丝黑穗病大田为害状

### 症状特征

玉米丝黑穗病病菌侵染种子萌发后产生的胚芽，菌丝进入胚芽顶端分生组织后随生长点生长，但直到穗期才能在雄穗和果穗上见到典型症状。病株果穗短粗，外观近球形，无花丝，苞叶正常（图2），剥开苞叶可见果穗内部组织已全部变为黑粉（图3），黑粉内有一些丝状的

图2　玉米丝黑穗病病菌侵染雌穗，果穗短粗

图3　玉米丝黑穗病雌穗内黑粉

植物维管束组织，因此称为丝黑穗病（图4）。在后期，果穗苞叶自行裂开，散出大量黑粉（图5）。有的果穗受害后，过度生长，但无花丝，不结实，顶部为刺状（图6，图7）。雄穗受害后主要是整个小花变为黑粉包，抽雄后散出大量黑粉。有的果穗受病原菌刺激后畸形生长（图8，图9）。在严重被侵染的植株上，还可见叶片被病菌侵染后出现破溃的孔洞或瘤状突起，突起破裂后散出黑粉状冬孢子。由于病原菌的侵染，一些植株在苗期产生分蘖，植株呈灌丛状。

图4　玉米丝黑穗病雌穗内丝状组织

图5　玉米丝黑穗病苞叶开裂后症状

图6　玉米丝黑穗病雌穗顶部刺状

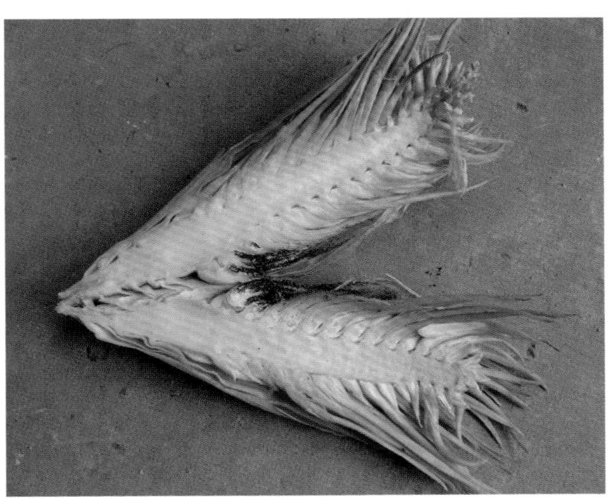

图7　玉米丝黑穗病雌穗顶部刺状剖面

图8　玉米丝黑穗病引起雄穗畸形如刺

图9　玉米丝黑穗病引起雄穗畸形

## 发生规律

病菌以散落在土中、混入粪肥或粘附在种子表面的冬孢子越冬，成为翌年的初侵染源，其中土壤带菌在侵染循环中最为重要。冬孢子在土壤中能存活 2 ～ 3 年，结块的冬孢子比分散的存活时间更长。种子带菌是远距离传播的重要途径，但田间传病作用显著低于土壤和粪肥。

发病程度主要取决于品种抗病性、菌源数量及土壤环境。玉米不同品种对丝黑穗病病菌的抗性有明显差异。连作地发病重，轮作地发病轻。玉米播种至出苗间的温、湿度与发病关系密切，土壤温度在 15 ～ 30℃利于病菌侵入，以 25℃最为适宜，以 20% 的湿度条件发病率最高。另外，播种过深、种子生活力弱时发病重。

## 防治措施

**1. 农业防治**

种植抗病品种，利用抗病品种是防治丝黑穗病的根本措施；在黑粉瘤未破裂时，及时摘除瘤体并带出田外深埋，减少病菌在田间的扩散和在土壤中的存留。

**2. 化学防治**

用特效杀菌剂拌种或含有相应杀菌剂的种衣剂进行种子包衣处理，可有效防止土壤中的病菌对种子胚芽的侵染。主要拌种用杀菌剂有 15% 三唑酮可湿性粉剂，以种子重量的 0.1% ～ 0.2% 拌种；6% 戊唑醇悬浮种衣剂，以种子重量的 0.4% 进行拌种；40% 萎锈・福美双悬浮剂，以种子重量的 0.4% ～ 0.5% 进行拌种。

# （一）主要病虫害　16. 玉米螟

## 分布为害

玉米螟，又称玉米钻心虫，以亚洲玉米螟为主，主要为害作物有玉米、高粱、谷子、棉、麻、豆类等。玉米螟初龄幼虫蛀食嫩叶，形成排孔花叶（图1）；雄穗抽出后，呈现小花被毁状（图2）；3龄后幼虫钻蛀茎秆、雌穗（图3）和雄穗（图4）为害，在茎秆上可见蛀孔，外有幼虫排泄物（图5），茎秆易折（图6）；在雌穗中取食籽粒（图7），常引起或加重穗腐病的发生（图8）。

图1　玉米螟，低龄幼虫取食心叶造成的排孔症状

图2　玉米螟，雄穗小花被害状

图3　玉米螟，雌穗受害状

图4　玉米螟为害雄穗

图5　玉米螟为害茎秆：蛀孔及幼虫排泄物

图6　玉米螟为害茎秆引起茎秆倒折

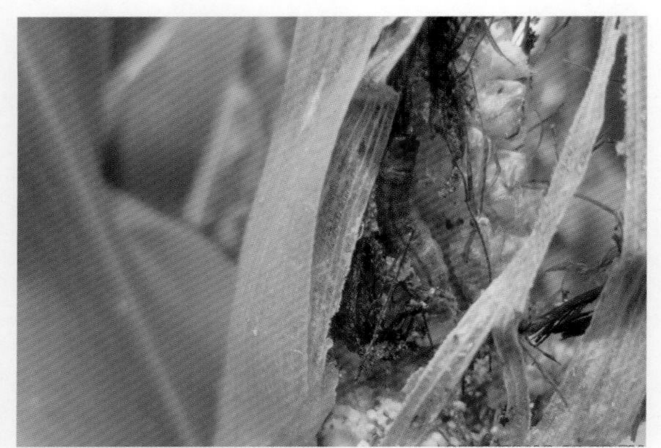

图 7　玉米螟为害雌穗籽粒

图 8　玉米螟为害雌穗引起穗腐病

## 形态特征

成虫：体土黄色，长 12 ~ 15 mm，前后翅均横贯 2 条明显的浅褐色波状纹，其间有大小两块暗斑（图 9）。

卵：产在叶背，呈扁椭圆形，白色，多粒排成块状（图 10）。

幼虫：共 5 龄，老熟幼虫体长 20 ~ 30 mm，体背淡褐色，中央有 1 条明显的背线，腹部 1 ~ 8 节背面各有两列横排的毛瘤，前 4 个较大（图 11，图 12）。

蛹：纺锤形，红褐色，长 15 ~ 18 mm，腹部末端有 5 ~ 8 根刺钩（图 13）。

图 9　玉米螟成虫

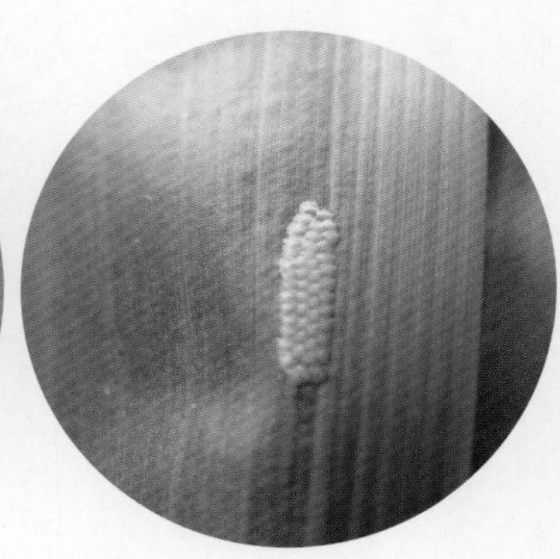

图 10　玉米螟卵块

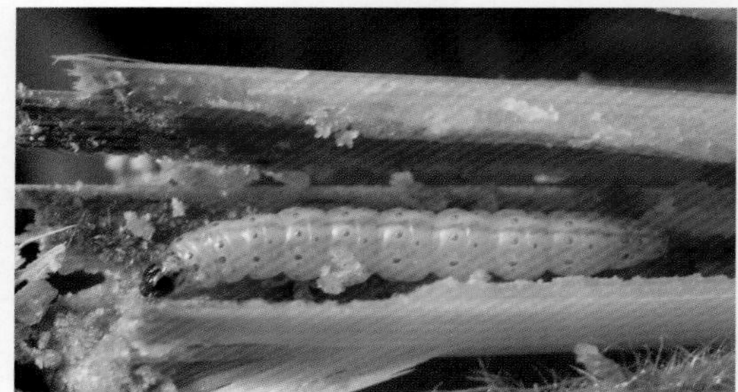

图 11　玉米螟老熟幼虫

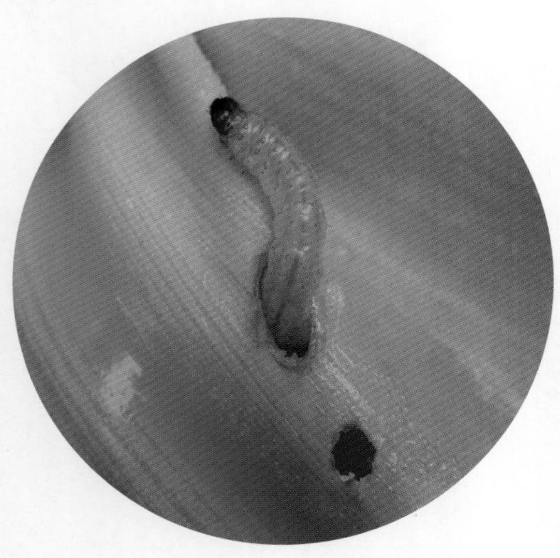

图 12　玉米螟低龄幼虫

图 13　玉米螟蛹

## 发生规律

在河南一年发生3代。以老熟幼虫在寄主被害部位及根茬内越冬。成虫昼伏夜出，有趋光性。成虫将卵产在玉米叶背中脉附近，每块卵20 ~ 60粒，每头雌虫可产卵400 ~ 500粒，卵期3 ~ 5 d，幼虫5龄，历期17 ~ 24 d。初孵幼虫有吐丝下垂习性，1 ~ 3龄幼虫群集在心叶喇叭口内啃食叶肉，只留表皮或钻入雄穗中为害。幼虫发育到4 ~ 5龄，蛀入雌穗，影响雌穗发育和籽粒灌浆。幼虫老熟后，即在玉米茎秆、苞叶、雌穗和叶鞘内化蛹，蛹期6 ~ 10 d。玉米螟的发生适宜温度为16 ~ 30℃，相对湿度在80%以上。长期干旱、大风大雨能使卵量减少、卵及初孵幼虫大量死亡。玉米不同品种间其发生数量有明显差异。

## 防治措施

1. 农业防治

在春季越冬幼虫化蛹羽化前，采用烧柴、沤肥、作饲料等办法处理玉米秸秆，降低越冬幼虫数量。

2. 诱杀成虫

在成虫盛发期，采用杀虫灯或性诱剂诱杀技术，能够诱杀大量成虫，减轻为害。

3. 生物防治

在玉米螟产卵始期至产卵盛、末期，释放赤眼蜂，每亩释放1万～2万只。也可每亩用100亿活芽孢 / mL的苏云金杆菌制剂200 mL，按药、水、干细沙比例为0.4 ： 1 ： 10配成颗粒剂撒施。还可利用白僵菌封垛，每立方米秸秆垛用菌粉（每克含孢子50亿～100亿个）100 g，在玉米螟化蛹前喷在垛上。

4. 化学防治

可选用3%辛硫磷颗粒剂300 ~ 400 g以1：15比例与细沙拌匀后在玉米心叶期撒入喇叭口内，或亩用40%辛硫磷乳油75 ~ 100 mL，或2.5%溴氰菊酯乳油20 ~ 30 mL，或20%氯虫苯甲酰胺悬浮剂5 mL，对水50 kg喷心叶。

# （一）主要病虫害　17. 玉米蚜虫

## 分布为害

玉米蚜虫又称腻虫、蚁虫，在河南各地均有分布，为害玉米、高粱、小麦等多种禾本科作物和杂草。以成、若蚜群聚在玉米幼叶（图1）、叶鞘（图2）、茎秆（图3）、雄穗（图4）和果穗（图5）上刺吸植物组织汁液，导致叶片变黄或发红，影响植株生长发育，同时分泌蜜露，产生黑色霉状物（图6），影响植株光合作用和受粉，并传播病毒造成减产（图7）。

图1　玉米蚜虫为害叶片

图2　玉米蚜虫为害叶鞘

图3　玉米蚜虫为害茎秆

图4　玉米蚜虫为害雄穗

图5　玉米蚜虫为害雌穗

图 6　玉米蚜虫，排泄蜜露引起霉污病

图 7　玉米蚜虫为害雄穗影响受粉

图 8　玉米蚜虫天敌，七星瓢虫若虫

## 症状特征

有翅胎生蚜体长 1.6 ～ 1.8 mm，头胸黑色，腹部黄绿色或墨绿色，腹管黑色。无翅胎生蚜体长 1.8 ～ 2.2 mm，淡绿色或墨绿色，被薄白粉，腹管暗褐色。

## 发生规律

玉米蚜虫 1 年发生 20 代左右，冬季以成、若蚜在禾本科植物的心叶里越冬。翌年 3 ～ 4 月开始活动为害小麦，4 月底至 5 月上旬，小麦进入灌浆期，产生大量有翅蚜迁往春玉米、高粱、水稻田繁殖为害。该虫终生营孤雌生殖，到玉米大喇叭口末期蚜量迅速增加，扬花期蚜量猛增，在玉米上部叶片和雄花上群集为害，条件适宜为害持续到9月中下旬玉米成熟前。一般8 ~ 9月玉米生长中后期，日均气温低于28℃，适其繁殖，此间如遇干旱、旬降水量低于20 mm，易猖獗为害。天敌有异色瓢虫、七星瓢虫（图8）、龟纹瓢虫、食蚜蝇、草蛉和寄生蜂等。

## 防治措施

**1. 农业防治**

清除田间、地边杂草，消灭蚜虫滋生地。

**2. 药剂防治**

用70%吡虫啉可分散粒剂50 ~ 70 g拌10 kg种子，防治苗期蚜虫。当发现中心蚜株可喷施50%抗蚜威可湿性粉剂1 500倍液。当有蚜株率达30% ~ 40%，出现“起油珠”（指蜜露）时，可选用10%吡虫啉可湿性粉剂和菊酯类等药剂全田普治。还可使用毒沙防治，每亩用40%乐果乳油50 mL，对水500 mL稀释后，拌15 kg细沙土，然后把拌匀的毒沙均匀地撒在植株心叶上，每株1 g。可兼治蓟马、玉米螟、黏虫等。

# （一）主要病虫害　18. 玉米蓟马

## 分布为害

玉米蓟马有3种，即黄呆蓟马、禾蓟马和稻管蓟马。河南以黄呆蓟马为主，为害玉米及小麦、高粱、水稻、谷子等多种禾本科作物和杂草。

玉米苗期是玉米蓟马为害最为敏感的时期，其喜在玉米心叶中活动为害，主要为害叶片背面，呈现大量白色小点和断续的银白色条斑，受害严重的叶片常如涂一层银粉（图1）。蓟马主要在玉米心叶内为害，同时会释放出黏液，致使心叶粘连

图1　玉米蓟马，为害叶片状，如银粉涂层

扭曲，不能展开呈“鞭状”（图 2，图 3），部分叶片畸形破裂（图 4），严重影响玉米的正常生长。

图 2　玉米蓟马，为害心叶，粘连扭曲呈“鞭状”

图 3　玉米蓟马，为害心叶，粘连扭曲畸形不展开

图 4　玉米蓟马，为害叶片，畸形破裂状

## 症状特征

玉米黄呆蓟马成虫体长 1.0 ～ 1.2 mm，黄色略暗，胸、腹背（端部数节除外）有暗黑色区域。

## 发生规律

玉米黄呆蓟马成虫在禾本科杂草根基部和枯叶内越冬。一般于翌年 5 月中下旬从禾本科植物上迁向玉米，在玉米上繁殖 2 代，第一代若虫于翌年 5 月下旬至 6 月初发生在春玉米或麦类作物上，6 月中旬进入成虫盛发期，也是为害高峰期。6 月下旬是第 2 代若虫盛发期，7 月上旬成虫发生在夏玉米上。以成虫和 1、2 龄若虫为害，3、4 龄若虫停止取食，掉落在松土内或隐藏于植株基部叶鞘、枯叶内。干旱对其大发生有利，降雨对其发生和为害有直接的抑制作用。

## 防治措施

**1. 农业防治**

合理密植、适时浇灌、及时清除杂草，能够有效减轻玉米蓟马为害。

**2. 化学防治**

用20%福·克悬浮种衣剂按1 ：40药种比进行种子包衣；当玉米蓟马为害严重时应及时喷施药剂进行防治，可使用10%吡虫啉可湿性粉剂2 000倍液，或40%毒死蜱乳油1 500倍液，或20%氰戊菊酯乳油3 000倍液喷雾。

**3. 人工防治**

对于已形成“鞭状”的玉米苗，可将鞭状叶基部豁开，促进心叶展开恢复正常生长。

# （一）主要病虫害　19. 二点委夜蛾

## 分布为害

二点委夜蛾是河南夏玉米上新发生的害虫。食性杂、寄主范围广，其幼虫主要为害夏玉米苗，也为害小麦、花生、大豆幼苗等。幼虫主要从玉米幼苗茎基部钻蛀到茎心后向上取食，形成圆形或椭圆形孔洞（图1，图2），钻蛀较深切断生长点时，心叶失水萎蔫，形成枯心苗（图3）；严重时直接蛀断，整株死亡；或取食玉米气生根系（图4），造成玉米苗倾斜或侧倒（图5）。

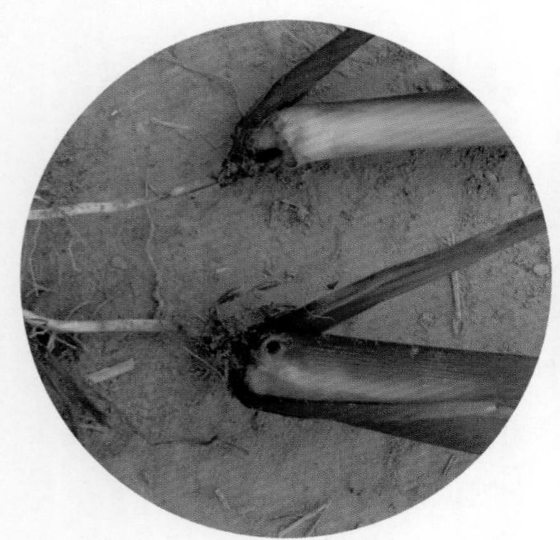

图1　二点委夜蛾幼虫为害玉米苗茎基部呈圆形或椭圆形孔洞

图2　二点委夜蛾幼虫从玉米苗茎基部钻蛀到茎心后向上取食呈椭圆形孔洞

图3　二点委夜蛾为害玉米苗造成枯心苗

图 4　二点委夜蛾幼虫为害玉米根系状

图 5　二点委夜蛾为害玉米苗造成侧倒

## 形态特征

成虫：体长 10 ～ 12 mm，灰褐色，前翅黑灰色，上有白点、黑点各 1 个（图 6）。后翅银灰色，有光泽。

卵：馒头状，单产，上有纵脊，初产黄绿色，后土黄色，直径不到 1 mm。

幼虫：老熟幼虫体长 14 ～ 18 mm，黄黑色到黑褐色，头部褐色；腹部背面有两条褐色背侧线，到胸节消失，各体节背面前缘具有一个倒三角形的深褐色斑纹；体表光滑（图 7）。

蛹：长 10 mm 左右，淡黄褐色渐变为褐色（图 8，图 9）。

图 7　二点委夜蛾幼虫

图 8　二点委夜蛾蛹（前期）

图 6　二点委夜蛾成虫

图 9　二点委夜蛾蛹（后期）

## 发生规律

一年多代，有严重的世代重叠性。幼虫在 6 月下旬至 7 月上旬为害夏玉米苗。有假死性，受惊后蜷缩成“C”字形（图 10）；一般顺垄为害，有转株为害习性；有群居性，多头幼虫常聚集在一株玉米苗下为害，可达 8 ～ 10 头（图 11）；白天喜欢躲在玉米幼苗周围的碎麦秸下或在 2 cm 左右的土缝内为害玉米苗；麦秆较厚的玉米田发生较重。

图 10　二点委夜蛾幼虫蜷缩成“C”字形

图 11　二点委夜蛾聚集为害状

## 防治措施

重点防控时期是在麦收后到夏玉米 6 叶期前。

**1. 农业防治**

播前灭茬或清茬。麦收时粉碎小麦秸秆，清除播种沟的麦茬和麦秆残留物，麦田施用腐熟剂，减少害虫滋生环境条件，提高玉米的播种质量，齐苗壮苗。

**2. 物理防治**

成虫有较强的趋化趋光性。利用黑光灯、杀虫灯和糖醋液诱集成虫，集中消灭，压低成虫基数，减轻其后代为害。

**3. 化学防治**

撒毒饵：每亩用 4 ～ 5 kg 炒香的麦麸或粉碎后炒香的棉籽饼，与对少量水的 90% 晶体敌百虫或 40% 毒死蜱乳油或 50% 辛硫磷乳油 500 mL 拌成毒饵，也可用甲维盐、氯虫苯甲酰胺配置毒饵，在傍晚顺垄撒在玉米根部周围；撒毒土：每亩用 40% 毒死蜱乳油或 50% 辛硫磷乳油 300 ～ 500 mL 拌 25 kg 细土，或用氯虫苯甲酰胺等制成毒土顺垄撒于经过清垄的玉米根部周围，围棵保苗，毒土要与玉米苗保持一定距离，以免产生药害；灌药：随水灌药，用 50% 辛硫磷乳油或 40% 毒死蜱乳油 1 kg/ 亩，在浇地时灌入田中；喷灌保苗：将喷头拧下，逐株喷施玉米根茎部，药剂可选用 40% 毒死蜱乳油 1 500 倍液，或 30% 乙酰甲胺磷乳油 1 000 倍液等，喷灌时药液量要大，保证渗到玉米根围 30 cm 左右害虫藏匿的地方。

# （一）主要病虫害　20. 玉米叶螨

## 分布为害

玉米叶螨又称玉米红蜘蛛，主要有截形叶螨、二斑叶螨和朱砂叶螨3种。寄主植物有玉米、高粱、向日葵、豆类、棉花、蔬菜等多种作物。玉米叶螨以若螨和成螨群聚叶背吸取汁液（图1），使叶片着灰白色或枯黄色细斑（图2），严重时叶片干枯脱落，影响生长（图3）。

图1　玉米叶螨聚集叶背为害

图2　玉米叶螨为害叶片呈灰白色或枯黄色细斑状

图3　玉米叶螨大田为害致叶片干枯状

## 形态特征

截形叶螨：成螨体色深红或锈红色，雌体长 0.5 mm，宽 0.3 mm；雄体长 0.35 mm，宽 0.2 mm。

二斑叶螨：成螨体色浅黄或黄绿色。雌体长 0.42 ~ 0.59 mm，雄体长 0.26 mm。

朱砂叶螨：成螨体色锈红色至深红色，雌体长 0.48 ~ 0.55 mm，宽 0.3 ~ 0.32 mm；雄体长 0.35 mm，宽 0.2 mm。

## 发生规律

玉米叶螨 1 年发生 10 ~ 20 代，以雌螨在土缝中或枯枝落叶上越冬，翌春气温达 10℃以上，即开始大量繁殖。一般于 5 月中下旬玉米出苗后迁入玉米田，先为害玉米下部叶片，后向上蔓延。高温低湿的 6 ~ 7 月为害重，尤其干旱年份易于大发生。相对湿度超过 70% 时，不利其繁殖，暴雨对其有抑制作用。

## 防治措施

**1. 农业防治**

深翻土地，早春或秋后灌水；清除田间、田埂、沟渠旁的杂草，减少害螨食料和繁殖场所；合理及时灌水，改善田间小气候。

**2. 化学防治**

田间点片发生时，及时喷药进行控制，可用 1.8% 阿维菌素乳油 2 000 倍液，或 15% 哒螨灵乳油 2 500 倍液，或 5% 噻螨酮乳油 2 000 倍液，喷雾防治。

# （一）主要病虫害　21. 玉米耕葵粉蚧

## 分布为害

玉米耕葵粉蚧是20世纪80年代末发现的一种新害虫，主要为害玉米、小麦、高粱等禾本科作物及杂草。若虫群集于玉米的幼苗根节或叶鞘基部外侧周围吸食汁液（图1）。玉米受害后茎基部发黑，根尖变黑腐烂，受害植株细弱矮小，茎叶发黄，生长发育迟缓，严重的不能结实，甚至造成植株瘦弱枯死。

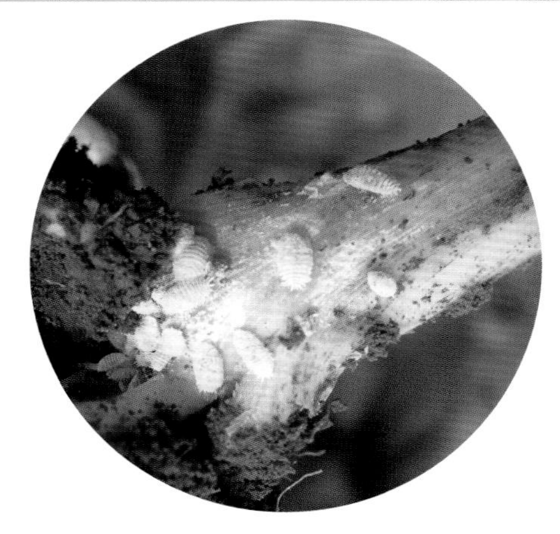

图1　玉米耕葵粉蚧若虫群集为害玉米根茎部

## 形态特征

成虫：雌成虫体长3 ~ 4.2 mm, 宽1.4 ~ 2.1 mm, 长椭圆形扁平，两侧缘近似平行，红褐色，全身覆一层白色蜡粉。雄成虫体长1.42 mm，宽0.27 mm，身体纤弱，全体深黄褐色。

卵：长0.49 mm,长椭圆形,初橘黄色,孵化前浅褐色,卵囊白色,棉絮状。

若虫：共有2龄，1龄若虫体长0.61 mm，1龄若虫活泼，没有分泌蜡粉，进入2龄后开始分泌蜡粉（图2），在地下或进入植株下部的叶鞘中为害。

蛹：体长1.15 mm，长形略扁，黄褐色，触角、足、翅明显，茧长形，白色柔密，两侧近平行。

图2　玉米耕葵粉蚧若虫分泌的白色蜡粉

## 发生规律

在河南1年发生3代，以第二代发生时间长、为害严重，在6月中旬至8月上旬主要为害夏玉米幼苗（第一代发生在4月中旬至6月中旬，主要为害小麦；第三代于8月上旬至9月上旬为害玉米或高粱，但对其产量影响不大）。在田间残留的玉米根茬上或土壤中残存的秸秆上越冬，每年9～10月雌成虫产卵越冬，翌年4月中下旬气温17℃左右时开始孵化。1龄若虫活泼，没有分泌蜡粉保护层，是药剂防治的最佳时期，2龄后开始分泌蜡粉，在地下或进入植株下部的叶鞘中为害。雌若虫老熟后羽化为雌成虫，雌成虫把卵产在玉米茎基部土中或叶鞘里。

## 防治措施

**1. 农业防治**

种植抗虫品种，苗期发育较快、抗逆性较强的品种，基本不受害；轮换倒茬，对发生严重的地块，可改种其他双子叶植物；加强栽培管理，小麦、玉米等作物收获后，及时深耕灭茬，并将根茬带出田外集中处理；增施有机肥、磷钾肥，促进玉米根系发育；及时中耕除草；玉米生长期遇旱及时浇水，保持土壤墒情适宜；麦田适时冬灌，都有利于减轻其发生和为害。

**2. 化学防治**

6月下旬至7月上中旬，玉米耕葵粉蚧若虫2龄前是药液灌根防治最为有利的时期。可选用48%毒死蜱乳油，或40%氧化乐果乳油，或50%辛硫磷乳油800～1 000倍液灌根，或将喷雾器拧下旋水片喷浇玉米幼苗基部。

# （一）主要病虫害　22. 桃蛀螟

## 分布为害

桃蛀螟，又名桃蠹、桃斑蛀螟，俗称蛀心虫、食心虫。寄主广泛，除为害桃、苹果、梨等多种果树的果实外，还可为害玉米、高粱、向日葵等。

为害玉米果穗，以啃食或蛀食籽粒为主（图1，图2），也可钻蛀穗轴、穗柄及茎秆（图3）。有群居性，蛀孔口堆积颗粒状的粪屑（图4）。可与玉米螟、棉铃虫混合为害，严重时整个果穗没有产量。被害果穗较易感染穗腐。茎秆、果穗柄被蛀后遇风易折断。

图1　桃蛀螟取食雌穗籽粒

图2　桃蛀螟蛀食雌穗籽粒余表皮

图3　桃蛀螟幼虫钻蛀玉米茎秆状

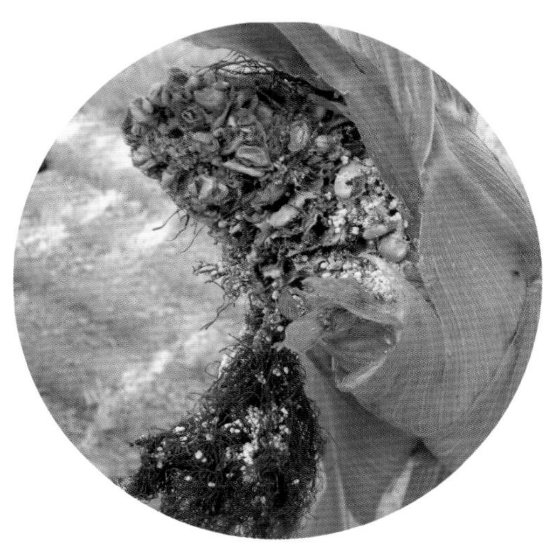

图4　桃蛀螟排出的颗粒状粪屑

## 形态特征

成虫：体长 12 mm，翅展 22 ~ 25 mm；体黄色，翅上散生多个黑斑，类似豹纹（图 5）。

卵：椭圆形，宽 0.4 mm、长 0.6 mm，表面粗糙，有细微圆点，初时乳白色，后渐变橘黄至红褐色。

幼虫：体长 22 ~ 25 mm，体色多暗红色，也有淡褐、浅灰、浅灰蓝等色。头、前胸盾片、臀板暗褐色或灰褐色，各体节毛片明显，第 1 ~ 8 腹节各有 6 个灰褐色斑点，呈 2 横排列，前 4 个后 2 个（图 6）。

蛹：长 14 mm，褐色，外被灰白色椭圆形茧。

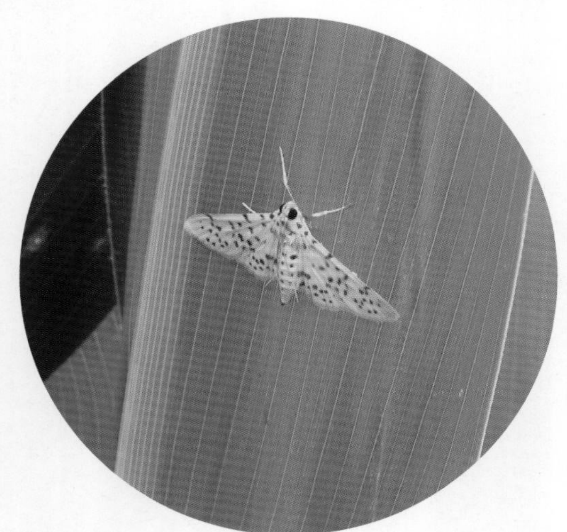

图 5　桃蛀螟成虫

图 6　桃柱螟幼虫

## 发生规律

河南 1 年发生 4 代，世代重叠严重。以老熟幼虫在玉米的秸秆、叶鞘、果穗中结厚茧越冬。翌年化蛹羽化。成虫有趋光性和趋糖蜜性。卵多散产在穗上部叶片、花丝及其周围的苞叶上，初孵幼虫多从雄蕊小花、花梗及叶鞘、苞叶部蛀入为害。喜湿，多雨高湿年份发生重，少雨干旱年份发生轻。第一代卵盛期在 6 月上旬，幼虫盛期在 6 月上中旬；第二代卵盛期在 7 月上中旬，幼虫盛期在 7 月中下旬；第三代卵盛期在 8 月上旬，幼虫盛期在 8 月上中旬。

## 防治措施

### 1. 农业防治

秸秆粉碎还田，消灭秸秆中的幼虫，减少越冬幼虫基数。

### 2. 物理防治

在成虫发生期，采用频振式杀虫灯、黑光灯、性诱剂或用糖醋液诱杀成虫，减轻下代为害。

### 3. 化学防治

同玉米螟。

# （一）主要病虫害　23. 稻赤斑黑沫蝉

## 分布为害

稻赤斑黑沫蝉别名赤斑沫蝉、稻沫蝉、红斑沫蝉，俗称雷火虫、吹泡虫，分布于河南的广大地区。主要为害玉米、水稻，也为害高粱、粟、油菜等。

以成虫刺吸玉米叶片汁液，形成黄白色或青黄色放射状梭形大斑（图 1），并逐渐扩大，受害叶出现一片片枯白，甚至整个叶片干枯（图 2）、植株枯死（图 3），对产量影响很大。

图 1　稻赤斑黑沫蝉成虫为害玉米叶片，呈黄白色放射状梭形大斑

图 2　稻赤斑黑沫蝉为害叶片干枯状

图 3　稻赤斑黑沫蝉为害植株枯死状

## 形态特征

成虫：体长 11 ～ 13.5 mm，黑色狭长，有光泽，前翅合拢时两侧近平行。头冠稍凸，复眼黑褐色，单眼黄红色。颜面凸出，密被黑色细毛，中脊明显。触角基部 2 节粗短，黑色。小盾片三角形，顶具一大的梭形凹陷。前翅黑色，近基部具大白斑 2 个，雄性近端部具肾状大红斑 1 个（图 4），雌性具 2 个一大一小的红斑（图 5）。

卵：长椭圆形，乳白色。

若虫：共 5 龄，形状似成虫，初乳白色，后变浅黑色，体表四周具泡沫状液。

图 4　稻赤斑黑沫蝉雄成虫

图 5　稻赤斑黑沫蝉雌成虫

## 发生规律

河南 1 年发生 1 代，以卵在田埂杂草根际或裂缝的 3 ～ 10 cm 处越冬。翌年 5 月中旬至下旬孵化为若虫，在土中吸食草根汁液，2 龄后渐向上移，若虫常从肛门处排出体液，放出或排出的空气吹成泡沫，遮住身体进行自我保护，羽化前爬至土表。6 月中旬羽化为成虫，羽化后 3 ～ 4 h 即可为害，7 月受害重，8 月以后成虫数量减少，11 月下旬终见。每头雌虫产卵 164 ～ 228 粒。卵期 10 ～ 11 个月，若虫期 21 ～ 35 d，成虫寿命 11 ～ 41 d。一般分散活动，早、晚取食，遇有高温强光则藏在杂草丛中，大发生时傍晚在田间成群飞翔。稻赤斑黑沫蝉的天敌主要有蚂蚁、蜘蛛、青蛙、螳螂等。

## 防治措施

成虫十分活跃，弹跳力强，飞行速度快，极易惊飞逃逸，药剂很难接触虫体，只有采取综合防治的方法，才能收到较好的效果。

**1. 农业防治**

及时防除田间及田埂杂草，破坏成虫的生存环境；加强对天敌的保护，可以有效地控制其虫口密度。

**2. 人工诱杀**

用麦秆或青草扎成 30 ～ 50 cm 长的草把，洒上少许甜酒液或者糖醋混合液，于傍晚时均匀插在玉米田或稻田四周，每亩插 20 把左右，引诱成虫飞到草把上吸食，次日早上露水未干之前进行集中捕杀。

**3. 化学防治**

防治若虫，若虫生活在土壤中，通过土表裂缝吸食杂草根部汁液，此时可用 3% 克百威颗粒剂拌细土撒施在田埂上进行防治；防治成虫时，可每亩用 48% 的毒死蜱乳油 75 ～ 100 mL，或用 45% 马拉硫磷乳油 1 000 倍液进行喷雾。可在初见成虫时开始喷施药剂，每隔 7 ～ 10 d 喷 1 次，连续 2 ～ 3 次。防治成虫以清晨、傍晚或阴天为好。施药范围应包括距田埂 4 ～ 6 m 玉米田四周的杂草，施药时做到同一片田同一时间统一行动，同一田块采取从外到内的施药办法。

# （一）主要病虫害　24. 高粱条螟

## 分布为害

高粱条螟又称甘蔗条螟、条螟、高粱钻心虫、蛀心虫等。主要为害高粱和玉米，还为害粟、薏米、麻等作物。在河南分布广泛，常与玉米螟混合发生。

初龄幼虫蛀食嫩叶，形成排孔花叶，排孔较长（图 1），低龄幼虫在心叶内蛀食叶肉，群集为害，残留透明表皮（图 2），龄期增大则咬成不规则小孔或蛀入茎内取食为害，部位多在节间中部，与玉米螟多在茎节附近蛀入不同，蛀茎处可见较多的排泄物和虫孔，受害茎秆遇风易折断，断处呈刀割状。

图 1　高粱条螟为害叶片成排孔状

图 2　高粱条螟为害叶片残留透明表皮状

## 形态特征

成虫：黄灰色，体长 10 ~ 14 mm，翅展 24 ~ 34 mm；前翅灰黄色，中央有 1 个小黑点，外缘有 7 个小黑点，翅正面有 20 多条黑褐色纵纹，后翅色较深。

卵：扁椭圆形，宽 0.7 ~ 0.9 mm、长 1.3 ~ 1.5 mm，表面有龟状纹，卵块由双行卵粒排成“人”字形，每块有卵 10 余粒。初时乳白色，后渐变橘黄至红褐色。

幼虫：初孵幼虫乳白色，上有许多红褐色斑，连成条纹，老熟幼虫淡黄色，体长 20 ~ 30 mm。幼虫分夏、冬两型，夏型腹部各节背面有 4 个黑色斑点，上生刚毛，排成正方形，前两个呈卵圆形，后两个近长方形（图 3）。冬型幼虫越冬前脱一次皮，脱皮后体背出现 4 条紫色纵纹，黑褐斑点消失（图 4）。

蛹：长 12 ~ 16 mm，红褐或暗褐色，腹部第 5 ~ 7 节背面前缘有深色不规则网纹，腹末有 2 对尖锐小突起。

图 3　高粱条螟夏型幼虫

图 4　高粱条螟冬型幼虫

## 发生规律

河南一年发生 2 代。以老熟幼虫在玉米和高粱秸秆中越冬。成虫昼伏夜出，有趋光性、群集性。越冬幼虫在翌年 5 月中下旬化蛹，5 月下旬至 6 月上旬羽化。第一代幼虫于 6 月中下旬出现，为害春玉米和春高粱。第一代成虫 7 月下旬至 8 月上旬盛发，产卵盛期为 8 月中旬，第二代幼虫 8 月中下旬，多数在夏高粱、夏玉米心叶期为害。老熟幼虫在越冬前蜕一次皮，变为冬型幼虫越冬。高粱条螟在越冬基数较大、自然死亡率低、春季降水较多的年份，第一代发生严重。一般田间湿度较高对其发生有利。

## 防治措施

**1. 农业防治**

采用粉碎、烧毁、沤肥等方法处理秸秆，减少越冬虫源。

**2. 生物防治**

在卵盛期释放赤眼蜂，每亩 1 万头左右，隔 7 ~ 10 d 放 1 次，连续放 2 ~ 3 次。

**3. 化学防治**

在幼虫蛀茎之前防治，此时幼虫在心叶内取食，可喷雾或向心叶内撒施颗粒剂杀灭幼虫。药剂参见玉米螟。

# （一）主要病虫害　25. 甘薯跳盲蝽

## 分布为害

甘薯跳盲蝽又称小黑跳盲蝽、花生跳盲蝽，俗称甘薯蛋，河南局部地区发生。寄主有甘薯、萝卜、白菜、菜豆、花生、黄瓜、丝瓜、豇豆、大豆、茄子等。以成、若虫吸食老叶汁液，被害处呈现灰绿色小点（图 1）。

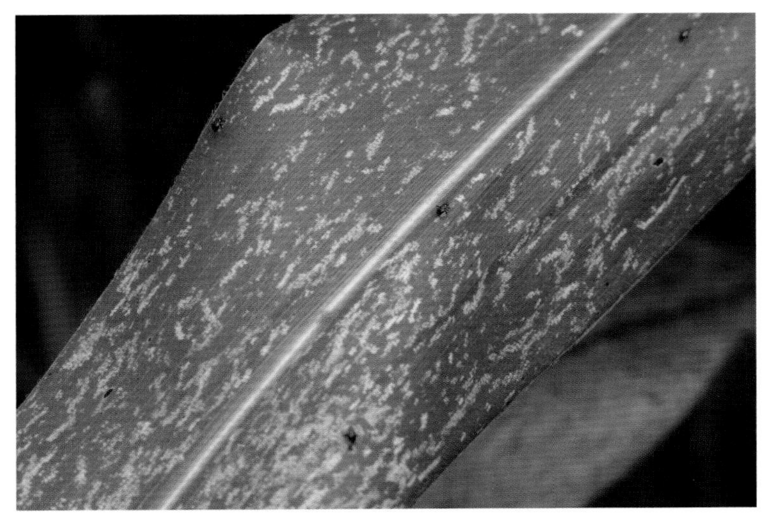

图 1　甘薯跳盲蝽为害叶片呈灰绿色小点

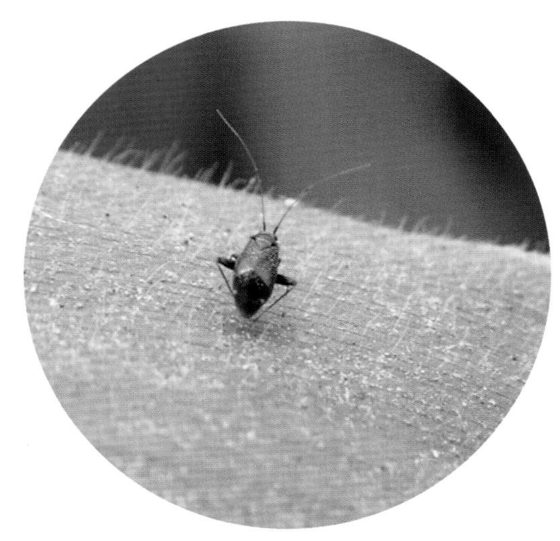

图 2　甘薯跳盲蝽成虫

## 形态特征

成虫体长 2.1 mm，宽 1.1 mm，体椭圆形，黑色，具褐色短毛。头黑色，光滑，闪光；眼突，与前胸相接，颊高，等于或稍大于眼宽；喙黄褐色，基部红色，末端黑色，伸达后足基节；触角细长，黄褐色，第 1 节膨大，第 2 节长与革片前缘近相等，第 3 节端半和第 4 节褐色。前胸背板短宽，前缘和侧缘直，后缘后突成弧形。小盾片为等边三角形。前翅革片短宽，前缘成弧形弯曲；楔片小，长三角形；膜片烟色，长于腹部末端。足黄褐至黑褐色。后足腿节特别粗，内弯，胫节黄褐色，近基褐色。腹部黑褐色，具褐色毛色（图 2）。

## 发生规律

河南1年数代，以卵在寄主组织里越冬，卵多斜向产在叶脉两侧，部分外露，卵盖上常具粪便，世代重叠，翌年5月中旬孵化，先为害豇豆、茄子、小白菜等，5月下旬为害甘薯，一代5月下旬至7月下旬，二代6月下旬至8月下旬，三代7月下旬至9月下旬，四代8月中旬至10月下旬。

甘薯跳盲蝽活泼善跳，趋光性弱、适宜在阴凉环境中生活，耐高温能力弱，8月高温季节不取食。初孵若虫喜群居，在植株下部叶片上取食，随虫龄增长逐渐分散。成、若虫多在叶面取食，雨天避于叶背，受惊后迅速逃至叶背或弹跳1 m左右。

## 防治措施

**1. 农业防治**

越冬期清除枯枝落叶和杂草，集中烧毁，消灭越冬卵。

**2. 化学防治**

可用50%辛硫磷乳油1 000倍液，或40%乐果乳油1 000倍液，或48%毒死蜱乳油1 500倍液喷雾，隔7 ～ 10 d 1次，连防2次即可。

# （二）次要病虫害

## 26. 玉米红叶病

图 1　玉米红叶病大田为害状

图 2　玉米红叶病病叶

图 3　玉米红叶病植株

## （二）次要病虫害　27. 玉米全蚀病

图 1　玉米全蚀病黑根症状

图 2　玉米全蚀病病株

## （二）次要病虫害　28. 玉米矮花叶病毒病

玉米矮花叶病毒病，病株及受害叶片上的黄色条纹

# （二）次要病虫害　29. 玉米苗枯病

图 1　玉米苗枯病病株

图 2　玉米苗枯病根部症状

# （二）次要病虫害　30. 玉米双斑萤叶甲

图 1　玉米双斑萤叶甲成虫

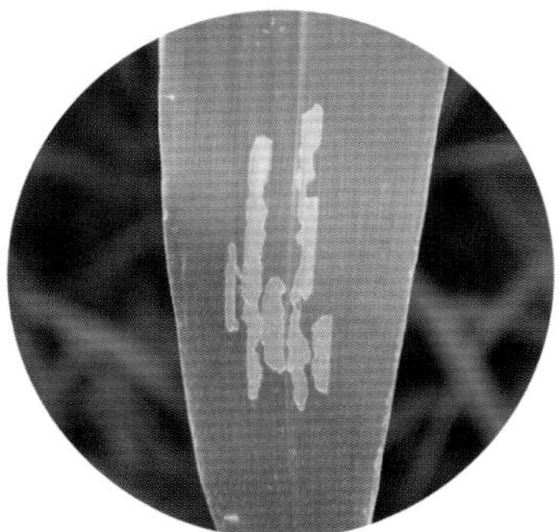

图 2　玉米双斑萤叶甲为害叶片残留白色表皮

图 3　玉米双斑萤叶甲为害叶片形成连片白斑

图 4　玉米双斑萤叶甲取食雌穗花丝状

# (二)次要病虫害

## 31. 大螟

图1　大螟幼虫

图2　大螟蛹

图3　大螟成虫

图4　大螟为害玉米茎秆引起折断

图5　大螟，玉米茎秆为害状

图6　大螟，玉米茎秆为害状

图7　大螟，玉米茎秆为害状

# （二）次要病虫害 32. 大青叶蝉

大青叶蝉成虫

# （二）次要病虫害 33. 隐纹稻苞虫

图 1 稻苞虫幼虫

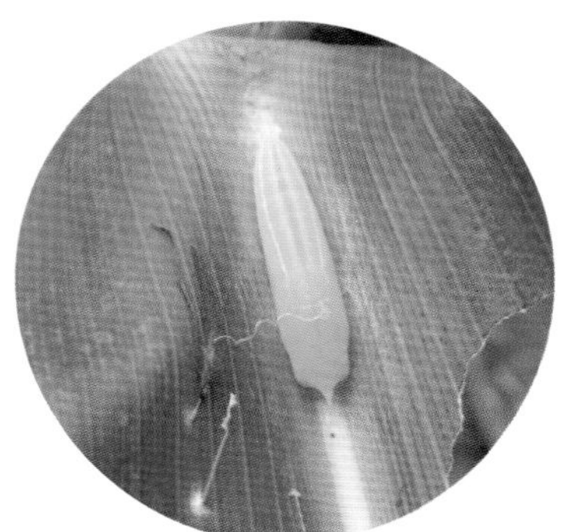

图 2 稻苞虫蛹

图 3 稻苞虫幼虫和蛹

图 4 稻苞虫幼虫为害玉米叶片缺刻状

## （二）次要病虫害

## 34. 赤须盲蝽

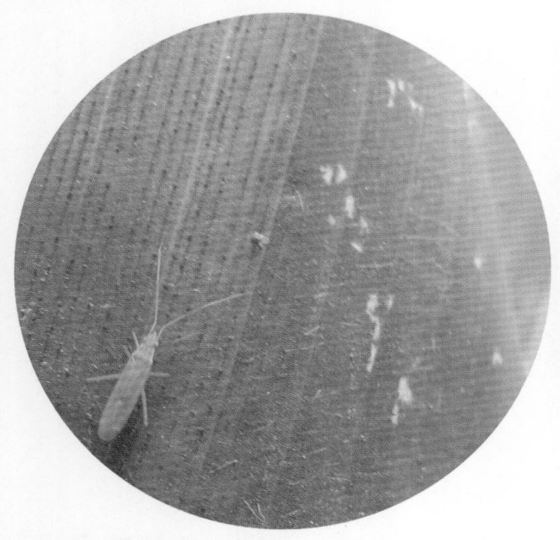

图 1　赤须盲蝽成虫及为害，白色小点状害斑

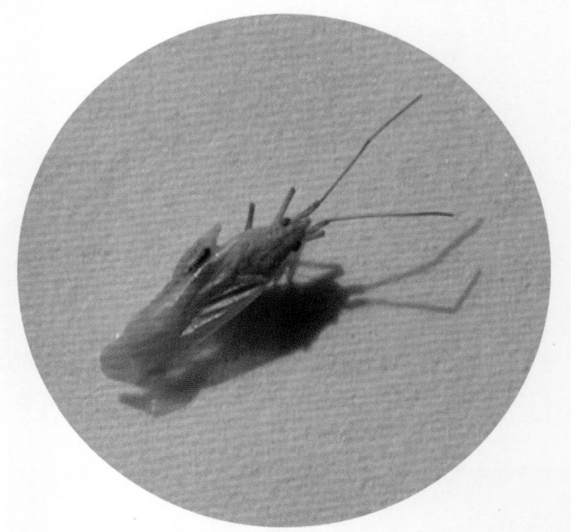

图 2　赤须盲蝽成虫，触角红色

## （二）次要病虫害

## 35. 灯蛾

图 1　灯蛾幼虫

图 2　灯蛾幼虫为害雌穗

# （二）次要病虫害

## 36. 玉米旋心虫

图 1　玉米旋心虫幼虫

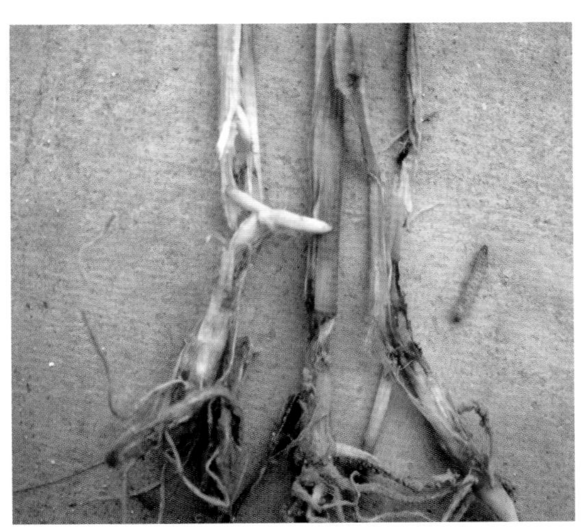

图 2　玉米旋心虫为害状

图 3　玉米旋心虫为害叶片状

图 4　玉米旋心虫，大田为害状

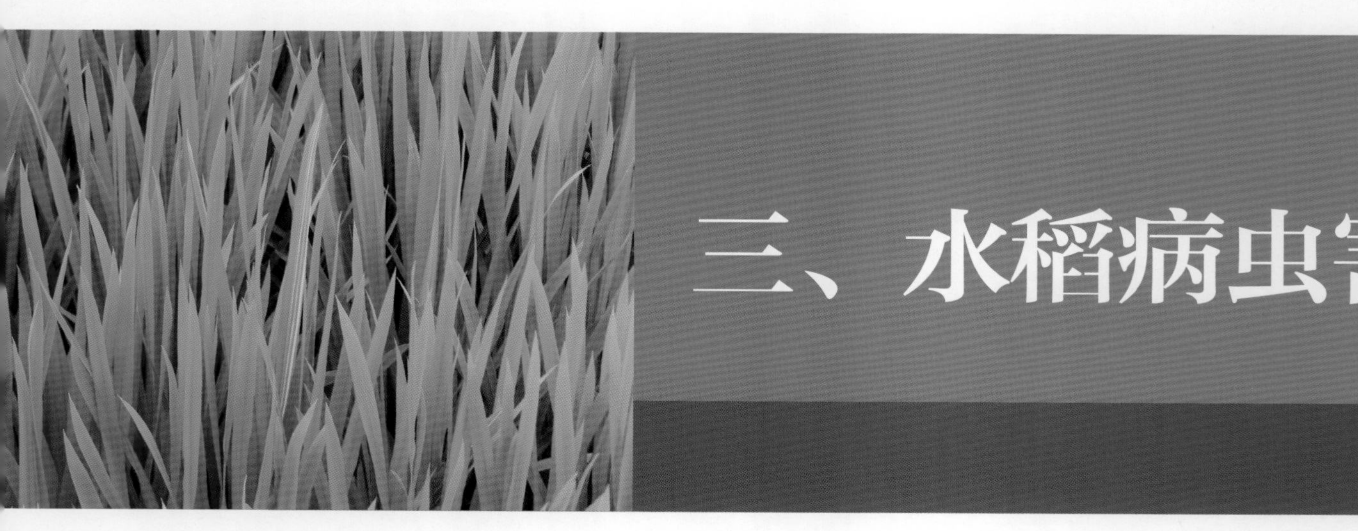

# 三、水稻病虫害

# （一）主要病虫害　1. 稻瘟病

## 分布为害

稻瘟病又称稻热病、火烧瘟、吊颈瘟，是水稻主要病害之一，河南省各水稻产区都有发生，尤其以穗颈瘟对产量影响最大，只要条件适宜，容易流行成灾。流行年份一般减产 10% ~ 20%，重的减产 40% ~ 50%，甚至颗粒无收（图 1，图 2）。

图 1　水稻叶瘟田间严重为害状

图 2　水稻穗颈瘟田间严重为害状

## 症状特征

水稻整个生育阶段皆可发生，主要为害叶片、茎秆、穗部，根据水稻生育期或发病部位不同可分为：

（1）苗瘟：在水稻幼苗期发生，一般指三叶期以前，病原菌侵染幼苗基部，出现灰黑色水渍状病斑，使幼苗卷缩枯死。

（2）叶瘟：发生在三叶期以后秧苗和成株叶片上。开始时，叶上只能看到针头大小的褐色斑点（图 3），这种斑点扩大很快，最后形成不同类型的病斑，主要有慢性型、急性型、白点型和褐点型 4 种，其中以前两种最为常见。典型的慢性型病斑呈纺锤形

图 3　水稻叶瘟病侵染初期

图 4　水稻叶瘟病慢性型病斑

或菱形，红褐色至灰白色，沿叶脉向两端延伸有褐色坏死线（图 4），在气候潮湿时，病斑背面产生灰绿色霉层。后期多个病斑融合形成不规则大斑，使全叶枯死（图 5 ~ 图 7）。急性型病斑近圆形或不规则形，暗绿色，病斑正背面密生灰绿色霉层，遇适温、高湿条件可迅速蔓延（图 8）。田间急性型病斑的出现是稻瘟病大发生的预兆。

图 5　水稻叶瘟病后期不规则大斑

图 6　水稻叶瘟病大田发病中心

图 7　水稻叶瘟病大田普发状

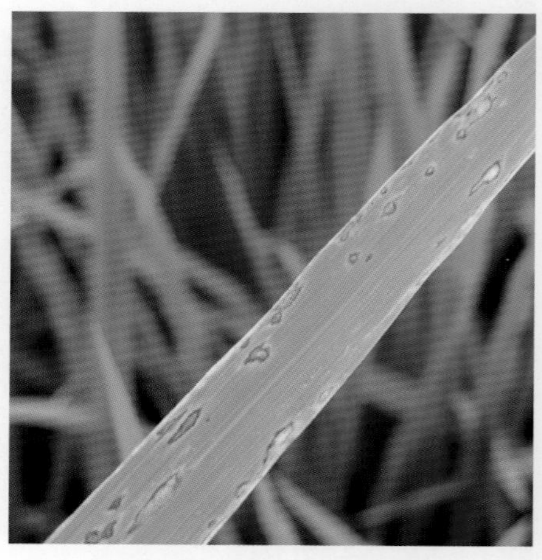
图 8　带灰绿色霉层的水稻叶瘟急性型不规则病斑

（3）穗颈瘟：发生在穗颈、穗轴及枝梗上，发生早时形成穗颈瘟，发病部位成段变褐坏死，穗颈、穗轴易折断，导致小穗不实或秕谷，重者形成全白穗（图 9 ~ 图 12），与螟虫为害相似。发生迟形成枝梗瘟、谷粒瘟（图 13 ~ 图 15）。

此外，发生在水稻茎节上的稻瘟病称节瘟（图 16），发生在叶枕上的称叶枕瘟。

图 9　水稻穗颈瘟造成穗颈部坏死状

图 10　水稻穗颈瘟造成穗部折断

图 11　水稻穗颈瘟造成秕谷

图 12　水稻穗颈瘟造成枯白穗

图 13　水稻谷粒瘟初期症状

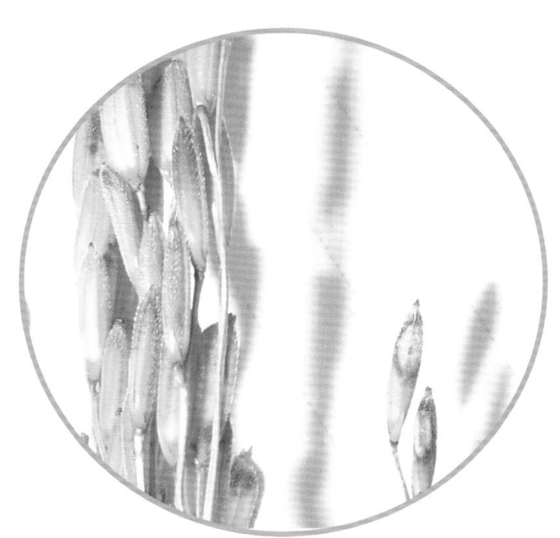

图 14　水稻谷粒瘟稻谷上病斑

图 15　水稻谷粒瘟大田普发症状

图 16　水稻节瘟症状

## 发生规律

病菌主要在病谷、病稻草上越冬，翌年春天，病菌侵染秧苗造成苗瘟，随着气流或移栽等途径传播，侵染大田造成叶瘟和穗瘟。只要条件适宜，病菌可以多次再侵染，以致病害迅速扩展流行。

稻瘟病的发生与水稻品种、气候条件和肥水管理关系密切。品种之间抗性差异较大，同一品种不同生育期抗性亦有异，苗期（四叶期）、分蘖盛期、抽穗初期为易感期，成株期抗性高于苗期。气温 20 ～ 30℃，相对湿度达 90% 以上时，有利于稻瘟病发生，抽穗破口期天气条件对穗颈瘟发生程度影响极大。感病品种的大面积种植、破口到齐穗期连续阴雨 3 d 以上、偏施或迟施氮肥有利于稻瘟病的发生与流行。

## 防治措施

坚持种植优质抗病品种、科学肥水管理、适时喷药保护的综合防治措施，要坚持预防为主的策略，发病初期施药防治，早抓叶瘟，狠治穗瘟。

**1. 农业防治**

选用适合当地种植的抗病、优质、高产水稻品种；水稻播种前，集中处理散落在稻田和堆放在户外的稻草，不用病稻草捆秧；施足基肥，多施有机肥，磷、钾肥合理搭配，追施氮素化肥时要适时适量，防止过多、偏迟，有条件的地方可施硅肥，要做到浅水勤灌，适时晒田。

**2. 化学防治**

（1）种子处理：浸种药剂可选用 25% 咪鲜胺乳油 3 000 ～ 4 000 倍液，或 2.5% 咯菌腈悬浮种衣剂 20 ～ 30 mL 等药剂浸种 10 kg 稻种，浸种 3 ～ 5 d。

（2）打送嫁药：在移栽前 2 ～ 3 d，喷施 1 次送嫁药，药剂同叶瘟防治。

（3）苗、叶瘟防治：已出现病叶或发病中心的稻田，每亩用 40% 稻瘟灵乳油 100 mL，或 75% 三环唑可湿性粉剂 30 g，或 40% 异稻瘟净乳油 170 ～ 200 mL，或 40% 三乙膦酸铝可湿性粉剂 250 g，或 50% 咪鲜胺锰盐可湿性粉剂 40 ～ 60 g，或 75% 戊唑醇 · 肟菌酯水分散粒剂 15 ～ 20 g，或 2% 春雷霉素可湿性粉剂 100 ～ 120 g，对水 50 ～ 60 kg 喷雾或用 50% 多菌灵可湿性粉剂或 50% 甲基硫菌灵可湿性粉剂 1 000 倍液喷雾。

（4）穗瘟预防：提倡在破口初期和齐穗期各施药 1 次，打“保险药”进行预防，药剂同叶瘟防治。

# （一）主要病虫害　2. 水稻纹枯病

## 分布为害

水稻纹枯病又称“花脚秆”“云纹病”，是河南各稻区的一种常发重要病害。稻株受害后，一般会导致秕谷率增加，千粒重降低，严重时可导致“冒穿”、倒伏、枯孕穗（图 1）。一般减产 10% ～ 20%，严重时可减产 50% 以上（图 2）。

图 1　水稻纹枯病造成枯白穗

图 2　水稻纹枯病大田严重发生状

## 症状特征

该病的典型症状是在叶鞘和叶片上形成“云纹状”病斑（图 3），后期病部产生鼠粪状菌核。主要为害水稻叶鞘，叶片次之。病害初发时，先在靠近水面的叶鞘上出现灰绿色、水渍状、边缘不清楚的小斑（图 4），逐渐扩大，长达数厘米（图 5）；病斑可相互连接成不规则的云纹

图 3　水稻纹枯病叶鞘部云纹病斑

图 4　水稻纹枯病初期水浸状病斑

状大斑（图6），似开水烫伤状；发病严重时，病斑向病株上部叶鞘、叶片发展（图7），可导致叶鞘干枯（图8），上部叶片也随之发黄、枯死（图9）；严重时可达

图5　水稻纹枯病叶鞘病斑

图6　水稻植株基部纹枯病云纹病斑

图7　水稻纹枯病侵染中上部叶片

图8　水稻纹枯病后期叶鞘干枯

图9　水稻纹枯病后期病叶发黄枯死

剑叶、稻穗和谷粒，导致穗小粒少（图10），有时形成单株白穗（图11），甚至全株枯死。

湿度低时，病斑边缘暗褐色，中央草黄色至灰白色。在阴雨多湿条件下，病斑处会长出白色蛛丝状的菌丝体，匍匐于病斑表面或攀缘于邻近稻株之间，菌丝体集结成白色绒球状菌丝团，最后形成鼠粪状菌核；菌核深褐色，易脱落（图12，图13）。高温条件下病斑上产生一层白色粉霉层，即病菌的担子和担孢子。

图10　水稻纹枯病为害剑叶影响灌浆

图 11　水稻纹枯病后期单株白穗

图 12　水稻纹枯病菌核前期

图 13　水稻纹枯病菌核后期（叶鞘上）

## 发生规律

水稻纹枯病自苗期至穗期均可发病，一般在分蘖盛期开始发生，拔节期病情发展加快，孕穗期前后是发病高峰，乳熟期病情下降。病菌主要以菌核在土壤里越冬，也能以菌丝体和菌核在病稻草和其他寄主残体上越冬。春季，漂浮在水面的菌核萌发形成菌丝，侵入叶鞘形成病斑，从病斑上再长出菌丝向附近和上部蔓延，再侵入形成新病斑，水稻一生中可进行多次再侵染。落入水中的菌核，可借水流传播。

该病属高温高湿型病害。适宜范围内，湿度越大，发病越重，田间小气候湿度为 80% 时，病害受到抑制，71% 以下时病害停止发展；气温 18 ～ 34℃都可发病，以 22 ～ 28℃最适，因此，夏秋气温偏高，雨水偏多，有利于病害发生发展。田间菌源量与发病初期轻重有密切关系，历年重病区、老稻区、田间越冬菌核大时，易导致初期发病较多。水稻栽插密度过大，稻田偏施、迟施氮肥，连续灌深水、连年重茬种植有利病害发生。粳稻品种一般较感病，籼型杂交稻比较耐病。

## 防治措施

在加强肥水管理、合理密植的基础上，适时提前施药防治。

**1. 农业防治**

整地时打捞菌核，减少田间菌源量；推广宽窄行栽插，合理密植，改善田间通风透光条件；浅水勤灌，适时晒田，控制群体，基肥足、追肥早，多施有机肥，不可偏施氮肥，增施磷、钾肥，增强植株抗病能力。

**2. 化学防治**

分蘖到拔节期病丛率达 15% 时，即进行防治，发病严重时，5 ～ 7 d 后再用药 1 次。药剂每亩可用 5% 井冈霉素水剂 150 ～ 200 mL，或井冈・蜡芽菌水剂 200 mL，或井冈・枯芽菌水剂 250 mL，或 50% 多菌灵可湿性粉剂 75 ～ 100 g，或 43% 戊唑醇悬浮剂 10 ～ 15 mL，对水 20 kg 机动弥雾机喷雾或加水 50 kg 手动喷雾器喷雾。施药时应注意对准植株基部。

# （一）主要病虫害　3. 水稻条纹叶枯病

## 分布为害

水稻条纹叶枯病是由灰飞虱传播的一种病毒病，2000年以来，受品种抗性等多种因素影响，该病在沿黄稻区偏重发生，具有暴发性、间歇性、迁移性等特点。早期发病，常导致植株死亡。一般地区不防治田块病丛率超过50%，重发地区病丛率超过90%，减产超过50%，甚至绝收（图1）。

图1　水稻条纹叶枯病大田严重受害状

## 症状特征

水稻从苗期至孕穗期都可感病，其中以苗期至分蘖期最宜感病。早期发病株先在心叶（苗期）或下一叶（分蘖期）基部出现与叶脉平行的不规则褪绿条斑或黄白色条纹（图2～图5）。不同品种

图2　水稻条纹叶枯病苗期病叶

图3　水稻条纹叶枯病病叶条斑

图4　水稻条纹叶枯病田间病叶

图5　水稻条纹叶枯病褪绿条斑

表现不一，糯、粳稻和高秆籼稻心叶黄白、柔软、卷曲下垂，呈枯心状（图 6）。矮秆籼稻不呈枯心状，出现黄绿相间条纹，分蘖减少，病株提早枯死。感病品种心叶死亡呈枯心，形成枯心苗（图 7，图 8）。苗期发病，常常导致枯死。分蘖期发病，病株分蘖减少，先在心叶下一叶基部出现褪绿黄斑，后扩展形成不规则黄白色条斑，老叶不显症，重病株多数整株死亡，病穗畸形或不实（图 9 ~ 图 11）。

图 6　水稻条纹叶枯病枯心状病株

图 7　水稻条纹叶枯病病株（枯心苗）

图 8　水稻条纹叶枯病与健株比较

图 9　水稻条纹叶枯病成丛发生状

图 10　水稻条纹叶枯病成片为害状

图 11　水稻条纹叶枯病后期穗畸形

## 发生规律

病毒主要由灰飞虱传播，灰飞虱可持久和经卵传毒。病毒在带毒灰飞虱体内越冬，成为主要初侵染源。在小麦田越冬的若虫，羽化后在原麦田繁殖，迁入早稻秧田或本田传毒为害，再迁入晚稻田为害，水稻收获后，迁回麦田越冬。水稻条纹叶枯病的流行主要与传毒媒介灰飞虱虫量、带毒率、品种抗性及水稻感病生育期与灰飞虱传毒高峰期的吻合程度等因素密切相关，灰飞虱带毒率高，虫量大，感病品种种植面积大，发病重，如前几年沿黄稻区种植的豫粳6号易感病，是导致该病大面积发生的原因之一。早播田重于迟播田，孤立秧田重于连片秧田，麦套稻重于其他类型栽培方式，稻田周围杂草丛生病害发生重。

## 防治措施

防治策略为“治虫防病”。采取切断毒源、治秧田保大田、治前期保后期的综合防治措施。

**1. 农业防治**

推广种植抗（耐）病品种；适当推迟播栽期；推广小苗抛栽、机插秧等类型的栽培措施；避免偏施氮肥。

**2. 化学防治**

掌握防治适期。秧田和本田初期是灰飞虱传毒为害的主要时期，秧田成虫防治应掌握灰飞虱迁入秧田高峰期，迅速开展防治；对若虫防治，应掌握在卵孵化高峰至低龄若虫高峰期防治。

农药选择上坚持速效药剂与长效药剂相结合，尤其是秧田成虫防治，使用异丙威、敌敌畏等速效性较好的药剂与吡虫啉、噻嗪酮等长效药剂相结合，提高防治效果。要注意药剂交替使用，延缓灰飞虱产生抗药性。具体防治：每亩选用10%吡虫啉可湿性粉剂20 ~ 30 g，或25%噻嗪酮可湿性粉剂20 ~ 30 g，或50%吡蚜酮可湿性粉剂15 ~ 20 g，或5%烯啶虫胺可溶性粉剂15 ~ 20 g，或25%噻虫嗪水分散粒剂2 ~ 5 g，或20%异丙威乳油150 ~ 200 mL，或80%敌敌畏乳油200 ~ 250 mL，对水50 ~ 60 kg喷雾。施药时可加入香菇多糖、芸苔素内酯、盐酸吗啉胍等抗病毒药剂。

## 发生规律

病原菌以厚垣孢子或菌核在土壤中或病粒上越冬，翌年夏秋之间，产生分生孢子与子囊孢子可借气流传播，侵害花器和幼颖。该病是一种典型的气候性病害，水稻抽穗前后，适温、多雨天气会诱发并加重病害发生。偏施氮肥、植株生长嫩绿、长期深灌也会加重发病。水稻不同品种间的抗病性存在明显差异，矮秆、宽叶、枝梗数多、角度小的密穗型品种较感病，反之则较抗病；一般早熟 > 中熟 > 晚熟，糯稻 > 籼稻 > 粳稻；杂交稻重于常规稻，两系杂交组合重于三系杂交组合。

## 防治措施

坚持以种植抗、耐病品种为基础，重点抓好适期喷药预防为关键的综合防治措施。

**1. 农业防治**

选用抗耐病品种。播种前注意清除病残体及田间菌源，采取浸种等种子处理措施；加强肥水管理，增施磷、钾肥，防止迟施、偏施氮肥，适量施用硅肥、微肥。

**2. 化学防治**

对感病品种田块，特别是长势嫩绿且气象预报孕穗扬花期阴雨天多，或在孕穗后期，即距水稻破口期 5 ~ 7 d，为防治的关键时期（田间可按照剑叶叶枕露出 30% ~ 50%）。每亩可用 5% 井冈霉素水剂 300 ~ 350 mL，或井冈·枯芽菌水剂 200 ~ 300 mL，或 43% 戊唑醇悬浮剂 10 ~ 15 mL，或 12.5% 氟环唑悬浮剂 50 ~ 60 mL，或 30% 苯醚甲环唑·丙环唑乳油 20 mL 等药剂，对水 50 ~ 60 kg 喷雾防治，如需防治第二次，则在水稻破口期（水稻破口 50% 左右）施药。也可结合预防穗颈瘟混合用药。

# （一）主要病虫害

## 5. 水稻恶苗病

### 分布为害

又称徒长病，豫南和沿黄稻区均有发生，是一种常见病害。在推广浸种等种子消毒措施后，病害大为减轻，近年来，受多种因素影响，该病有回升趋势。一般发病田块病株率 3% 以下，少数发病重的可达 40% 以上，减产率可达 10% ～ 40%（图 1）。苗床上如果恶苗病病株率超过 10% 时，则导致整块秧田不能使用（图 2）。

图 1　恶苗病后期重病田影响抽穗为害状

图 2　恶苗病秧田为害状

### 症状特征

秧苗期至抽穗期均可发生，一般分蘖期发生最多。

（1）苗期发病：发病苗比健苗纤细、瘦弱、叶鞘细长，比健苗高 1/3 左右，叶色淡黄、较窄，根系发育不良，即典型的徒长型（图 3，图 4）。部分病苗在移栽前死亡。在枯死苗上有淡红或白色霉粉状物，即病原菌的分生孢子。

图 3　恶苗病秧田单个徒长病株

图 4　健株与病株比较（右为病株）

（2）本田发病：有徒长型、普通型和早穗型 3 种类型，以徒长型最为常见。徒长型典型症状为节间明显伸长，明显高于正常植株，约 1/3 左右（图 5）节部常有弯曲露于叶鞘外，下部茎节倒生（向上）多数不定须根（图 6 ~ 图 9），分蘖少或不分蘖。剥开叶鞘，茎秆上有暗褐色条斑，剖开病茎可见白色蛛丝状菌丝，以后植株逐渐枯死。湿度大时，枯死病株表面长满淡褐色或白色粉霉状物，后期生黑色小点即病菌子囊壳。

图 5 恶苗病田间徒长株

稻株发病轻时提早抽穗，但穗小、粒少、子粒不实。抽穗期谷粒也可受害，严重的变褐色，不能结实，颖壳夹缝处生淡红色霉，感病轻的仅在谷粒基部或尖端变为褐色，或不表现症状，但谷粒内部有菌丝潜伏。

图 6 恶苗病导致的茎节不定根初期

图 7 恶苗病茎节倒生不定根

图 8 恶苗病茎节倒生不定根后期

图 9 恶苗病严重发生时茎节不定根

## 发生规律

病菌主要以分生孢子附在种子表面或以菌丝体潜伏于种子内部越冬，潜伏在稻草内的菌丝体和稻草上生长的子囊壳也可越冬。以带菌种子传播为主，带菌种子和病稻草是水稻恶苗病发生的初侵染源，在秧、本田可以多次再侵染。

浸种时带菌种子上的分生孢子可污染无病种子。发病严重的引起苗枯，死苗上产生分生孢子，传播到健苗，引起再侵染。带菌稻秧定植后，菌丝体遇适宜条件可扩展到整株，刺激茎叶徒长。花期病菌传播到花器上，侵入颖片和胚乳内，造成秕谷或畸形，在颖片合缝处产生淡红色粉霉。病菌侵入晚，谷粒虽不显症状，但菌丝已侵入内部使种子带菌，脱粒时与病种子混收，会使健种子带菌。

伤口有利于病菌侵入；旱育秧较水育秧发病重；增施氮肥刺激病害发展。施用未腐熟有机肥、氮肥过多、过迟田块发病重，晚播发病相对较重。

## 防治措施

该病防治应以在农业防治的基础上，重点抓好种子处理措施，培育无病壮苗。

**1．农业防治**

选用无病种子留种，搞好苗床土壤处理，采用秧盘育苗技术；加强栽培管理，催芽时间不宜过长，拔秧要尽可能避免损根，做到“五不插”：即不插隔夜秧，不插老龄秧，不插深泥秧，不插烈日秧，不插冷水浸的秧。发现秧田或本田有病株时，应及时拔除烧毁、清除病残体。

**2．化学防治**

浸种等种子处理是预防该病最关键的措施。浸种药剂可选用25%咪鲜胺乳油3 000 ~ 4 000倍液，或20%多·森铵悬浮剂200 ~ 300倍液，或15%噁霉灵可湿性粉剂1 000 ~ 1 600倍液，或16%咪鲜·杀螟丹可湿性粉剂400 ~ 600倍液，或2.5%咯菌腈悬浮种衣剂20 ~ 30 mL，浸种10 kg稻种，浸种3 ~ 5 d；也可用多菌灵、生石灰水浸种。种子包衣药剂可选用2.5%咯菌腈悬浮种衣剂，或用0.5%咪鲜胺悬浮种衣剂，或用18%多·咪·福悬浮种衣剂等。

在秧苗针叶期和大田发病初期，可用25%咪鲜胺乳油1 500倍液喷雾。

# (一)主要病虫害　6. 稻胡麻斑病

## 分布为害

稻胡麻斑病是河南水稻生产上的一种常发病害，在因缺肥、缺水原因引起水稻生长不良时发生较重，叶片受害造成叶枯，穗部受害，导致千粒重下降及空秕粒增多，影响产量和米质（图 1，图 2）。

图 1　水稻胡麻斑病大田为害症状

图 2　水稻胡麻斑病严重发生后期症状

## 症状特征

从秧苗期至收获期均可发病，稻株地上部均可受害，以叶片为多，病斑多时秧苗枯死。成株叶片染病，初为褐色小点，渐扩大为椭圆形斑，如芝麻粒大小（图 3），病斑中央褐色至灰白色，边缘褐色，周围有深浅不同的黄色晕圈，严重时连成不规则大斑（图 4 ~ 图 7）。叶鞘上染病，病斑初椭圆形，

图 3　水稻胡麻斑病单个病斑

图 4　水稻胡麻斑病病叶

图5　水稻胡麻斑病发病中心

图6　水稻胡麻斑病点片发生前期

暗褐色，边缘淡褐色，水渍状，后变为中心灰褐色的不规则大斑。穗颈和枝梗发病，受害部暗褐色，造成穗枯。谷粒染病，早期受害的谷粒灰黑色扩至全粒，造成秕谷。后期受害病斑小，边缘不明显。

图7　水稻胡麻斑病后期

## 发生规律

病菌以分生孢子或菌丝体附着在稻种或稻草上越冬，成为翌年初侵染源。播种后谷粒上的病菌可直接侵害幼苗。稻草上越冬的分生孢子，或由越冬菌丝产生的分生孢子，都可随风扩散，引起秧田和本田的侵染。在当年病组织上产生的分生孢子可再次侵染，不断扩大为害。

该病的发生与土质、肥水管理和品种抗性密切相关。酸性土壤、沙质土、薄地、缺磷少钾时发病，长期积水、根部受伤等都可诱发该病害。高温高湿、日照不足、有雾露存在时发病重。沿黄稻区多在抽穗前后易感病。

## 防治措施

以农业防治为主，注重加强肥水管理和深耕改土，必要时辅以药剂防治。

**1. 农业防治**

深耕灭茬，及时处理销毁病稻草，压低菌源。增施腐熟堆肥作基肥，及时追肥，增加磷、钾肥，特别是钾肥的施用可提高植株抗病力。酸性土注意排水，适当施用石灰，要浅灌勤灌，避免长期水淹造成通气不良。

**2. 化学防治**

参见“稻瘟病”，也可采用50%福美双可湿性粉剂、40%菌核净可湿性粉剂等药剂。

# （一）主要病虫害　7. 水稻白叶枯病

## 分布为害

水稻白叶枯病是一种细菌性病害，俗称白叶瘟、过火风等。该病暴发性强，传播速度快，为害重，产量损失大。水稻受害后叶片干枯，瘪谷增多，米质松脆，千粒重降低，一般减产 20% ~ 30%，严重者达 50% 以上，甚至绝收（图 1，图 2）。

图 1　水稻白叶枯病大田症状

图 2　水稻白叶枯病大田后期症状

## 症状特征

水稻整个生育期均可受害，苗期、分蘖期受害最重，各个器官均可染病，叶片最易染病，叶片呈枯白色。成株期常见的典型症状为叶缘型（叶枯型），还有急性型（青枯型）、凋萎型、中脉型和黄化型等。急性型、凋萎型症状的出现预示白叶枯病将严重发生。

（1）叶缘型（叶枯型）：是一种慢性症状，先从叶缘或叶尖开始发病，出现暗绿色水浸状短线病斑，病斑沿叶缘坏死，呈倒“V”字形，最后粳稻上的病斑变灰白色，籼稻上为橙黄色或黄褐色。病健部界线明显，在籼稻品种或感病品种上呈直线状，在粳稻或抗病品种上病斑边缘呈

图 3　水稻白叶枯病叶枯型病叶

不规则波纹状（图 3，图 4）。湿度大时，病部有黄色菌脓溢出，干燥时形成菌胶（图 5）。

（2）急性型（青枯型）：是一种急性症状，发生在环境适宜或感病品种上。植株感病后，尤其是茎基部或根部受伤而感病，叶片呈现失水青枯暗绿色，迅速扩展，后病部变青灰色或灰绿色，叶片迅速失水，边缘皱缩或卷曲青枯，病健部没有明显的病斑边缘，往往是全叶青枯（图 6，图 7）。

图 4 水稻白叶枯病叶缘型田间发病中心

图 5 水稻白叶枯病叶缘型病叶溢出菌脓症状

图 6 水稻白叶枯病急性型大田症状

图 7 水稻白叶枯病急性型病株

## 发生规律

病菌主要在带菌谷种和病株残体越冬。未腐烂的带病稻草和带病杂草是主要的侵染源。带病种子可远距离传播，也是新病区的主要初侵染源，老病区则以病稻草为主要侵染源。病菌随流水传播，从叶片的水孔、伤口或茎基和根部的伤口侵入，在维管束中大量繁殖后，从叶面的水孔大量溢出菌脓，菌脓遇水溶散，借风雨露滴或流水传播，形成再侵染，致使病害传播蔓延，以致流行。

品种、栽培制度、灌溉水是构成该病害流行的主要条件，串灌、漫灌易传播病菌，稻田长期积水、氮肥过多、生长过旺，有利于病害发生。持续适温（20 ~ 30℃）、阴雨、寡照天气适宜病害流行。

## 防治措施

应在控制菌源的前提下，以种植抗（耐）病品种为基础，培育无病壮秧，加强肥水管理，必要时进行药剂防治。

### 1. 农业防治

选用抗病品种。选用无病种子，培育无病壮秧。选择上年未发病的田块作秧田。避免用病草催芽、盖秧、扎秧把；整平秧田，湿润育秧，严防深水淹苗。做到排灌分开，浅水勤灌，适时晒田，严防深灌、串灌、漫灌；要施足基肥，早施追肥，避免氮肥施用过迟、过量。

### 2. 化学防治

水稻进入感病生育期后，对有零星发病中心的田块，应及时喷药封锁发病中心，防止病害扩大蔓延。病害常发区在暴风雨之后应注意观察，及时预防，坚持“发现一点治一片，发现一片治全田”的原则，把病害控制在为害之前。

药剂每亩可用 20% 噻菌铜悬浮剂 100 ~ 125 mL，或用 20% 叶枯唑可湿性粉剂 100 ~ 150 g，或用 50% 氯溴异氰尿酸可溶性粉剂 40 ~ 60 g，对水 50 ~ 60 kg 喷雾。或用 72% 农用硫酸链霉素可溶性粉剂 4 000 倍液喷雾。

# （一）主要病虫害　8. 水稻黑条矮缩病

## 分布为害

水稻黑条矮缩病以往主要在江苏、浙江等省发生，河南稻区极少见，2013 年开封市稻田发现该病为害。在开封县、顺河区等稻田，病田率可达 3% ~ 40%，一般病丛率为 5% ~ 30%，严重地块病丛率达 90% 以上，由于发生严重，个别稻田导致绝收（图 1，图 2）。

图 1　水稻黑条矮缩病大田为害状

图 2　水稻黑条矮缩病整块田发生为害状

## 症状特征

该病主要症状表现为病株矮缩、叶色深绿，叶片短阔、僵直（图 3，图 4）；由于韧皮部细胞增生，在叶背、叶鞘和茎秆表面沿叶脉出现短条瘤状不规则隆起，早期为蜡白色，后变黑褐色，病株根系发育较差，穗小、结实不良，甚至不抽穗。

图 3　水稻黑条矮缩病矮缩病株

图 4　水稻黑条矮缩病，病、健株比较

不同生育期染病后的症状略有差异，苗期发病，叶生长缓慢，叶片短宽、僵直、浓绿，叶脉有不规则蜡白色瘤状突起，后变黑褐色，根短小，植株矮小，不抽穗，常提早枯死（图 5）；分蘖期发病，新生分蘖先显症，主茎和早期分蘖尚能抽出短小病穗，但病穗缩藏于叶鞘内；拔节期发病，剑叶短阔，穗颈短缩，结实率低，叶背和茎秆上有短条状瘤突。

图 5　水稻黑条矮缩病植株提前枯死

## 发生规律

该病是一种病毒病，传毒介体有灰飞虱、白背飞虱等，以灰飞虱传毒为主，介体一经染毒，终身带毒，但不经卵传毒。病毒主要在大麦、小麦病株上越冬，也可在灰飞虱体内越冬。田间病毒通过麦—早稻—晚稻的途径完成侵染循环。第一代灰飞虱在病麦上接毒后传到早稻、单季稻、晚稻和青玉米上。稻田中繁殖的二、三代灰飞虱，在水稻病株上吸毒后，迁入晚稻和秋玉米上，晚稻上繁殖的灰飞虱成虫和越冬代若虫又传给大麦、小麦。

晚稻早播比迟播发病重，稻苗幼嫩发病重。小麦发病轻重、毒源多少决定水稻发病程度。

## 防治措施

由于该病属于病毒性病害，一旦发生，很难防治，生产上以预防为主，在秧苗期抓好预防，实行防飞虱、抗病毒两手抓的防治措施。

**1. 农业防治**

因地制宜，选用抗（耐）病良种。应在播种前及时清除秧田及四周的禾本科杂草，压低虫源、毒源。

**2. 化学防治**

做好种子消毒处理。使用 2.5% 咪鲜・吡虫啉悬浮种衣剂按药种比 1 ：（40 ～ 50）的比例给种子包衣，或每千克干种子拌 10% 吡虫啉可湿性粉剂 15 ～ 20 g，直接与种子拌匀，待药液充分吸收再播种，或在浸种时加入吡虫啉等内吸性药剂。

治虫防病，参考水稻条纹叶枯病。

# （一）主要病虫害　9. 稻飞虱

## 分布为害

稻飞虱又名火蠓子、厌虫等，是我国水稻产区为害最严重的害虫之一，主要有灰飞虱、白背飞虱和褐飞虱3种。河南省为害较重的褐飞虱和白背飞虱是由南方稻区迁飞而至，水稻前中期以白背飞虱为主，后期以褐飞虱为主。灰飞虱很少直接成灾，但能传播稻、麦、玉米等作物的病毒。该虫群集于稻株下部刺吸汁液，消耗稻株营养和水分，并在茎秆上留下伤痕、斑点，分泌的有毒物质导致烟霉滋生，严重时稻丛基部变黑（图1～图3）。稻株受害后，叶片发黄干枯，生长低矮，甚至不能抽穗。拔节期至乳熟末期为为害盛期，被害稻田常先在田中间出现“黄塘”，造成典型症状“穿顶”或“虱烧”（图4～图6）。乳熟期受害，稻谷千粒重减轻，瘪谷增加，严重时

图1　稻飞虱大发生状（长翅为主）

图2　稻飞虱大发生状（短翅为主）

图3　稻飞虱在基部为害

图 4　稻飞虱为害造成穿顶

图 5　稻飞虱为害造成多块穿顶

常造成水稻大片死秆倒伏（图 7，图 8），对产量影响极大。轻者减产 5% ～ 10%，严重时减产 50% 以上，甚至颗粒无收。

图 6　稻飞虱拔节抽穗期为害严重田块远看如火烧

图 7　稻飞虱灌浆期为害严重田块减产严重

图 8　左边稻飞虱为害严重田块大片死秆倒伏基本绝收

## 形态特征

稻飞虱：体形小，触角短锥状，有长翅型和短翅型。

褐飞虱：长翅型成虫体长 3.6 ~ 4.8 mm，短翅型体长 2.5 ~ 4 mm，短翅型成虫翅长不超过腹部，雌虫体肥大。深色型头顶至前胸、中胸背板暗褐色，有 3 条纵隆起线；浅色型体黄褐色（图 9 ~ 图 11）。卵呈香蕉状，产在叶鞘和叶片组织内，长 0.6 ~ 1 mm，常数粒至一二十粒排列成串（图 12，图 13）。老龄若虫分 5 龄，体长 3.2 mm，初孵时淡黄白色，后变为褐色。

图 9　长翅型褐飞虱

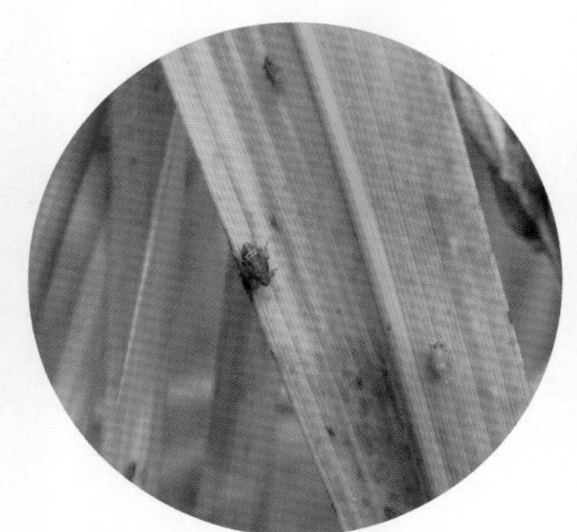
图 10　短翅型褐飞虱及若虫

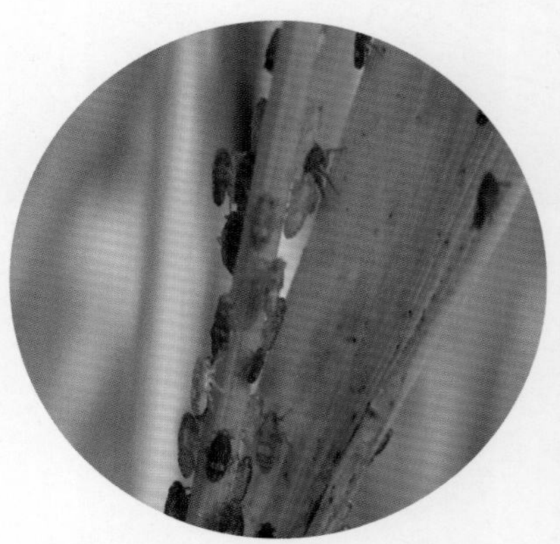
图 11　群聚为害的短翅型褐飞虱

图 12　褐飞虱卵放大照

图 13　产在叶鞘和叶片组织内的褐飞虱卵

白背飞虱：体灰黄色，有黑褐色斑，长翅型成虫体长 3.8 ~ 4.5 mm，短翅型 2.5 ~ 3.5 mm，体肥大，翅短，仅及腹部一半，头顶稍突出，前胸背板黄白色，中胸背板中央黄白色，两侧黑褐色（图 14）。卵长约 0.8 mm，长卵圆形，微弯，产于叶鞘或叶片组织内，一般 7 ~ 8 粒单行排列。老龄若虫体长 2.9 mm，初孵时，乳白色有灰色斑，3 龄后淡灰褐色。

灰飞虱：体浅黄褐色至灰褐色，长翅型成虫体长 3.5 ~ 4.0 mm，短翅型 2.3 ~ 2.5 mm，均较褐飞虱略小。头顶与前胸背板黄色，中胸背板雄虫黑色，雌虫中部淡黄色，两侧暗褐色（图 15）。卵长椭圆形稍弯曲，双行排成块，产在叶鞘和叶片组织内。老龄若虫体长 2.7 ~ 3.0 mm，深灰褐色。

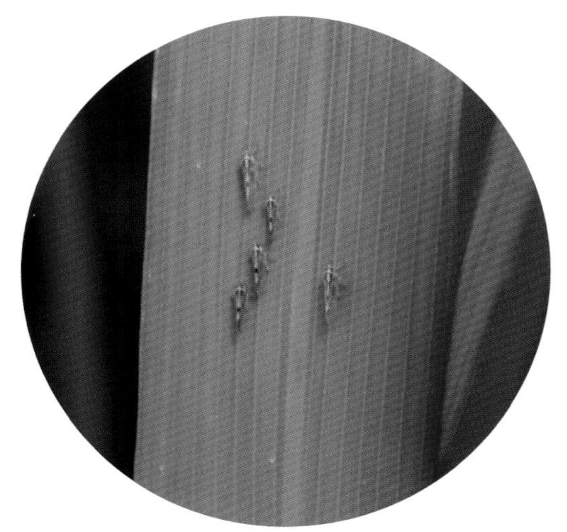

图 14　白背飞虱

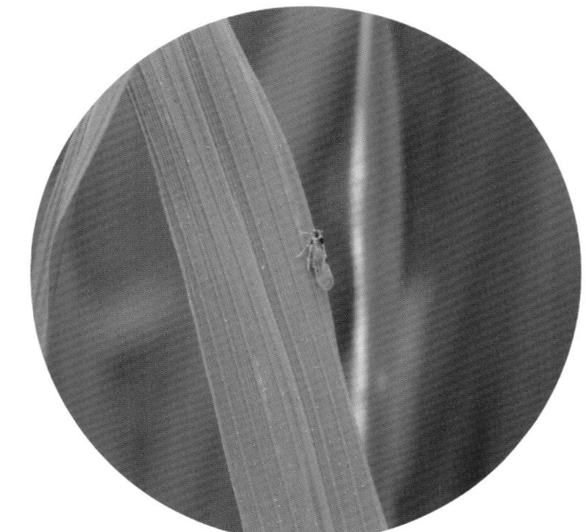

图 15　灰飞虱

## 发生规律

稻飞虱具有迁飞性和趋光性，且喜趋嫩绿，暴发性和突发性强，还能传染某些病毒病，是河南稻区主要虫害之一。稻飞虱在各地每年发生的世代数差异很大，在河南省一般 1 年发生 4 代，世代间均有重叠现象。褐飞虱和白背飞虱属远距离迁飞性害虫，灰飞虱属本地越冬害虫，以卵在各发生区杂草组织中或以若虫在田边杂草丛中越冬。稻飞虱初次虫源都是从南方迁入，一般年份 6 月中旬开始迁入，8 月下旬至 10 月上旬开始往南回迁，7 月中旬至 9 月上旬是稻飞虱的发生盛期，一旦条件适宜，往往暴发成灾，通常造成水稻倒秆、"穿顶""黄塘"。稻飞虱成虫和若虫都可以取食为害，以高龄若虫取食为害最重。成虫有短翅型和长翅型两种，长翅型成虫适合迁飞，短翅型成虫适宜定居繁殖，其产卵量显著多于长翅型成虫，短翅型成虫大量出现时是大发生的预兆。

褐飞虱是喜温型昆虫，在北纬 25° 以北的广大稻区不能越冬，生长发育的适宜温度为 20 ~ 30℃，最适温度为 26 ~ 28℃，相对湿度 80% 以上。1 只褐飞虱雌成虫能产卵 300 ~ 400 粒，主害代卵一般 7 ~ 13 d 孵化为若虫，成虫寿命 15 ~ 25 d。褐飞虱发生为害的轻重，主要与迁入的迟早、迁入量、气候条件、品种布局和品种抗（耐）虫性、栽培技术和天敌因素有关。盛夏不热、晚秋不凉、夏秋多雨等易发生，高肥密植稻田的小气候有利其生存。白背飞虱安全越冬的地域、温度等习性与褐飞虱相近似，迁飞规律与褐飞虱大致相同。但食性和适应性较褐飞虱宽，在稻株上取食部位，比褐飞虱稍高，可在水稻茎秆和叶片背面活动，能在 15 ~ 30℃下正常生存，要求相对湿度 80% ~ 90%，初夏多雨、盛夏长期干旱，易引起大发生。白背飞虱一只雌成虫可产卵 200 ~ 600 粒。7 ~ 11 d 孵化为若虫，成虫寿命 16 ~ 23 d。其习性与褐飞虱相似。灰飞虱一般先集中田边为害，后蔓延田中。越冬代以短翅型为多，其余各代长翅型居多，每雌产卵量 100 多粒。灰飞虱耐低温能力较强，但对高温适应性差，适温为 25℃左右，超过 30℃发育速率延缓，死亡率高，成虫寿命缩短。7 ~ 8 月降雨少的年份有利于其发生。

## 防治措施

**1. 农业防治**

推广抗（耐）虫高产优质品种；健苗栽培，氮、磷、钾肥合理施用，重施基肥、早施追肥，实行科学的水肥管理，防止禾苗贪青徒长。

**2. 生物防治**

稻田蜘蛛、黑肩绿盲蝽等自然天敌能有效控制褐飞虱的种群数量（图16），当蜘蛛与飞虱数量比为1 ：（8 ～ 9），飞虱密度为（1 000 ～ 1 500）头/百丛以内时，控制效果较好，一般可不防治。

图16　白背飞虱和天敌蜘蛛

**3. 化学防治**

（1）科学用药：稻田前期尽量少用杀虫剂，特别是三唑磷等杀虫剂。以保护穗期为重点，适当放宽防治指标，力求做到天敌等自然因子能控制的不用药防治，天敌不能控制为害时用药防治，坚持选用高效、低毒、低残留对口农药。

（2）防治指标：孕穗、抽穗期百丛虫量1 000头，齐穗期后百丛虫量1 500头。

（3）防治适期：在低龄（1、2龄）若虫盛发期用药防治。

（4）防治用药：可每亩用25%吡蚜·噻嗪酮可湿性粉剂20 ～ 24 g，或40%毒死蜱乳油80 ～ 120 mL，或50%稻丰散乳油100 ～ 120 mL，或10%吡虫啉可湿性粉剂20 g，或25%噻嗪酮可湿性粉剂40 ～ 50 g，或25%噻虫嗪水分散粒剂2 ～ 4 g等药剂，对水50 ～ 70 kg喷雾防治。喷雾时，或将喷头塞进稻丛间，喷到稻丛基部稻飞虱栖息为害部位；或加大药液量，使药液下流到稻丛下部，触杀害虫。施药期间保持3 ～ 5 cm浅水层3 ～ 5 d，以提高防治效果。

# （一）主要病虫害　10. 稻纵卷叶螟

## 分布为害

稻纵卷叶螟又名刮青虫、稻纵卷叶虫、纵卷螟，是河南稻区主要害虫之一。在水稻分蘖期至抽穗期都能遭受稻纵卷叶螟为害，主要以低龄幼虫在嫩叶尖（上部）纵卷结成小虫苞或称束叶苞，叶苞下端可见丝状相连（图 1，图 2），幼虫匿居其中仅取食叶肉而叶片留下白斑（图 3，图 4），当发生

图 1　稻纵卷叶螟低龄幼虫卷的小苞叶

图 2　稻纵卷叶螟大龄幼虫卷的大苞叶

图 3　稻纵卷叶螟幼虫为害后外部叶片白条斑

图 4　稻纵卷叶螟幼虫在稻叶内啃食形成的条状白斑

严重时“虫苞累累，白叶满田”(图5，图6)。水稻苗期受害影响正常生长，甚至枯死；分蘖期至拔节期受害，分蘖减少，植株缩短，生育期推迟；孕穗后特别是抽穗到齐穗期剑叶被害，影响开花结实，空壳率提高，千粒重下降。一般可损失10% ~ 20%，严重的可超过50%。一头幼虫一生可食叶5 ~ 7片，多者达9 ~ 12片。1 ~ 3龄幼虫食叶量仅为10%，高龄幼虫取食量大。稻纵卷叶螟对上部功能叶片的为害直接影响了水稻灌浆物质的积累，尤以抽穗期、孕穗期受害损失最大。

图5　稻纵卷叶螟幼虫大田严重为害后白叶满田

图6　稻纵卷叶螟大田为害，造成大量虫苞

## 形态特征

成虫：体长约为1cm，体黄褐色。前翅有两条褐色横线，两线间有1条短线，外缘有1暗褐色宽带(图7 ~图9)。

图7　稻纵卷叶螟成虫

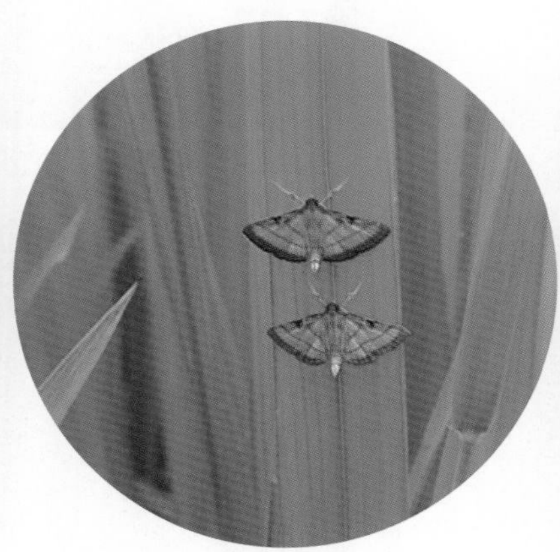

图8　多个稻纵卷叶螟成虫

图9　灯光诱集的稻纵卷叶螟成虫

卵：一般单产于叶片背面，粒小。

幼虫：幼虫通常有5个龄期。一般稻田间出现大量蛾子约1周后，便出现幼虫，刚孵化出的幼虫很小，肉眼不易看见。低龄幼虫体淡黄绿色，高龄幼虫体深绿色至橘红色(图10，图11)。

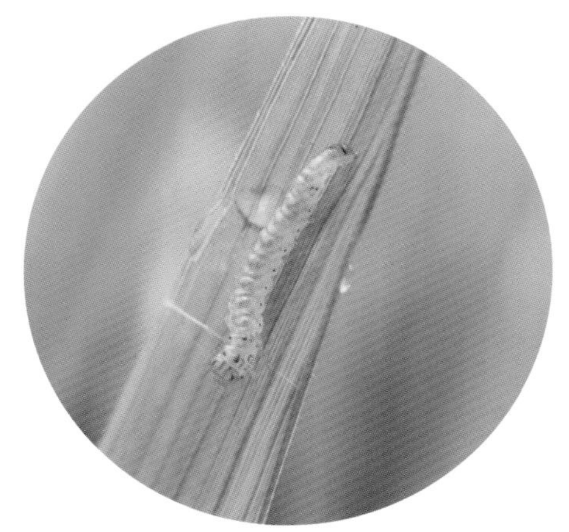
图 10　稻纵卷叶螟低龄幼虫

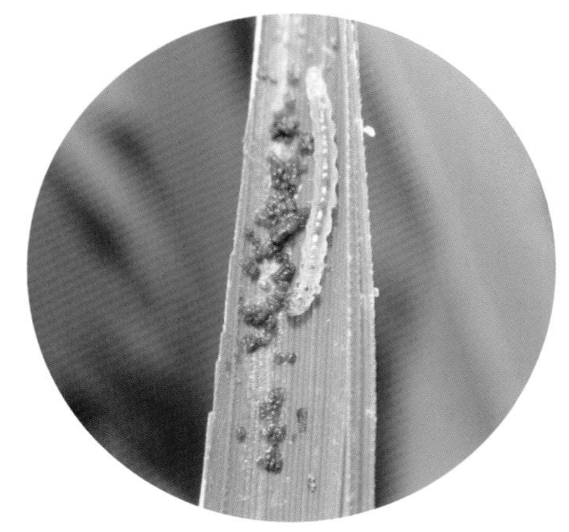
图 11　稻纵卷叶螟高龄幼虫及虫粪

蛹：体长 7 ～ 10 mm，圆筒形，初淡黄色，渐变黄褐色，后转为红棕色，外常包有白色薄茧（图 12，图 13）。

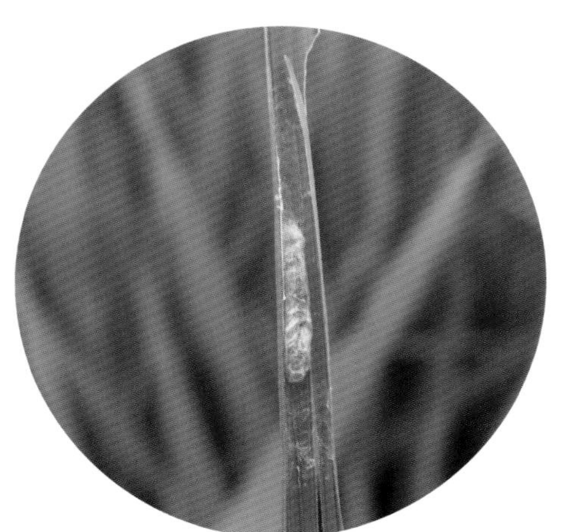
图 12　包有白色薄茧的稻纵卷叶螟蛹

图 13　稻纵卷叶螟蛹后期

## 发生规律

稻纵卷叶螟是一种远距离迁飞性害虫，在北纬 30° 以北稻区不能越冬，故河南省稻区初次虫源均自南方迁来。1 年发生的世代数随纬度和海拔高度形成的温度而异，河南省稻区一般 1 年发生 4 代，常年 6 月上旬至 7 月中旬从南方稻区迁来，7 月上旬至 8 月上旬为主害期。该虫的成虫有趋光性，栖息趋阴蔽性和产卵趋嫩性，且能长距离迁飞。成虫羽化后 2 d 常选择生长茂密的稻田产卵，产卵位置因水稻生育期而异，卵多产在叶片中脉附近。适温高湿产卵量大，一般每雌产卵 40 ～ 70 粒，最多 150 粒以上；卵多单产，也有 2 ～ 5 粒产于一起。气温 22 ～ 28℃、相对湿度 80% 以上，卵孵化率可达 80% ～ 90% 以上。1 龄幼虫在分蘖期爬入心叶或嫩叶鞘内侧啃食。在孕穗抽穗期，则爬至老虫苞或嫩叶鞘内侧啃食。2 龄幼虫可将叶尖卷成小虫苞，然后叶丝纵卷稻叶形成新的虫苞，幼虫潜藏虫苞内啃食。幼虫脱皮前，常转移至新叶重新做苞。第 4、5 龄幼虫食量占总取食量的 95% 左右，为害最大。老熟幼虫在稻丛基部的黄叶或无效分蘖的嫩叶苞中化蛹，有的在稻丛间，少数在老虫苞中。

该虫喜欢生长嫩绿、湿度大的稻田。适温高湿情况下，有利成虫产卵、孵化和幼虫成活，因此，在多雨日及多露水的高湿天气，有利于稻纵卷叶螟发生。多施氮肥、迟施氮肥的稻田发生量大，为害重。水稻叶片窄、生长挺立（田间通风透光好）、叶面多毛的品种不利于稻纵卷叶螟发生；水稻叶片宽、生长披垂（田间通风透光差）、叶面少毛的品种有利于稻纵卷叶螟发生。若遇冬季气温偏高，其越冬地界北移，翌年发生早；夏季多台风，则随气流迁飞机会增多，发生会加重。

## 防治措施

稻纵卷叶螟的防治应以保护水稻三片功能叶为重点，按照防治指标，适时开展化学防治，同时注重选用抗（耐）虫品种、肥水管理和保护天敌。

**1. 农业防治**

选用抗（耐）虫品种、肥水管理（基肥足、追肥稳、后期不贪青）的方法，调控水稻生长。

**2. 生物防治**

稻纵卷叶螟的天敌有绒茧蜂、蜘蛛、青蛙、蜻蜓、隐翅虫等。尽量选用 Bt 制剂或 Bt 复配剂或其他对天敌杀伤力小的生物农药，发挥天敌的自然控制作用。

**3. 化学防治**

（1）防治适期：在卵孵化至 1 ~ 2 龄幼虫高峰期进行防治。

（2）防治指标：分蘖、圆秆期每百丛有 2 ~ 3 龄幼虫 30 ~ 40 头或束叶小苞 40 ~ 50 个；孕穗、始穗期每百丛有 2 ~ 3 龄幼虫 20 ~ 30 头或束叶小苞 30 ~ 40 个。

（3）防治药剂与方法：如果稻纵卷叶螟成虫量大（25 丛可见 5 ~ 10 只蛾子），防治适期就要提前到始见蛾子后 1 周（大约是卵开始孵化期）。可每亩选用 50% 稻丰散乳油 100 ~ 120 mL，或 40% 毒死蜱乳油 100 mL，或 20% 氯虫苯甲酰胺胶悬剂 10 mL，或 1.8% 阿维菌素乳油 80 ~ 100 mL，或 15% 茚虫威乳油 12 mL 等药剂，对水 50 kg 喷雾（在 2 龄前施药）防治，防治时，田间保水 3 ~ 5 cm，3 ~ 5 d，以保证防治效果。

# （一）主要病虫害　11. 二化螟

## 分布为害

水稻二化螟别名钻心虫、蛀心虫，是河南水稻产区主要害虫之一，较三化螟和大螟分布广，近年来发生数量呈明显上升的态势。除为害水稻外，还为害茭白、玉米、高粱、油菜、麦类等作物以及芦苇、稗等杂草。水稻分蘖期受害造成枯鞘、枯心苗（图 1，图 2），穗期受害可造成枯孕穗、虫伤株、白穗等（图 3），一般年份减产 5% ~ 10%，严重时减产 50% 以上（图 4，图 5）。

图 1　水稻二化螟造成的枯鞘

图 2　水稻二化螟造成的枯心

图 3　水稻二化螟造成的白穗

图 4　水稻二化螟大田成片为害状

图 5　水稻二化螟大田为害状

## 形态特征

成虫：前翅近长方形，灰黄褐色，翅外缘有 7 个小黑点(图 6)。雌蛾体长 12 ～ 15 mm，腹部纺锤形，背有灰白色鳞毛，末端不生丛毛；雄蛾体长 10 ～ 12 mm，腹部圆筒形，前翅中央有 1 个灰黑色斑点，下面还有 3 个灰黑色斑点。

卵：卵块为扁平椭圆形，几十粒至几百粒呈鱼鳞状排列成块，表层覆盖透明的胶质物，初产时呈乳白色，至孵化呈黑褐色（图 7，图 8）。

图 6　水稻二化螟成虫

图 7　水稻二化螟卵块前期

图 8　水稻二化螟卵块后期

幼虫：一般 6 龄，老熟时体长 20 ～ 30 mm。初孵化时淡褐色，头淡黄色，也叫蚁螟。2 龄以上幼虫在腹部背面有 5 条棕色纵线，老熟幼虫呈淡褐色(图 9 ～图 13)。

图 9　水稻二化螟越冬幼虫

图 10　水稻二化螟蚁螟

图 11　水稻二化螟幼虫

图 12　水稻二化螟大龄幼虫

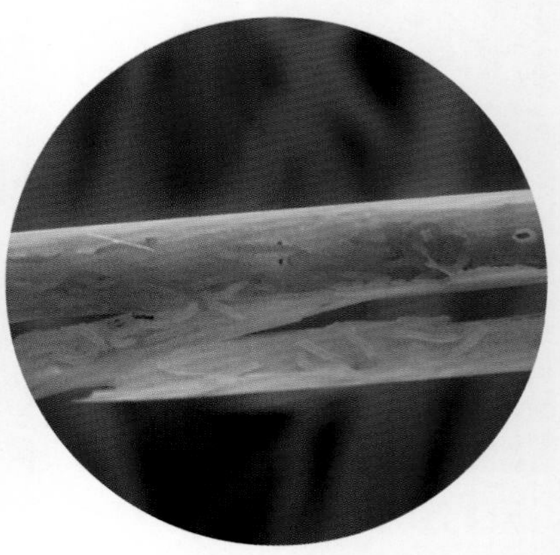

图 13　水稻二化螟集中为害

蛹：呈圆筒形，初化蛹时，体由乳白色至米黄色，腹部背面尚存 5 条明显纵纹，以后随着蛹色逐渐变淡，5 条纵纹也逐渐隐没（图 14，图 15）。

图 14　水稻二化螟蛹

图 15　稻秆中的水稻二化螟蛹

## 发生规律

### 1. 发生世代和发生时期

二化螟在河南 1 年发生 2 ～ 3 代，以一代为害为主，属于一代多发型；二代受夏季高温干旱及稻株较老影响，不利于蚁螟侵入存活，发生程度一般较一代轻；二化螟一般二代进入滞育，但由于 8 月气温普遍偏高，近年来部分二代二化螟转化为三代，对迟熟优质稻的为害较大。二化螟在豫南发生情况是：越冬代蛾 4 月下旬始见，5 月中下旬出现盛期；一代蛾 7 月上旬始见，7 月中下旬出现盛期；2 代蛾 8 月上旬始见，一般无盛期。一代卵 5 月下旬至 6 月初为盛孵期，二代卵 7 月下旬为盛孵期。初孵幼虫先侵入叶鞘集中为害，造成枯鞘，到 2 ～ 3 龄后蛀入茎秆，造成枯心、白穗和虫伤株。初孵幼虫在苗期水稻上一般分散或几条幼虫集中为害；在大的稻株上，一般先集中为害，数十至百余条幼虫集中在一稻株叶鞘内，至 3 龄幼虫后才转株为害。

### 2. 影响其发生的因素

（1）虫源场所：以幼虫在稻茬、稻草中及其他寄主植物根茎、茎秆中越冬，越冬幼虫在春季化蛹羽化。有世代重叠现象。不同越冬场所的幼虫化蛹、羽化期有显著差异，往往形成多个蛾高峰。

（2）耕作制度与栽培管理：冬种作物面积大，尤其免耕面积增加，水稻机械收割，有利于二化螟越冬；水稻播栽期提早，有利于水稻二化螟的侵入和成活。二化螟幼虫生活力强，食性广，耐干旱、潮湿和低温等恶劣环境，故越冬死亡率低。

（3）品种：成虫昼伏夜出，趋光性强。一般籼稻比粳稻受害重；特别是杂交水稻，秆粗叶阔，叶色嫩绿，水稻二化螟卵块密度高，为害重。

（4）气候：早春气温的高低影响越冬代水稻二化螟发生的迟早，若早春气温回升快，越冬代发生期提早，有效虫源增加；春季雨水偏多，越冬代死亡率提高，有效虫源减少。气温为 22 ～ 26℃、相对湿度为 80% ～ 90% 时，有利于螟卵孵化；气温在 20 ～ 30℃、相对湿度在 70% 以上时，有利于幼虫的发育。

（5）天敌：天敌对二化螟的数量消长起到一定抑制作用。卵寄生蜂有稻螟赤眼蜂、螟黄赤眼蜂等；幼虫和蛹则受多种姬蜂、茧蜂的寄生；寄生蝇和线虫对幼虫的寄生率也较高。

## 防治措施

### 1. 农业防治

水稻收割后及时翻耕灌水，淹死稻桩内幼虫；处理玉米、高粱等寄主茎秆；铲除田边杂草，消灭越冬虫源；适时插秧、加强田间管理，使水稻生长整齐，卵孵化盛期与水稻分蘖期及孕穗期错开；避免过量使用氮肥；人工摘除卵块，拔除枯心株、白穗株。

### 2. 物理防治

利用频振式杀虫灯或性诱剂等诱杀螟蛾。

### 3. 生物防治

尽量使用生物农药，保护天敌，发挥天敌的自然控制作用。

### 4. 化学防治

采取狠治一代的防治策略，既可保苗，又可压低下一代虫口密度。防治指标为每亩有卵 120 块，或每亩有 60 个集中被害株的田块。防治对象田以施用氮肥过多、叶色浓绿、生长茂盛的稻田为主。可在卵孵盛期每亩选用 40% 毒死蜱乳油 80 ～ 120 mL，或 1.9% 甲维盐微乳剂 50 mL，或 20% 氯虫苯甲酰胺悬浮剂 10 mL，或 10% 阿维 · 氟酰胺悬浮剂 30 mL，或 50% 稻丰散乳油 100 ～ 120 mL，或 20% 三唑磷乳油 100 ～ 120 mL 等药剂，对水 50 kg 均匀喷雾。防治时田间要留 3 cm 深的水。

# （一）主要病虫害

## 12. 三化螟

### 分布为害

水稻三化螟是河南稻区主要害虫之一，曾是河南省螟虫的优势种，近年来发生程度逐年降低，为害远较二化螟轻。三化螟食性单一，专食水稻。水稻苗期和分蘖期，初孵幼虫从水稻茎部蛀入，1 周左右，造成枯心苗；孕穗末期至抽穗初期，初孵幼虫从包裹稻穗的叶鞘上或稻穗破口处侵入，取食稻花发育至 2 龄，在稻穗颈部咬孔侵入，并咬断稻茎造成枯孕穗和白穗，转株为害还形成虫伤株（图 1 ~图 3）。一般发生年份，为害率在 5% ~ 10%；发生重的年份，损失产量在 20% 以上。

图 1　水稻三化螟基部为害状

图 2　水稻三化螟造成的单个白穗

图 3　水稻三化螟大田中造成的白穗

## 形态特征

成虫：雌蛾体长约 12 mm，前翅三角形，淡黄白色，中央有 1 个黑点，腹部末端有一撮黄色绒毛；雄蛾体长约 9 mm，前翅淡灰褐色，中央小黑点比较模糊，从翅尖到后缘有一黑色带纹（图 4）。

卵：卵块长椭圆形，略扁，初产时蜡白色，孵化前呈灰黑色，每卵块有卵 10 ~ 100 多粒，卵块上覆盖有棕色绒毛（图 5）。

图 4　水稻三化螟成虫

图 5　水稻三化螟卵孵化及蚁螟

幼虫：一般 4 ~ 5 龄。初孵时灰黑色，也叫蚁螟。1 ~ 3 龄幼虫体黄白色至黄绿色；老熟时长 14 ~ 21 mm，头淡黄褐色，身体淡黄绿色或黄白色，从 3 龄起，背中线清晰可见。腹足较退化。（图 6，图 7）。

蛹：蛹细长圆筒形，初为乳白色，后变为黄褐色（图 8）。

图 6　水稻三化螟幼虫

图 7　稻秆中的水稻三化螟幼虫

图 8　水稻三化螟蛹

## 发生规律

### 1. 发生世代和发生期

水稻三化螟的发生代数随气候不同差异很大，河南省一般 1 年发生 3 代，在部分地区第三代幼虫少量个体可继续发育出第四代。三化螟对温度的敏感性较强，温度的变化可以直接影响其发育、为害。故暖冬越冬基数大，冷冬越冬基数低；春季 4 月温度变幅大，可造成化蛹期三化螟大量死亡。三化螟总体越冬基数小于二化螟，其种群数量主要靠逐代累积增大，所以三化螟属于三代大发型。

三化螟越冬代蛾于翌年 5 月初始见，一般 5 月中下旬出现盛发期；一代蛾 6 月下旬始见，7 月上旬盛发；二代蛾 7 月下旬始见，8 月上旬盛发；三代蛾 9 月初始见，无峰期。一代卵 5 月下旬盛孵，二代卵 7 月中旬初盛孵，三代卵 8 月上旬盛孵。

**2. 影响其发生的因素**

水稻三化螟成虫昼伏夜出，有较强的趋光性。产卵具有趋嫩绿习性，卵块产于叶面，表面有绒毛覆盖，水稻处于分蘖期或孕穗期，或施氮肥多，长相嫩绿的稻田，卵块密度高。初孵幼虫多先爬向叶尖，吐丝随风飘荡到附近稻株分散钻入稻株。被害的稻株，多为 1 株 1 头幼虫，幼虫 2 龄以后有转株为害习性，每头幼虫多转株 1 ~ 3 次，以 3、4 龄幼虫为盛。幼虫一般 4 龄或 5 龄，老熟后在稻茎内下移至基部化蛹。

三化螟的发生为害主要受水稻耕作栽培、生育期、气候、天敌和防治等因素影响。在栽培技术上，基肥足，水稻健壮，抽穗迅速、整齐的稻田螟害轻；追肥过迟和偏施氮肥，水稻徒长，螟害重。水稻不同生育期，水稻三化螟蚁螟的侵入率和成活率有明显的差异，一般水稻分蘖期和孕穗期蚁螟侵入率高，其次为抽穗期，圆秆期蚁螟侵入率较低。因此，分蘖期和孕穗至破口露穗期这两个生育期，是水稻受螟害的“危险生育期”。春季温度的高低直接影响第 1 代发生的迟早，一般旬平均温度达 17℃左右即进入化蛹盛期。冬、春季湿度对水稻三化螟越冬死亡率影响极大。特别是越冬代幼虫化蛹阶段经常降水或田间积水，死亡率可达 90% 以上。

水稻三化螟的天敌较多，有捕食性的青蛙、蜘蛛、蜻蜓、步行虫、隐翅虫、瓢虫和寄生性的稻螟赤眼蜂、螟卵啮小蜂、长腹黑卵蜂、螟黑卵蜂等寄生蜂。

## 防治措施

**1. 农业防治**

采取秋耕灭茬、春季灌水措施；调整水稻栽播期，压低越冬及冬后残留基数，减少秧田一代有效虫量；调整水稻品种布局，减轻三代为害。

**2. 物理防治**

利用频振式杀虫灯或性诱剂等诱杀螟蛾。

**3. 生物防治**

尽量使用生物农药，保护天敌，发挥天敌的自然控制作用。

**4. 化学防治**

防治策略：压前、控后、保苗、保穗。

（1）防治枯心苗：在卵块孵化始盛期进行调查，当丛枯心率达 2% ~ 3% 时进行药剂防治。

（2）预防白穗：在卵盛孵期，对破口抽穗的稻田用药 1 次，发生量大或水稻抽穗期长，需在齐穗时（80% 左右抽穗）再用药 1 次。

（3）防治药剂：可每亩选用 50% 杀螟松乳油 100 mL，或 25% 杀虫双水剂 250 mL，或 1.9% 甲维盐微乳剂 50 mL，或 20% 氯虫苯甲酰胺悬浮剂 10 mL，或 40% 毒死蜱乳油 100 mL，或 20% 三唑磷乳油 120 mL 等，对水喷雾。田间保水 3 ~ 5 cm，3 ~ 5 d，以保证防治效果。

# （一）主要病虫害

## 13. 大螟

### 分布为害

大螟别名稻蛀茎夜蛾、紫螟。该虫原仅在稻田周边零星发生，随着耕作制度的变化，尤其是推广杂交稻以后，发生程度显著上升，近年来在部分地区更有超过三化螟的趋势，成为水稻常发性害虫之一。大螟为害状与二化螟相似，以幼虫蛀入稻茎为害，可造成枯鞘、枯心苗、枯孕穗、白穗及虫伤株（图1）。大螟为害的蛀孔较大，虫粪多，有大量虫粪排出茎外，受害稻茎的叶片、叶鞘部都变为黄色，又有别于二化螟。大螟造成的枯心苗田边较多，田中间较少，有别于二化螟、三化螟为害造成的枯心苗。

图1　水稻大螟为害造成白穗

### 形态特征

成虫：雌蛾体长15 mm，翅展约30 mm，头部、胸部浅黄褐色，腹部浅黄色至灰白色；触角丝状，前翅近长方形，浅灰褐色，中间具小黑点4个排成四角形。雄蛾体长约12 mm，翅展27 mm，触角栉齿状（图2）。

图2　水稻大螟成虫

卵：扁圆形，初白色后变灰黄色，表面具细纵纹和横线，聚生或散生，常排成2 ~ 3行。

幼虫：共5 ~ 7龄，3龄前幼虫鲜黄色；末龄幼虫体长约30 mm，老熟时头红褐色，体背面紫红色（图3，图4）。

蛹：长13 ~ 18 mm，粗壮，红褐色，腹部具灰白色粉状物，臀棘有3根钩棘（图5）。

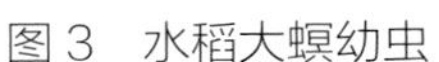
图 3　水稻大螟幼虫

图 4　稻秆中的水稻大螟幼虫

图 5　水稻大螟蛹

## 发生规律

河南 1 年发生 4 代左右，以幼虫在稻茬、杂草根间、玉米、高粱及茭白等残体内越冬。翌春老熟幼虫在气温高于 10℃时开始化蛹，15℃时羽化，越冬代成虫把卵产在春玉米或田边看麦娘等杂草叶鞘内侧，幼虫孵化后再转移到邻近边行水稻上蛀入叶鞘内取食，蛀入处可见红褐色锈斑块。3 龄前常十几头群集在一起，把叶鞘内层吃光，后钻进心部造成枯心。3 龄后分散，为害田边 2 ～ 3 墩稻苗，蛀孔距水面 10 ～ 30 cm，老熟时化蛹在叶鞘处。成虫趋光性不强，飞行力弱，常栖息在株间，每只雌虫可产卵 240 粒，卵历期一代为 12 d，二、三代 5 ～ 6 d；幼虫期一代约 30 d，二代 28 d，三代 32 d；蛹期 10 ～ 15 d。一般田边比田中产卵多，为害重。稻田附近种植玉米、茭白等的地区大螟为害比较严重。

## 防治措施

### 1. 农业防治

冬春期间铲除田边杂草，消灭其中越冬幼虫和蛹；早稻收割后及时翻耕沤田；早玉米收获后及时清除遗株，消灭其中幼虫和蛹；有茭白的地区，应在早春前齐泥割去残株。

### 2. 化学防治

根据“狠治一代，重点防治稻田边行”的防治策略，当枯鞘率达 5%，或始见枯心苗为害状时，在幼虫 1 ～ 2 龄阶段，及时喷药防治。可每亩用 18% 杀虫双水剂 250 mL，或 90% 杀螟丹可溶性粉剂 150 ～ 200 g，或 50% 杀螟丹乳油 100 mL 等，对水 50 kg 喷雾。

# （一）主要病虫害

## 14. 稻蓟马

### 分布为害

稻蓟马在河南各水稻生产区均有发生。稻蓟马多在寄主植物的心叶内活动为害，成、若虫以口器锉破叶面，叶面呈微细黄白色斑，叶尖两边向内卷褶，渐及全叶卷缩枯黄，分蘖初期受害重的稻田，苗不长、根不发、无分蘖，甚至成团枯死（图 1 ~ 图 4）。晚稻秧田受害更为严重，常成片枯死，状如火烧。穗期成、若虫趋向穗苞，扬花时，转入颖壳内，为害子房，造成空瘪粒，对产量影响极大。

图 1　稻蓟马田间为害状

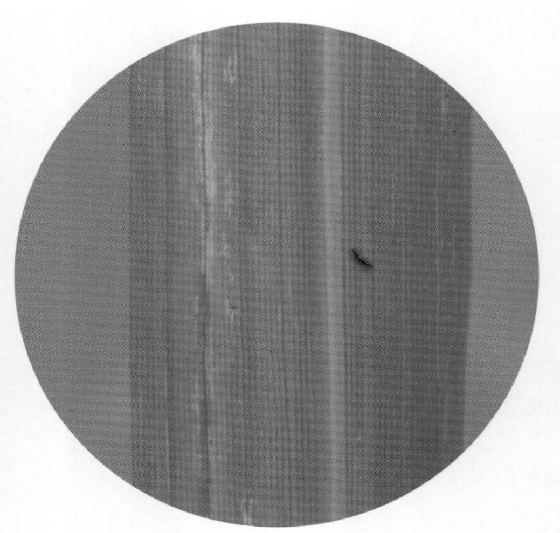

图 2　稻蓟马叶片为害状

图 3　稻蓟马为害苗（下面）与健苗比较

图 4　稻蓟马为害叶尖造成卷缩枯黄

## 形态特征

成虫：体长 1 ~ 1.3 mm，黑褐色，头近似方形，触角 8 节，翅浅黄色、羽毛状，腹末雌虫锥形，雄虫较圆钝（图 5）。

卵：肾形，长约 0.26 mm，黄白色。

若虫：共 4 龄，4 龄若虫又称蛹，长 0.8 ~ 1.3 mm，淡黄色，触角折向头与胸部背面。

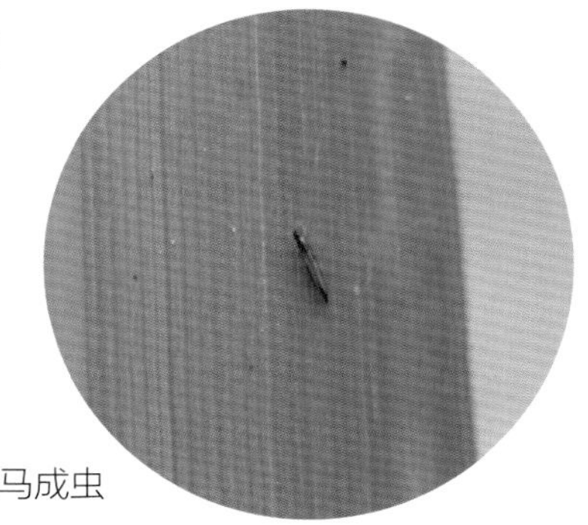

图 5　稻蓟马成虫

## 发生规律

稻蓟马生活周期短，发生代数多，世代重叠，田间世代很难划分。多数以成虫在麦田、茭白及禾本科杂草等处越冬。成虫常藏身卷叶尖或心叶内，早晚及阴天外出活动，能飞，能随气流扩散。卵散产于叶脉间，有明显趋嫩绿稻苗产卵习性。初孵幼虫集中在叶耳、叶舌处，更喜欢在幼嫩心叶上为害。若七八月份遇低温多雨，则有利其发生为害；秧苗期、分蘖期和幼穗分化期，是稻蓟马的为害高峰期，尤其是水稻品种混栽田、施肥过多及本田初期受害会加重。

## 防治措施

### 1. 农业防治

尽量避免早、中、晚稻品种混栽，相对集中播种期和栽秧期，以减少稻蓟马的繁殖桥梁田和辗转为害的机会；在施足基肥的基础上，适期适量追施返青肥，促使秧苗正常生长，减轻为害；适时晒田、搁田，及时铲除田边、沟边杂草，提高植株耐虫能力和消灭越冬虫源。

### 2. 生物防治

稻蓟马的天敌主要有花蝽、微蛛、稻红瓢虫等，要保护天敌，发挥天敌的自然控制作用。

### 3. 化学防治

采取“狠治秧田，巧治大田；主攻若虫，兼治成虫”的防治策略。依据稻蓟马的发生为害规律，防治适期为秧苗四五叶期和稻苗返青期。防治指标为若虫发生盛期，当秧田百株虫量达 200 ~ 300 头或卷叶株率达 10% ~ 20%，水稻本田百株虫量达 300 ~ 500 头或卷叶株率达 20% ~ 30% 时，应进行药剂防治。可亩用 90% 敌百虫晶体 1 000 倍液，或 48% 毒死蜱乳油 80 ~ 100 mL，或 10% 吡虫啉可湿性粉剂 20 g 等药剂，对水 50 kg，田间均匀喷雾，以清晨和傍晚防治效果较好。由于受害水稻生长势弱，适当增施速效肥可帮助其恢复生长，减少损失。

# （一）主要病虫害

## 15. 直纹稻弄蝶（稻苞虫）

### 分布为害

直纹稻弄蝶又名一字纹稻弄蝶、苞叶虫，是水稻上一种食叶害虫。主要以幼虫吐丝黏合数叶至10余叶成苞，苞略呈纺锤形，并蚕食叶片，轻则造成缺刻，重则吃光叶片（图1～图3）。分蘖期受害影响水稻正常生长，抽穗前受害重的可使稻穗卷曲苞内，影响抽穗开花和结实。

图1　直纹稻弄蝶把稻叶吃成缺刻

图2　直纹稻弄蝶卷叶的丝

图3　直纹稻弄蝶卷的苞叶

### 形态特征

成虫：体长16～20 mm，翅展28～40 mm，体及翅均为棕褐色，并有金黄色光泽。前翅有7～8枚排成半环状的白斑，下边一个大。后翅中间具4个半透明白斑，呈直线或近直线排列（直纹稻弄蝶之名即出于此）（图4）。

卵：半球形，直径0.8～0.9 mm，初产时淡绿色，孵化前变

图4　直纹稻弄蝶成虫

褐色至紫褐色，卵顶花冠具 8 ~ 12 瓣。

幼虫：两端细小，中间粗大，略呈纺锤形。末龄幼虫体长 27 ~ 28 mm，体绿色，头黄褐色，中部有“W”形深褐色形纹。背线宽而明显，深绿色（图 5 ~ 图 8）。

蛹：长 22 ~ 25 mm，黄褐色，近圆筒形，头平尾尖。初蛹嫩黄色，后变为淡黄褐色，老熟蛹变为灰黑褐色，第 5、6 腹节腹面中央有 1 个倒八字形纹（图 9 ~ 图 11）。

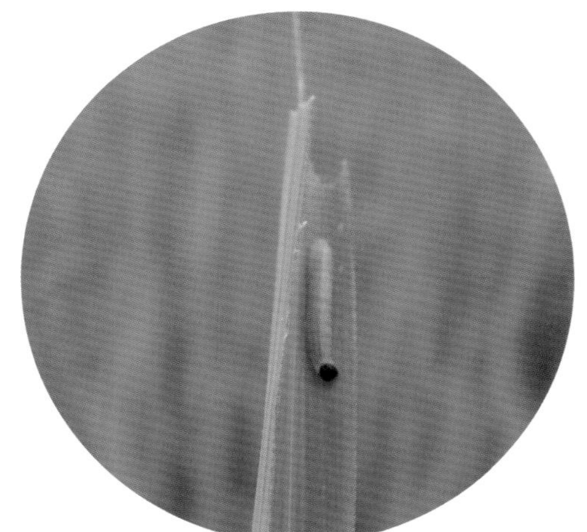

图 5　直纹稻弄蝶低龄幼虫

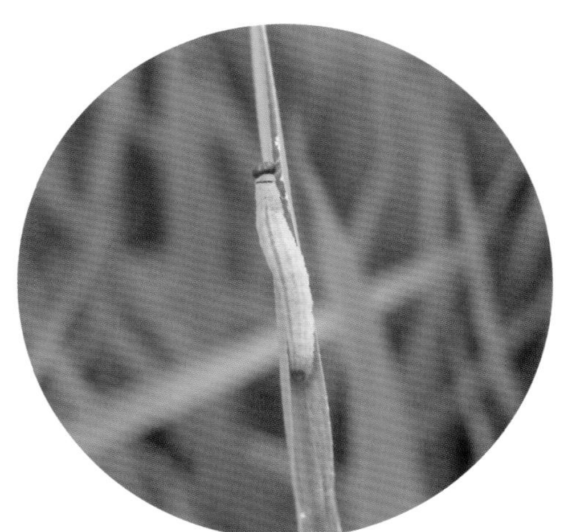

图 6　直纹稻弄蝶大龄幼虫

图 7　卷在苞叶中的直纹稻弄蝶的大龄幼虫

图 8　直纹稻弄蝶老熟幼虫

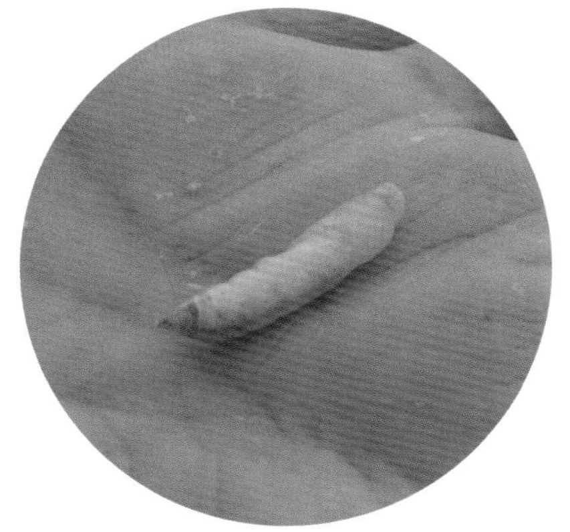

图 9　直纹稻弄蝶初蛹

图 10　稻叶中的直纹稻弄蝶的蛹

图 11　直纹稻弄蝶老熟幼虫及蛹

## 发生规律

直纹稻弄蝶在河南1年发生4 ~ 5代。以老熟幼虫在田边、沟边、塘边等处的芦苇等杂草间，以及茭白、稻桩和再生稻上结苞越冬，越冬场所分散。越冬幼虫翌春小满前化蛹羽化为成虫后，主要在野生寄主上产卵繁殖一代，以后的成虫飞至稻田产卵。以6 ~ 8月发生的二、三代为重害代。成虫夜伏昼出，飞行力极强，需补充营养，嗜食花蜜。有趋绿产卵的习性，喜在生长旺盛、叶色浓绿的稻叶上产卵；卵散产，多产于寄主叶的背面，一般1叶仅有卵1 ~ 2粒；少数产于叶鞘。单雌产卵量平均65 ~ 220粒。初孵幼虫先咬食卵壳，爬至叶尖或叶缘，吐丝缀叶结苞取食，幼虫白天多在苞内，清晨或傍晚，或在阴雨天气时常爬出苞外取食，咬食叶片，不留表皮，大龄幼虫可咬断稻穗小枝梗。3龄后抗药力强。有咬断叶苞坠落，随苞漂流或再择主结苞的习性。田水落干时，幼虫向植株下部老叶转移，灌水后又上移。幼虫共5龄，老熟后，有的在叶上化蛹，有的下移至稻丛基部化蛹。化蛹时，一般先吐丝结薄茧，将腹部两侧的白色蜡质物堵塞于茧的两端，再蜕皮化蛹。山区野生蜜源植物多，有利繁殖；阴雨天，尤其是时晴时雨，有利于大发生。

## 防治措施

**1. 农业防治**

结合冬季积肥，铲除田边、沟边、塘边杂草及茭白残株，减少越冬虫源；幼虫虫量不大或虫龄较高时，可人工剥虫苞、捏死幼虫和蛹，或用拍板、鞋底拍杀幼虫。

**2. 生物防治**

保护利用寄生蜂、蓝蝽等天敌昆虫。

**3. 化学防治**

当百丛水稻有卵80粒或幼虫10 ~ 20头时，在幼虫3龄以前，抓住重点田块进行药剂防治。每亩可用90%晶体敌百虫75 ~ 100 g，或50%杀螟松乳油100 ~ 250 mL等药剂，对水喷雾。

# （一）主要病虫害　16. 中华稻蝗

## 分布为害

中华稻蝗主要为害水稻和禾本科作物及杂草，河南各稻区均有分布，是水稻上的重要害虫。中华稻蝗成、若虫均能取食水稻叶片，造成缺刻（图 1，图 2），严重时稻叶被吃光，也可咬断稻穗和乳熟的谷粒，影响产量。

图 1　中华稻蝗为害的秧苗

图 2　中华稻蝗为害的叶片

## 形态特征

成虫：雌体长 20 ~ 44 mm，雄体长 15 ~ 33 mm；全身黄褐色或黄绿色，头顶两侧在复眼后方各有 1 条暗褐色纵纹，直达前胸背板的后缘。体分头、胸、腹三体部（图 3 ~ 图 5）。

卵：似香蕉形，深黄色，卵成堆，外有卵囊。

若虫：称蝗蝻，体比成虫略小，无翅或仅有翅芽，一般 6 龄（图 6）。

图 3　中华稻蝗成虫

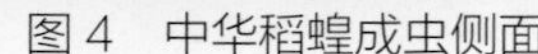
图 4　中华稻蝗成虫侧面

图 5　田间中华稻蝗成虫

图 6　中华稻蝗蝗蝻

## 发生规律

**1. 发生世代和发生时期**

中华稻蝗河南 1 年发生 1 代，以卵在土表层越冬，3 月下旬至清明前孵化，一般 6 月上旬出现成虫。低龄若虫在孵化后有群集生活习性，取食田埂沟边的禾本科杂草，3 龄以后开始分散，迁入秧田食害秧苗，水稻移栽后再由田边逐步向田内扩散，4 龄起食量大增，且能咬茎和谷粒，至成虫时食量最大，扩散到全田为害，7 ~ 8 月当水稻处于拔节孕穗期是稻蝗大量扩散为害期。

**2. 影响其发生的因素**

该虫的发生与稻田生态环境、气候等有密切的关系。田埂边发生重于田中间，因蝗虫多就近取食，且田埂日光充足，有利其活动；老稻区发生重，新稻区发生轻，因老稻田卵块密度大，基数大，田埂湿度大，环境稳定，有利其发生；1 年 1 熟田发生重，两熟田发生轻；冬春气温偏高有利于其越冬卵的成活、孵化和为害。

## 防治措施

**1. 农业防治**

稻蝗喜在田埂、地头、沟渠旁产卵，发生重的地区组织人力冬春铲除田埂草皮，破坏越冬场所。

**2. 生物防治**

放鸭啄食及保护和利用青蛙、蟾蜍等天敌，可有效抑制该虫发生。

**3. 化学防治**

抓住 3 龄前稻蝗群集在田埂、地边、渠旁取食杂草嫩叶的特点，突击防治，当进入 3 ~ 4 龄后常转入大田，当百株有虫 10 头以上时，每亩应及时喷洒 70% 吡虫啉可湿性粉剂 2 g+2.5% 溴氰菊酯乳油 25 mL，或 25% 噻虫嗪水分散粒剂 4 ~ 6 g，或 2.5% 溴氰菊酯乳油 20 ~ 30 mL 等药剂，对水 50 kg 喷雾，均能取得良好防效。

# （二）次要病虫害　17. 稻赤枯病

图 1　缺钾型水稻赤枯病病叶，自叶尖沿叶缘向基部扩展

图 2　缺钾型水稻赤枯病病叶，产生赤褐色条斑

图 3　缺磷型水稻赤枯病，叶部中肋黄化片

# （二）次要病虫害　18. 稻干尖线虫病

图 1　水稻干尖线虫病大田为害状

图 2　水稻干尖线虫病病叶

## （二）次要病虫害　19. 稻谷枯病

图 1　水稻谷枯病初期症状

图 2　水稻谷枯病后期症状

图 3　水稻收获时谷枯病症状

## （二）次要病虫害　20. 稻旱青立病

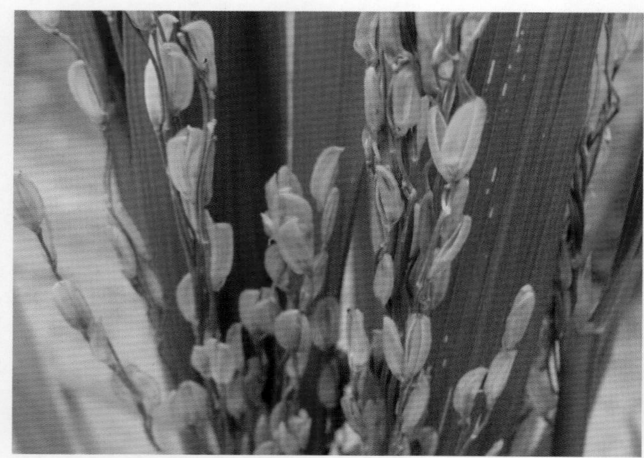
图 1　水稻旱青立病稻粒

图 2　水稻旱青立病稻穗

# （二）次要病虫害　21. 稻鞘腐病

水稻鞘腐病稻株

# （二）次要病虫害　22. 稻苗疫霉病

图 1　水稻苗疫霉病稻叶

图 2　水稻苗疫霉病叶上白色霉层

## （二）次要病虫害　23. 稻立枯病

水稻立枯病田间症状

## （二）次要病虫害　24. 稻粒黑粉病

水稻粒黑粉病病穗

# （二）次要病虫害　25. 蚜虫

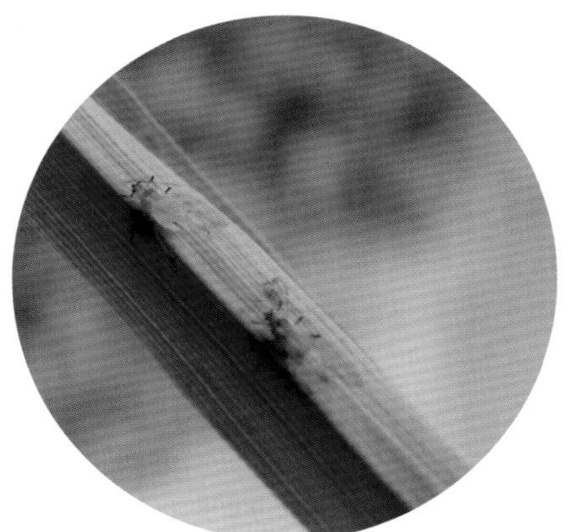
图 1　蚜虫

图 2　蚜虫在水稻上刺吸为害造成的白斑点

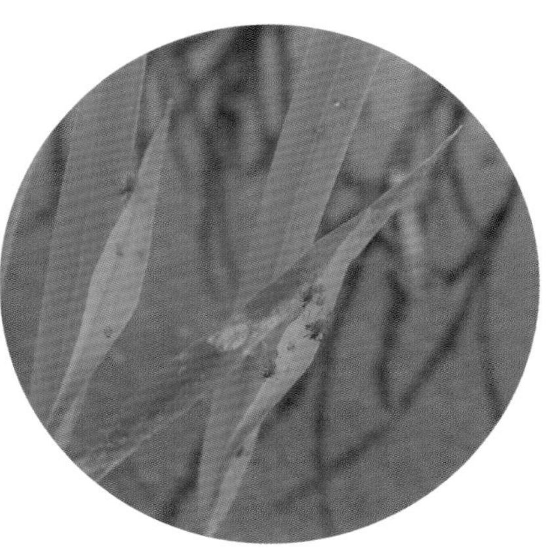
图 3　蚜虫在水稻上为害

# （二）次要病虫害　26. 稻绿蝽

图 1　稻绿蝽低龄若虫

图 2　稻绿蝽 5 龄若虫

图 3　稻绿蝽成虫

## （二）次要病虫害

## 27. 稻褐蝽

稻褐蝽成虫

（二）次要病虫害

## 28. 稻棘缘蝽

图 1　稻棘缘蝽成虫

图 2　稻棘缘蝽成虫为害稻穗

# （二）次要病虫害　29. 稻黑蝽

稻黑蝽成虫

# （二）次要病虫害　30. 黑尾叶蝉

黑尾叶蝉成虫

## （二）次要病虫害 31. 稻象甲

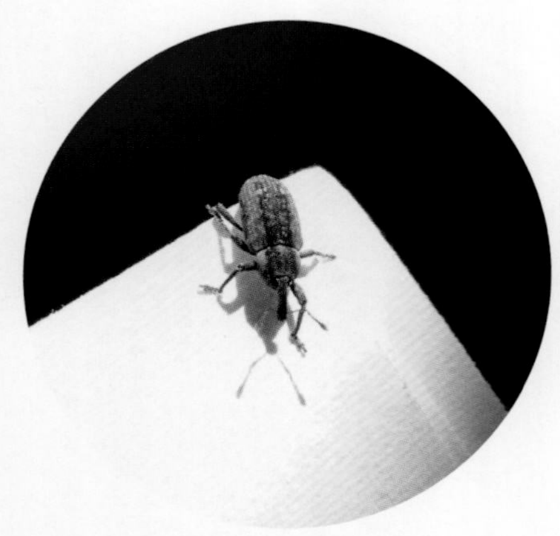
图 1　稻象甲成虫

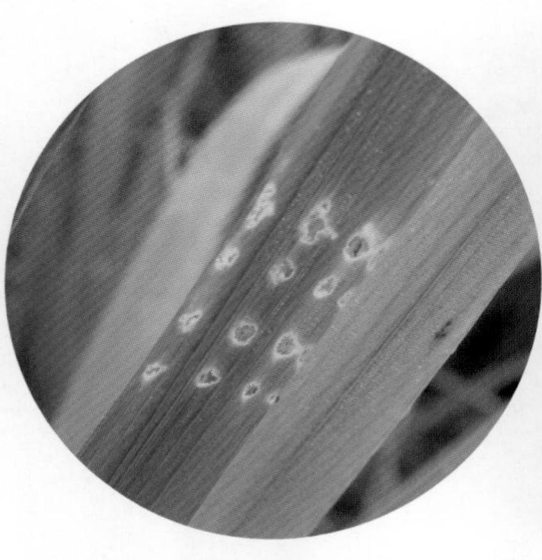
图 2　稻象甲为害稻叶造成的整齐的孔洞

图 3　稻象甲田间为害状

## （二）次要病虫害 32. 稻赤斑黑沫蝉

图 1　稻赤斑黑沫蝉成虫

图 2　稻赤斑黑沫蝉为害造成土红色棱形斑

# （二）次要病虫害　33. 棉铃虫

棉铃虫幼虫为害水稻

# （二）次要病虫害　34. 稻眼蝶

稻眼蝶成虫

# （二）次要病虫害

## 35. 白苞螟

稻白苞螟成虫

# 四、大豆病虫害

# （一）主要病虫害

## 1. 大豆根腐病

### 分布为害

大豆根腐病广泛分布于河南省大豆种植区，是一种为害严重、病原菌种类多，而且防治较困难的世界性土传病害。大豆受害后，一般减产 5% ~ 10%，严重的可达 50% 以上，甚至绝产，是影响大豆生产的主要病害之一（图 1）。

图 1　大豆根腐病，大田为害状

### 症状特征

大豆根腐病由多种病原真菌引起。镰刀菌为主要致病菌，根部从根尖开始变色，呈水浸状，主根下半部先出现褐色条斑，以后逐渐扩大，表皮及皮层变黑腐烂，严重时主根下半部烂掉；叶片由下而上逐渐变黄，植株矮化，结荚少，严重时植株死亡。丝核菌引起的症状，自种子出芽即可发病，引起烂种，出苗几天后出现立枯病症状，幼苗茎基部及地表下的根部出现坏死斑，病斑开始为褐色、暗褐色或红色，以后病斑扩大引起绕茎（图 2），茎

图 2　大豆根腐病，茎部病斑绕茎症状

及主根髓部变色，病株生长减弱，生长中期出现猝倒或死亡，病株结荚少。

立枯丝核菌还可引起大豆根部产生褐色至红褐色病斑，病斑呈不规则形，常连片形成，病斑凹陷；在潮湿条件下，病部表皮出现白色至粉红色霉层，部分病株还产生红色子囊壳；病株下部叶片叶脉间褪绿、发黄、干枯，并逐渐向上蔓延，生长停止，随后枯死。

## 发生规律

大豆根腐病在大豆种子萌发以后即可发生，根和靠近根表的茎是主要的侵染部位，侵入方式是伤口、自然孔口和直接侵入三种，直接侵入的较少。土温 18℃左右，土壤适湿或稍干燥长期保持下，病菌的致病力最强，植株的发病程度也最严重。重茬、迎茬、多施氮肥、土壤黏重，平作比垅作发病重，大豆根潜蝇为害与根腐病发生成高度正相关。

## 防治措施

**1. 农业防治**

选用抗耐病品种；及时清除田间病残体，控制侵染源；合理轮作，避免重茬、迎茬；适当晚播，控制播深，实行深沟高畦栽培；增施磷肥或有机肥，合理中耕、深松培土，改善土壤通气条件，及时排除田间积水。

**2. 化学防治**

播种前，按种子重量选用 4% ～ 5% 的 30% 多·福·克悬浮种衣剂，或 1.7% ～ 2% 的 13% 甲霜·多菌灵悬浮种衣剂，或 0.6% ～ 0.8% 的 2.5% 咯菌腈悬浮种衣剂，或 1% ～ 1.3% 的 35.5% 阿维·多·福悬浮种衣剂进行种子包衣，或用 2% 宁南霉素水剂 500 mL 均匀拌 50 kg 种子，然后堆闷阴干即可播种。发病地块，可用 70% 甲基硫菌灵可湿性粉剂 1 000 倍液，或 50% 多菌灵可湿性粉剂 800 ～ 1 000 倍液，或 20% 龙克菌悬浮剂 500 ～ 600 倍液，或 4% 农抗 120 水剂 150 ～ 300 倍液灌根。

# （一）主要病虫害

## 2. 大豆立枯病

### 分布为害

大豆立枯病俗称“死棵”“猝倒”“黑根病”，在河南省各大豆种植区均有发生。该病的发生与为害情况因地区和年份有很大不同，病害严重年份，轻病田死株率在 5% ~ 10%，重病田死株率达 30% 以上，个别田块甚至全部死光，造成绝产（图 1）。

图 1　大豆立枯病，病株枯死症状

### 症状特征

该病主要为害幼苗或幼株，幼苗或幼株主根及近地面茎基部出现红褐色稍凹陷的病斑，皮层开裂呈溃疡状。幼苗受害严重时，茎基部变褐缢缩折倒而枯死。幼株受害往往表现为植株变黄，生长缓慢，植株矮小，茎基部呈红褐色，皮层开裂呈溃疡状（图 2）。

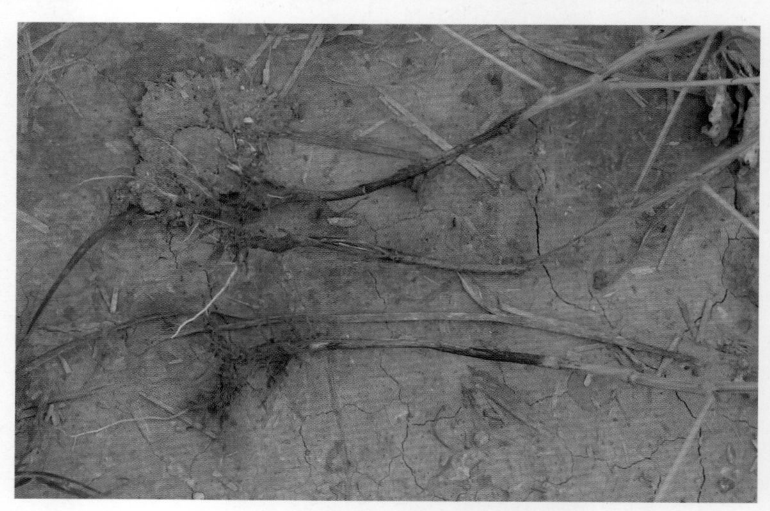

图 2　大豆立枯病，茎基部溃疡状病斑

## 发生规律

病菌以菌丝体和菌核在土壤中越冬，成为翌年的初侵染源。该病为土壤习居菌引起的土传病害，病菌直接入侵大豆初生根系或次生根系，或由伤口侵入，引起发病后，病部长出菌丝继续向四周扩展，也有的形成籽实体，产生担孢子在夜间飞散，落到植株叶片上以后，产生病斑。苗期遇低温和雨水大时易于发病。地势低洼排水不良或土壤黏重的地块发病重。重茬地和高粱茬地发病重。地下害虫多、土质瘠薄、缺肥和大豆长势差的田块发病重。

## 防治措施

**1. 农业防治**

与禾本科作物实行 3 年以上轮作；避免在低洼地种植大豆，或加强排水排涝，防止地表湿度过大；合理密植，勤中耕除草，改善田间通风透光性；收获后及时清除田间遗留的病株残体，并深翻土地。

**2. 调节土壤酸碱度**

施用石灰调节土壤酸碱度，使之呈微碱性，用量每亩 50 ～ 100 kg。

**3. 化学防治**

播种前进行种子消毒或药剂拌种，可选用 50% 多菌灵可湿性粉剂或 50% 甲基硫菌灵可湿性粉剂按种子重量 0.5% ～ 0.6% 的用量拌种，或用 70% 噁霉灵种子处理干粉剂按种子重量的 0.1% ～ 0.2% 拌种。发病初期喷洒 70% 乙磷・锰锌可湿性粉剂 500 倍液，或 58% 甲霜灵・锰锌可湿性粉剂 500 倍液，或 64% 杀毒矾可湿性粉剂 500 倍液，或 18% 甲霜胺・锰锌可湿粉 600 倍液，或 69% 安克锰锌可湿性粉剂 1 000 倍液，间隔 10 d 左右喷洒 1 次，连续防治 2 ～ 3 次。

# （一）主要病虫害

## 3. 大豆病毒病

### 分布为害

大豆病毒病是由多种病毒单一或复合侵染的一类系统性病害。主要包括大豆花叶病、大豆芽枯病等。广泛分布于河南省大豆种植区。其中大豆花叶病发生普遍，占大豆病毒病 80% 以上，可造成减产 40%。

### 症状特征

大豆病毒病的症状因病毒种类（特别是复合侵染的病毒种类）、大豆品种、侵染时期及环境条件不同而比较多样。主要症状有：

（1）轻花叶型：叶片生长基本正常，叶上出现轻微淡黄绿相间斑驳，对光观察尤为明显，通常后期病株或抗病品种多表现此症状（图 1）。

（2）重花叶型：病叶呈黄绿相间斑驳，皱缩严重，叶脉变褐弯曲，叶肉呈泡状凸起，叶缘下卷，后期导致叶脉坏死，植株明显矮化（图 2）。

图 1　大豆病毒病，轻花叶型

图 2　大豆病毒病，重花叶型

（3）皱缩花叶型：症状介于轻、重花叶型之间，病叶出现黄绿相间花叶，沿中叶脉呈泡状凸起，叶片皱缩呈歪扭不整形（图 3）。

（4）黄斑型：轻花叶型与皱缩花叶型混生，出现黄斑坏死，表现为叶片皱缩褪色为黄色斑驳，叶片密生坏死褐色小点，或生出不规则的黄色大斑块，叶脉变褐坏死（图 4）。

往往表现植株叶片由下而上萎蔫发黄，植株逐渐枯萎死亡（图 3），剖视茎秆可见髓部维管束变褐坏死。豆荚受害多从基部开始，病斑呈水渍状，逐渐扩展到整个豆荚，最后整个豆荚变褐干枯。病荚中的豆粒也可受到侵染，豆粒表面无光泽，淡褐色至黑褐色，皱缩干瘪，部分种子表皮皱缩后呈网纹状，豆粒变小。大豆植株各部位受大豆疫霉侵染发病后，通常伴随腐生菌二次侵染而呈褐色或黑褐色腐烂，并产生大量籽实体，不但加重大豆发病，而且容易导致误诊。该病同枯萎病不易区分。

图 3　大豆疫病为害叶片下垂凋萎、植株枯死症状

## 发生规律

大豆疫霉是典型的土壤真菌，只能以抗逆性很强的卵孢子随病残体在土壤中或混在种子中的土壤颗粒中越冬，成为翌年的初侵染源。带有病菌的土粒被风雨吹溅到大豆上能引致初侵染，积水土中的游动孢子遇上大豆根以后，先形成休止孢子，后萌发侵入，产生菌丝在寄主细胞间蔓延，形成球状或指状吸器汲取营养，同时还可形成大量卵孢子。土壤中或病残体上卵孢子可存活多年。卵孢子经 30 d 休眠才能发芽。湿度高或多雨天气、土壤黏重，易发病。重茬地发病重。

## 防治措施

### 1. 实施检疫

我国已将该病列为全国农业植物检疫对象和进境植物检疫一类危险性有害生物，应严格执行植物检疫规定，禁止种植带菌种子。

### 2. 农业防治

应用抗病和耐病品种；加强田间管理，适时中耕培土，收获后及时深翻土地；避免在低洼土地种植大豆，加强排水排涝，降低土壤湿度，减轻发病；与禾本科作物实行 3 年以上轮作。

### 3. 化学防治

播种时沟施甲霜灵颗粒剂，可防止根部侵染；播种前用种子重量 0.3% 的 35% 甲霜灵种子处理干粉剂拌种，或用 2% 宁南霉素水剂 500 mL 拌 50 kg 大豆种子，堆闷阴干后播种。必要时可采用化学药剂喷洒或浇灌防治，有效药剂有 25% 甲霜灵可湿性粉剂 800 倍液，或 58% 甲霜 · 锰锌可湿性粉剂 600 倍液，或 64% 噁霜 · 锰锌可湿性粉剂 900 倍液，或 72% 霜脲 · 锰锌可湿性粉剂 700 倍液，或 69% 烯酰 · 锰锌可湿性粉剂 900 倍液。

# （一）主要病虫害

## 5. 大豆灰星病

### 分布为害

大豆灰星病在河南省各大豆种植区都有发生，发病严重时引起落叶，植株焦枯死亡。

### 症状特征

该病主要为害叶片，也可为害叶柄、茎和荚。叶片上病斑圆形、卵圆形或不规则形，直径 2 ~ 5 mm，初为淡褐色，有极细的暗褐色边缘，后期病斑呈灰白色，有时破裂穿孔，病斑上有明显的小黑点（分生孢子器）（图 1）。豆荚上病斑圆形，有淡红色边缘，病荚里的种子亦可受害。叶柄和茎上病斑长形，淡灰色或黄褐色，有淡紫色或褐色边缘。

图 1　大豆灰星病，叶片症状

### 发生规律

病菌以子囊孢子和分生孢子器在大豆叶片等病株残体上越冬，成为翌年的初侵染源。来年环境适合，病斑上产生分生孢子，借风、雨传播进行多次再侵染。在冷凉、湿润的气候条件下，发病重，可引起早期落叶。

### 防治措施

**1. 农业防治**

选用抗病品种；精选无病种子，淘汰病粒；秋收后及时清除田间的病株残体并深翻土地，减少菌源；实行 3 年以上轮作。

**2. 化学防治**

于发病初期喷施 75% 百菌清可湿性粉剂 700 倍液，或 36% 甲基硫菌灵悬浮剂 500 倍液，或 50% 多菌灵可湿性粉剂 800 倍液等。

# （一）主要病虫害　6. 大豆茎枯病

## 分布为害

大豆茎枯病主要发生于大豆生长的中后期，对植株生育无明显影响。河南省部分豆田有发生。

## 症状特征

该病主要为害茎部。受害茎上初期生长椭圆形灰褐色病斑，以后逐渐扩大呈一块块黑色长条斑，上面密生小黑点（分生孢子器）（图 1）。该病初发生于茎下部，渐蔓延到茎上部，落叶后收获前植株茎上症状最为明显易于识别。

图 1　大豆茎枯病，茎秆上黑色长条斑及密生的黑色小点症状

## 发生规律

病菌以分生孢子器在病残体上越冬，成为翌年初侵染源。翌年遇适宜的温、湿度条件，分生孢子器释放分生孢子，借风雨传播侵染发病。该菌寄生性较弱，一般在植株长势弱或接近成熟时开始发病。

## 防治措施

本病主要采用农业措施防治。选种抗耐病的品种；大豆收获后及时清除田间病株残体，秋翻土地，减少菌源；实行轮作，减轻发病。

# （一）主要病虫害

## 7. 大豆枯萎病

### 分布为害

大豆枯萎病是世界性发生的病害，曾造成59%的产量损失。该病在河南省零星发生，但为害很大，常造成植株死亡。近年在局部地区发生趋重。

### 症状特征

图1　大豆枯萎病，病株黄化萎蔫

大豆枯萎病是系统性侵染整株性发生病害。发病植株生长矮小，染病初期叶片由下向上逐渐变黄至黄褐色萎蔫。幼苗发病后先萎蔫，茎软化，叶片褪绿或卷缩，呈青枯状，不脱落，叶柄也不下垂；病根发育不健全，幼株根系腐烂坏死，呈褐色并扩展至地上3～5节。成株期发病，病株叶片先从上往下萎蔫黄化枯死，一侧或侧枝先黄化萎蔫再累及全株（图1）；病根褐色至深褐色呈干枯状坏死；剖开病部根系，可见维管束变为褐色；病茎明显缢缩，有褐色坏死斑，病健部分明，在病健部结合处髓腔中可见到约0.5 cm宽的粉红色菌丝，病健结合处以上部分呈褐色水渍状。后期在病株茎的基部产生白色絮状菌丝和粉红色胶状物，即病原菌丝和分生孢子。病茎部维管束变为褐色，木质部及髓腔不变色（图2，图3）。

图 2　大豆枯萎病，病根、茎症状

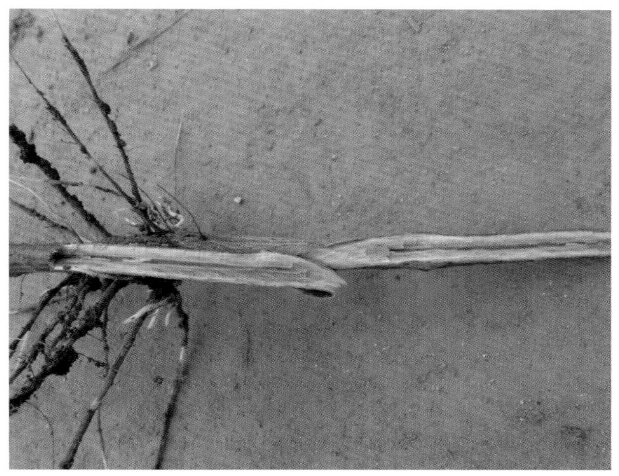

图 3　大豆枯萎病，茎部维管束褐变剖面症状

## 发生规律

该病为典型的土传病害，病菌由根部侵入导致整株发病。病菌以菌丝体、分生孢子和厚垣孢子随病残体在土壤中营腐生生活越冬，成为翌年的初侵染菌源。病菌通过幼根伤口侵入根部，然后进入导管系统，随蒸腾液流在导管内扩散，菌丝体充满木质导管或产生毒素，导致植株萎蔫枯死。在田间借灌溉水、昆虫或雨水溅射传播蔓延。高温高湿条件易发病。连作地、土质黏重、根系发育不良植株发病重。此外，大豆孢囊线虫密度高、根结线虫发生重的地块，枯萎病发生也较重。

## 防治措施

**1. 农业防治**

因地制宜选用抗枯萎病的品种；施用酵素菌沤制的堆肥或充分腐熟的有机肥，减少化肥施用量；闲耕时，田间覆盖塑料薄膜，利用热力进行土壤消毒；发现病株，及时拔除，带出田外销毁。

**2. 化学防治**

处理种子是防治大豆枯萎病的主要措施，可用种子重量 1.2% ～ 1.5% 的 35% 多 · 福 · 克悬浮种衣剂，或种子重量 0.2% ～ 0.3% 的 2.5% 咯菌腈悬浮种衣剂，或种子重量 1.3% 的 2% 宁南霉素水剂拌种。发病初期，可用 70% 甲基硫菌灵可湿性粉剂 800 倍液，或 50% 多菌灵可湿性粉剂 500 倍液，或 10% 混合氨基酸铜络合物水剂 300 倍液，或 50% 琥胶肥酸铜可湿性粉剂 500 倍液淋穴，每穴喷淋药液 300 ～ 500 mL，间隔 7 d 喷淋 1 次，共防治 2 ～ 3 次。

# （一）主要病虫害

# 8. 大豆褐斑病

## 分布为害

大豆褐斑病在河南省各豆区普遍发生，主要为害叶片，造成叶片层层脱落，可致大豆减产 8% ~ 15%。

## 症状特征

该病主要为害叶片，多从植株基部叶片开始发病，逐渐向上扩展。子叶上病斑圆形，黄褐色，略凹陷，后期病斑干枯，上生微小黑点（分生孢子器）。成株期叶片上病斑受叶脉所限呈多角形，直径 1 ~ 5 mm，最初为黄褐色，以后逐渐变为褐色至黑褐色，后期病斑中央变为灰褐色，上面产生许多小黑点。病害严重时叶片上病斑愈合成大斑块，致使病叶干枯，叶片自下而上逐渐脱落（图 1）。叶柄和茎受到为害时，产生暗褐色短条状边缘不清晰的病斑。荚上的病斑为不规则褐色斑点。

图 1 大豆褐斑病，叶片症状

## 发生规律

病菌以分生孢子器或菌丝体在大豆病叶、病荚等病残体或种子上越冬，成为翌年的初侵染源。种子带菌引致幼苗子叶发病。在病残体上越冬的病菌释放出分生孢子，借风、雨传播，先侵染植株底部叶片引起发病，然后进行重复侵染向上部叶片蔓延。侵染叶片的温度范围为 16 ~ 32℃，28℃最适，潜育期 10 ~ 12 d。温暖潮湿天气有利于侵染发病，夜间多雾和结露持续时间长发病重。密植的大豆田发病重。

## 防治措施

**1. 农业防治**

选用抗病品种；实行 3 年以上轮作；收获后及时清除田间病株残体并深翻土地，减少菌源。

**2. 化学防治**

于发病初期喷洒 75%百菌清可湿性粉剂 600 倍液，或 50%琥胶肥酸铜可湿性粉剂 500 倍液，或 14%络氨铜水剂 300 倍液，或 77%氢氧化铜可湿性粉剂 500 倍液，或 12%松脂酸铜乳油 600 倍液，或 30%碱式硫酸铜悬浮剂 300 倍液，间隔 10 d 左右防治 1 次，防治 1 ~ 2 次。

# （一）主要病虫害

## 9. 大豆细菌斑点病

### 分布为害

大豆细菌斑点病在河南省各大豆种植区均有发生。发病重时可造成叶片提早脱落而减产。

### 症状特征

该病主要为害大豆叶片，也可为害幼苗、叶柄、茎、豆荚及豆粒。幼苗染病，子叶生半圆形或近圆形褐色斑。叶片病斑初期呈褪绿小斑点，半透明水浸状，渐变为黄色至淡褐色，扩大后呈多角形或不规则形，直径 3 ～ 4 mm，病斑中间深褐色至黑褐色，外围具一圈窄的褪绿晕环。植株受害严重时，病斑密布叶片，病斑融合后成枯死斑块，病斑中央常破裂脱落（图1）。湿度大时，叶上病斑背面常溢出白色菌脓。叶柄及茎部染病，病斑初呈暗褐色水渍状长条形，扩展后为不规则状，稍凹陷。荚上病斑初为红褐色小点，后变黑褐色，多集中于豆荚合缝处。种子上病斑呈不规则形，褐色，上覆一层细菌菌脓。

图 1　大豆细菌斑点病，叶片症状

### 发生规律

病菌在种子上或病残体上越冬，成为翌年的初侵染源。病菌在未腐烂的病叶中可存活 1 年，在土壤中不能永久存活。播种带菌种子，出苗后即可发病，成为该病扩展中心，后病菌借风雨传播蔓延。多雨、低温的天气利于发病，尤其是暴风雨后，叶面伤口多，有利病菌侵入，发病重。

### 防治措施

1. 农业防治

选用抗病品种；选用健康种子，汰除病粒；与禾本科作物实行 3 年以上轮作；施用充分腐熟的有机肥；收获后及时清除田间病株残体并深翻土地，减少菌源。

2. 化学防治

播种前按种子重量用 0.3% 的 50% 福美双可湿性粉剂，或 0.5% ～ 1% 的 20% 噻菌铜悬浮剂进行拌种。发病初期喷洒 30% 碱式硫酸铜悬浮剂 400 倍液，或 72% 农用链霉素可湿性粉剂 3 000 ～ 4 000 倍液，或 72% 新植霉素 3 000 ～ 4 000 倍液，或 30% 琥胶肥酸铜悬浮剂 500 倍液，或 20% 噻菌铜悬浮剂 500 倍液，或 15% 络铵铜水剂 500 倍液，视病情防治 1 ～ 2 次。

# （一）主要病虫害

## 10. 大豆紫斑病

### 分布为害

大豆紫斑病在河南省部分大豆种植区有零星发生。该病为害的主要症状特点是形成紫斑病粒，病粒多龟裂、瘪小，丧失生活力，严重影响籽粒质量，但对产量影响不明显。感病品种的紫斑病粒率为 15% ~ 20%，严重时在 50% 以上。

### 症状特征

该病主要为害豆荚和豆粒，也可侵染叶和茎。苗期染病，子叶上产生褐色至赤褐色圆形斑，云纹状。真叶染病初生紫色圆形小点，散生，扩展后形成多角形褐色或浅灰色斑（图 1）。茎秆染病形成长条状或梭形红褐色斑，严重的整个茎秆变成黑紫色，上生稀疏的灰黑色霉层（图 2）。豆荚受害形成圆形或不规则形病斑，病斑较大，灰黑色，边缘不明显，干后变黑，病荚内层生不规则形紫色斑，内浅外深。豆粒受害，仅在种皮表现症状，不深入内部，病斑形状不定，大小不一，症状因品种及发病时期不同而有较大差异，多呈紫色，有的呈青黑色，在脐部四周形成浅紫色斑块，严重的整个豆粒变为紫色，有的龟裂。

图 1　大豆紫斑病，叶片症状

图 2　大豆紫斑病，茎部黑紫色病斑症状

## 发生规律

病菌以菌丝体潜伏在种皮内或以菌丝体和分生孢子在病残体上越冬，成为翌年的初侵染源。如播种带菌种子，病菌从种皮扩展到子叶，引起子叶发病并产生大量的分生孢子，然后借风雨传播到叶片、豆荚和籽粒上进行再侵染。大豆开花和结荚期多雨、气温偏高，发病重。连作地及早熟品种发病重。

## 防治措施

**1. 农业防治**

选用抗病品种，一般抗病毒的品种比较抗紫斑病；大豆收获后及时清除病残体并进行秋耕，减少初侵染源；严格精选种子，汰除病粒。

**2. 化学防治**

播种前，用 50% 福美双可湿性粉剂按种子重量 0.3% 的用量拌种，或用 80% 乙蒜素乳油 5 000 倍液浸种。开花始期、蕾期、结荚期、嫩荚期各喷 1 次 30%碱式硫酸铜悬浮剂 400 倍液，或 50% 多·霉威可湿性粉剂 1 000 倍液，或 80% 乙蒜素乳油 1 000 ~ 1 500 倍液，或 50% 苯菌灵可湿性粉剂 1 500 倍液，或 36% 甲基硫菌灵悬浮剂 500 倍液。

# （一）主要病虫害

## 11. 大豆黑斑病

### 分布为害

大豆黑斑病在河南省西部山区大豆种植田有发生。该病常发生于大豆生育后期，对产量影响很小。

### 症状特征

该病原菌主要为害叶片和豆荚。叶片染病，一般病斑呈不规则形，直径 5 ~ 10 mm，褐色，具同心轮纹，上生黑色霉层（分生孢子梗和分生孢子）（图 1）。荚上生圆形或不规则形黑斑，其上密生黑色霉层。荚皮破裂后侵染豆粒受害。

图 1　大豆黑斑病，叶片症状

### 发生规律

病原物多为链格孢属病菌，以菌丝体或分生孢子在大豆病叶、病荚等病残体上越冬，成为翌年的初侵染源。病菌在田间借风雨传播，进行再侵染。高温多湿天气有利发病。此菌还可侵染芹菜、甘蓝、莴苣、萝卜等多种作物，其寄主范围很广。

### 防治措施

**1. 农业防治**

大豆收获后及时清除病株残体并深翻土地，减少初侵染源。

**2. 化学防治**

发病严重的地块，在发病初期选用 75% 百菌清可湿性粉剂 600 倍液，或 58% 甲霜 · 锰锌可湿性粉剂 500 倍液，或 25% 丙环唑乳油 2 000 ~ 3 000 倍液，或 64% 噁霜 · 锰锌可湿性粉剂 500 倍液均匀喷雾，视病情间隔 7 ~ 10 d 喷施 1 次，连防 2 ~ 3 次。

# （一）主要病虫害　12. 大豆霜霉病

## 分布为害

大豆霜霉病在河南省部分大豆种植区零星发生。该病可引起叶片早落或凋萎，种子受害霉变，一般发病田可减产 6% ~ 15%，种子受害率 10% 左右，重发病田减产 30% ~ 50%。

## 症状特征

大豆霜霉病主要为害幼苗或成株叶片、豆荚及豆粒。种子带菌可引起幼苗发生系统侵染，但子叶不表现症状，从第 1 对真叶基部出现褪绿斑块，沿主脉、侧脉扩展，造成全叶褪绿，以后全株的叶片均可显症。花期前后雨多或湿度大，病斑背面生灰色霉层，病叶转黄变褐而干枯。成株期叶片表面生圆形或不规则形病斑，黄绿色，边缘不清晰（图 1），后变褐色，叶片背面生灰白色至淡紫色霉层（图 2，图 3）。发病严重时，多个病斑汇合成大的斑块，使病叶干枯。豆荚染病外部症状不明显，但荚内常出现黄色霉层，即病菌菌丝和卵孢子，受害豆粒发白无光泽，表面附一层黄白色或灰白色粉末状霉层。

图 1　大豆霜霉病，叶片正面症状

图 2　大豆霜霉病，叶片背面症状

图 3　大豆霜霉病，叶片背面病斑上灰白色粉末状物放大

## 发生规律

病菌以卵孢子在种子上或病残体上越冬，成为翌年的初侵染源，其中种子上附着的卵孢子是最主要初侵染源，病残体上的卵孢子侵染机会少。卵孢子随种子发芽而萌发，产生游动孢子，从寄主胚轴侵入，进入生长点，向全株蔓延成为系统侵染病害，病苗则成为田间再侵染源。病菌在田间主要借风雨传播。播种后低温多湿有利于侵染，豆株以展叶 5 ~ 6 d 时最易感病，8 d 已有抗病力。多雨年份发病严重。品种间抗性差异大。

## 防治措施

**1. 农业防治**

选育和利用抗病品种；选用健康无病种子，严格清除病粒；增施磷、钾肥，提高植株抗病能力；实行 3 年以上轮作；及时铲除病苗，减少初侵染源。

**2. 化学防治**

播种前用种子重量 0.3% 的 90% 三乙膦酸铝可溶粉剂或 35% 甲霜灵种子处理干粉剂拌种。发病初期开始喷洒 40% 百菌清悬浮剂 600 倍液，或 25% 甲霜灵可湿性粉剂 800 倍液，或 58% 甲霜・锰锌可湿性粉剂 600 倍液。对上述杀菌剂产生抗药性的地区，可改用 69% 烯酰・锰锌可湿性粉剂 900 ~ 1 000 倍液，或 50% 嘧菌酯水分散粒剂 2 000 ~ 2 500 倍液。

# （一）主要病虫害　13. 大豆炭疽病

## 分布为害

大豆炭疽病普遍发生于河南省各大豆种植区，严重发生时减产 50%以上。

## 症状特征

该病主要为害茎秆和豆荚，也可为害幼苗和叶片。种子带菌可引起出苗前或出苗后发生腐烂或猝倒症状，可侵染子叶产生暗褐色凹陷溃疡斑，病斑可扩展至整个子叶。气候潮湿时，子叶上的溃疡斑呈水浸状，子叶很快萎蔫、脱落。子叶上的病菌可从子叶扩展到叶柄和叶片上，引起叶柄发生溃疡，叶片上发病可产生边缘深褐色、内部浅褐色的不规则形病斑，病斑上生粗糙刺毛状黑点，即分生孢子盘（图 1）。茎秆上病斑为椭圆形或不规则形，初生红褐色，渐变褐色，最后变灰色，其上

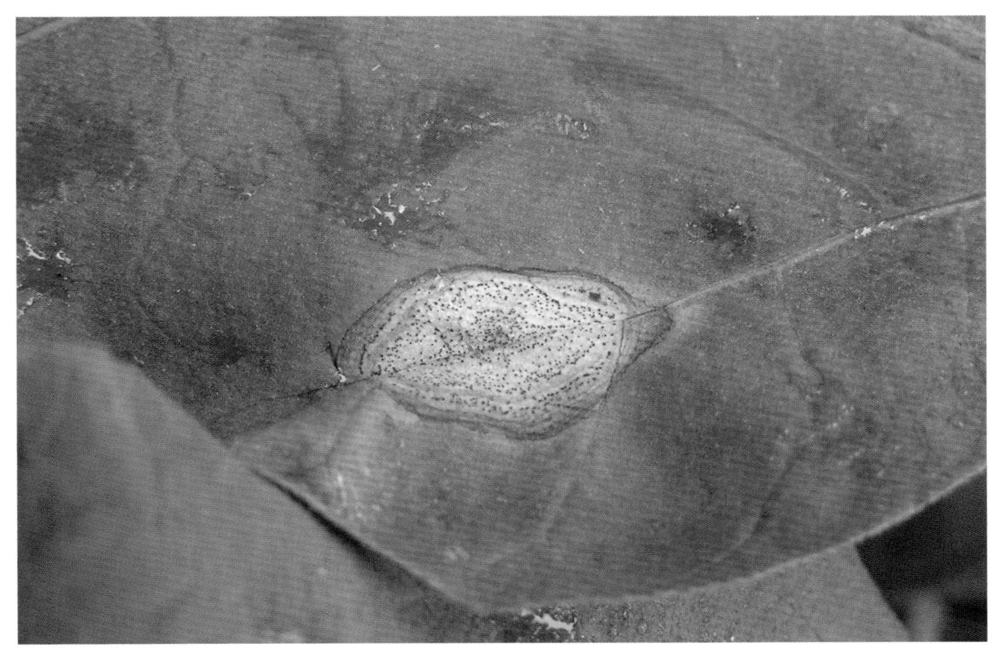

图 1　大豆炭疽病，叶片症状

密布不规则排列的小黑点。豆荚上病斑圆形或不规则形，红褐色，后变为灰褐色，有时呈溃疡状，略凹陷，其上密生略呈轮纹状排列的小黑点。植株受害严重时，病荚不能结实或荚内种子发霉，豆粒呈暗褐色皱缩干瘪。

## 发生规律

病菌以菌丝体或分生孢子盘在病株或病种上越冬，成为翌年的初侵染源。种子带菌或大豆苗期遇低温，大豆发芽出土慢，容易引起幼苗发病。大豆各生育期都可感病，但在开花至鼓豆期最易感病。高温多雨的年份，发病重。

## 防治措施

**1. 农业防治**

选用抗病品种及无病种子；收获后及时清除病残体、深翻，减少越冬菌源；实行 3 年以上轮作；合理密植，避免施氮肥过多，提高植株抗病力；勤除田间杂草，及时中耕培土；雨后及时排除积水，降低田间湿度。

**2. 化学防治**

播种前用种子重量 0.4% 的 50% 多菌灵可湿性粉剂或 50% 异菌脲可湿性粉剂拌种，拌后闷种 3 ～ 4 h，也可以用种子重量 0.3% 的 10% 福美 · 拌种灵悬浮种衣剂包衣。在大豆开花后，可选用 75% 百菌清可湿性粉剂 800 倍液，或 50% 多菌灵可湿性粉剂 600 倍液，或 25% 溴菌腈可湿性粉剂 500 倍液，或 47% 春雷 · 王铜可湿性粉剂 600 倍液，或 50% 咪鲜胺可湿性粉剂 1 000 倍液喷洒，每隔 10 d 喷施 1 次，视病情连喷 2 ～ 3 次。

# （一）主要病虫害　14. 大豆根结线虫病

## 分布为害

大豆根结线虫病在河南省早有发生，该病是由多种根结线虫侵染引起的，为害严重时可减产30% ~ 90%。

## 症状特征

大豆根结线虫病为土传病害，主要为害大豆根部。豆根受线虫刺激，形成节状瘤，病瘤大小不等，形状不一，有的小如米粒，有的形成“根结团”，表面粗糙，瘤内生有线虫（图 1）。受害植株表现矮小、叶片黄化，严重时植株萎蔫枯死，田间成片黄黄绿绿，参差不齐。

图 1　大豆根结线虫病，根部症状

## 发生规律

大豆根结线虫以幼虫和卵在根结（根瘿）中或散落在土壤和粪肥中越冬，也可混生在土粒中的种子中越冬，成为翌年的初侵染源，其中带虫土壤是主要初侵染源。翌年气温回升，单细胞的卵孵化形成1龄幼虫，蜕一次皮形成2龄幼虫出壳，进入土内活动，在根尖处侵入寄主，头插入维管束的筛管中吸食，刺激根细胞分裂膨大，幼虫蜕皮形成豆荚形3龄幼虫及葫芦形4龄幼虫，经最后一次蜕皮性成熟成为雌成虫，阴门露出根结产卵，形成卵囊团，随根结逸散入土中，通过农机具、人畜作业以及水流、风吹等随土粒传播。该虫营孤雌生殖，一般认为雄虫作用不大。根结线虫在土壤内垂直分布可达80 cm深，但80%线虫在40 cm土层内。连作大豆田发病重。偏酸或中性土壤有利于线虫发育。沙质土壤、瘠薄地块线虫病发生重。

## 防治措施

**1. 农业防治**

因地制宜选用、轮换使用抗线虫病品种；与禾本科作物轮作3年以上；增施粪肥，特别是鸡粪可以促使大豆生长，防病增产作用明显。

**2. 化学防治**

亩用3%克线磷颗粒剂或3%氯唑磷颗粒剂5 kg拌土后穴施，或在播种前用种子重量2% ~ 2.5%的25%多·福·克悬浮种衣剂或1% ~ 1.2%的35.6%阿维·多·福悬浮种衣剂进行种子包衣。虫量较大地块，每亩用3%克百威颗粒剂或10%涕灭威颗粒剂2 ~ 4 kg，进行土壤处理。

# （一）主要病虫害

## 15. 豆蚜

### 分布为害

河南省各大豆种植区均有发生。除为害大豆，还为害野生大豆、鼠李、圆叶鼠李等。成蚜、若蚜集中在豆株的顶部嫩叶、嫩茎上刺吸汁液，严重时布满整个植株的茎、叶和荚（图 1 ~ 图 3），造成大豆茎叶卷缩，根系发育不良，分枝结荚减少。苗期发生严重时可致整株枯死。轻者减产 20% ~ 30%，重者可减产 50% 以上。此外还可传播大豆花叶病毒病。

图 1　大豆茎秆被害状

图 2　大豆叶片被害状

图 3　大豆豆荚被害状

### 形态特征

本病具有多型多态现象。

有翅孤雌蚜：长椭圆形，体长 1 ~ 1.6 mm，头、胸黑色，腹部黄绿色。触角 6 节，与体等长，第 6 节鞭状部长于基部 4 倍；腹管圆筒形，黑色，基部比端部粗 2 倍，上有瓦片状纹；尾片黑色，圆锥形，具长毛 7 ~ 10 根；臀板末端钝圆，多细毛。

无翅孤雌蚜：与有翅孤雌蚜相似，无翅，黄白色。触角 5 节，短于体长。腹管黑色，圆筒形，基部稍宽，有瓦片状纹（图 4）。

图 4　大豆蚜无翅孤雌蚜

雌性蚜：形态与无翅孤雌蚜相似，但行有性繁殖。

雄蚜：有翅，体狭长，腹部瘦小弯曲，外生殖器明显，有抱器一对和阳具。

卵：长椭圆形，初产时黄色，渐变为绿色，最后变为光亮的黑色。

若蚜：形态似成虫，无翅（图 5）。

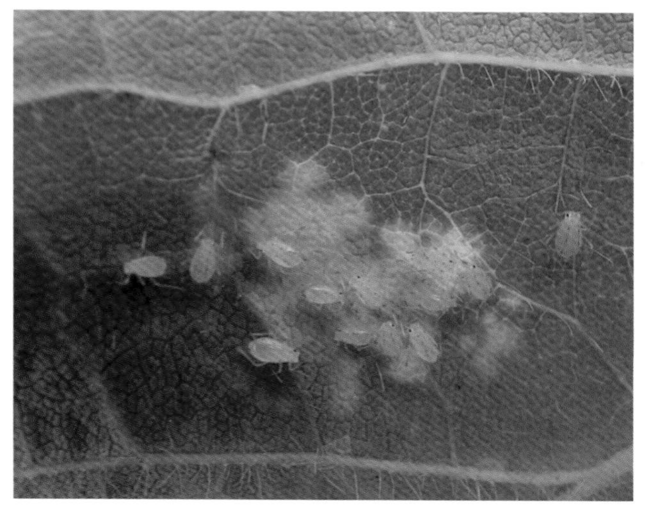

图 5　大豆蚜若蚜

## 发生规律

河南 1 年发生约 20 代，以卵在鼠李和圆叶鼠李枝条上芽侧或缝隙中越冬。翌年春，鼠李芽鳞转绿到芽开绽，日均温高于 10℃以上时，越冬卵孵化为干母（无翅孤雌蚜），孤雌胎生繁殖 1 ～ 2 代后，产生有翅孤雌蚜迁飞至大豆田，孤雌繁殖为害大豆幼苗。6 月下旬至 7 月中旬进入为害盛期，多集中在植株顶梢和嫩叶上取食汁液。8 月后由于气温和营养条件逐渐对蚜虫不利，蚜量随之减少。9 月初气温下降，开始产生有翅母蚜迁回鼠李上，产生能产卵的无翅雌蚜与从大豆田迁飞来的有翅雄蚜交配，又把卵产在鼠李上越冬。6 月下旬至 7 月上旬，旬均温 22 ～ 25℃，相对湿度低于 78%，有利其大发生。

## 防治措施

**1. 农业防治**

因地制宜选用优良抗蚜品种；及时铲除田边、沟边、塘边杂草，减少虫源。

**2. 物理防治**

利用银灰色膜避蚜和黄板诱杀蚜虫。

**3. 生物防治**

保护和利用瓢虫、草蛉、食蚜蝇、小花蝽、蚜小蜂、烟蚜茧蜂、菜蚜茧蜂、草间小黑蛛等天敌控制蚜虫。

**4. 化学防治**

当田间卷叶株率达 5% ～ 10%，或有蚜株率达 20% ～ 30%，或百株蚜量 1 000 头以上，气候适宜，天敌较少不能控制时，应开展药剂防治。每亩用 30% 甲氰 · 氧乐果乳油 30 ～ 40 mL，或 20% 氰戊菊酯乳油 10 ～ 20 g，或 4% 高氯 · 吡虫啉乳油 30 ～ 40 g，或 50% 抗蚜威水分散粒剂 10 ～ 15 g，对水 40 ～ 50 kg 均匀喷雾；也可选用 20% 哒嗪硫磷乳油 800 倍液喷雾防治。

# （一）主要病虫害

## 16. 豆天蛾

### 分布为害

在河南省各大豆种植区均有发生。主要寄主植物有大豆、绿豆、豇豆和刺槐等。以幼虫取食大豆叶片，低龄幼虫吃成网孔和缺刻（图 1），高龄幼虫大发生时，可将豆株吃成光秆，使之不能结荚，局部甚至可暴发成灾。

图 1　豆天蛾，幼虫为害豆叶成网状和缺刻状

### 形态特征

图 2　豆天蛾成虫

成虫：体长 40 ～ 45 mm，翅展 100 ～ 120 mm。体、翅黄褐色，有的略带绿色。头、胸背面有暗紫色纵线，腹部背面各节后缘有棕黑色横纹。前翅狭长，有 6 条浓色的波状横纹，近顶角有 1 个三角形褐色斑。后翅小，暗褐色，基部和后角附近黄褐色（图 2）。

卵：椭圆形或球形，初产黄白色，孵化前变褐色（图 3）。

图 3　豆天蛾卵

幼虫：5 龄老熟幼虫体长约 90 mm，黄绿色，体表密生黄色小突起。腹部每节两侧各有 7 条向背面后方倾斜的黄白色斜线。臀背具尾角 1 个，短而向下弯曲（图 4 ～图 6）。

蛹：长约 50 mm，红褐色。头部口器突出，略呈钩状，腹末臀棘三角形。

图 4　豆天蛾幼虫　　图 5　豆天蛾幼虫蜕皮　　图 6　豆天蛾幼虫腹面

## 发生规律

河南 1 年发生 1 代，以老熟幼虫在 9 ～ 12 cm 土层越冬，越冬场所多在豆田及其附近土堆边、田埂等向阳地。一般在 6 月中旬当表土温度达 24℃左右时化蛹，蛹期 10 ～ 15 d，7 月上旬为羽化盛期。成虫昼伏夜出，白天栖息于生长茂盛的作物茎秆中部，傍晚开始活动，飞翔力强，可做远距离高飞，有喜食花蜜的习性，对黑光灯有较强的趋性。7 月中下旬至 8 月上旬为产卵盛期，卵多散产于豆株叶背面，少数产在叶正面和茎秆上，每叶一粒或多粒，每头雌虫平均产卵 350 粒，卵期 6 ～ 8 d。7 月下旬至 8 月下旬为幼虫发生盛期，幼虫共 5 龄，初孵幼虫有背光性，3 龄后因食量增大有转株为害习性。9 月上旬幼虫老熟入土越冬。豆天蛾在化蛹和羽化期间，如果雨水适中，分布均匀，发生就重；雨水过多，则发生期推迟；天气干旱不利于豆天蛾的发生。植株生长茂密，地势低洼，土壤肥沃的淤地发生较重。大豆品种不同受害程度有异，以早熟、秆叶柔软、蛋白质和脂肪含量高的品种受害较重。

## 防治措施

### 1. 农业防治

选种成熟晚、秆硬、皮厚、抗涝性强的抗虫品种；水旱轮作，尽量避免豆科植物连作；及时秋耕、冬灌，降低越冬基数。

### 2. 物理防治

利用成虫较强的趋光性，设置黑光灯、杀虫灯诱杀成虫。

### 3. 生物防治

用杀螟杆菌或青虫菌（每克含孢子量 80 亿 ～ 100 亿）500 ～ 700 倍液，每亩用菌液 50 kg。保护利用赤眼蜂、寄生蝇、草蛉、瓢虫等天敌。

### 4. 化学防治

幼虫 3 龄前喷药防治。可选用 90% 晶体敌百虫 800 ～ 1 000 倍液，或 45% 马拉硫磷乳油 1 000 ～ 1500 倍液，或 5% 丁烯氟虫腈悬浮剂 3 000 倍液，或 20% 杀灭菊酯乳油 2 000 倍液，或 16 000 IU/mg 苏云金杆菌可湿性粉剂 300 ～ 500 倍液，均匀喷雾。

# （一）主要病虫害

# 17. 豆秆黑潜蝇

## 分布为害

河南省部分大豆种植区零星发生。主要为害大豆，还为害绿豆、赤豆、四季豆、豇豆、毛豆（青大豆）等豆科植物，在白菜、菜心、芥蓝等蔬菜作物上也可发生为害。幼虫在作物主茎、侧枝和叶柄内钻蛀为害（图 1），形成隧道，影响水分、养分的输导，使受害作物叶片黄化，植株矮小，严重时枯死。苗期受害，多造成根茎部肿大，叶柄表面褐色，全株铁锈色，比健株显著矮化，重者茎中空，叶脱落，以致死亡（图 2，图 3）。成株期受害则造成豆荚减少，秕粒增多，对作物产量、品质影响极大。

图 1　豆秆黑潜蝇蛀孔

图 2　豆秆黑潜蝇为害，顶芽枯死

图 3　豆秆黑潜蝇为害，茎秆中空

## 形态特征

成虫：体长 2.5 mm 左右，黑色，腹部有蓝绿色光泽。复眼暗红色；触角 3 节，第 3 节钝圆，其背面中央生有 1 根长于触角 3 倍的触角芒。前翅膜质透明，有淡紫色金属光泽，亚前缘脉发达，平衡棍全黑色。

卵：椭圆形，初呈乳白色稍透明，渐变为淡黄色。

幼虫：蛆形，体长 2.4 ~ 2.6 mm，淡黄白色或粉红色。口钩黑色，第 1 腹节上生有 1 对很小的前气门，第 8 腹节有 1 对淡灰棕色后气门（图 4）。

蛹：长筒形，黄棕色，半透明（图 5）。

图 4　豆秆黑潜蝇幼虫及排泄物

图 5　豆秆黑潜蝇在茎部化蛹症状

## 发生规律

河南 1 年发生 4 ~ 5 代，以蛹在大豆或其他寄主根茬和茎秆中越冬。翌年 6 月上中旬羽化、产卵。成虫飞翔力弱，多集中在豆株上部叶面活动，常以腹末端刺破豆叶表皮，吸食汁液，致使叶面呈白色斑点的小伤孔。卵多散产于大豆上部叶背表皮下。初孵幼虫在叶内蛀食，形成弯曲透明的隧道，再经叶脉、叶柄蛀食髓部和木质部。老熟幼虫先向茎外蛀一羽化孔，后在孔口附近化蛹。6 ~ 7 月降水较多有利于其发生。寄生蜂对此虫有较大抑制作用。

## 防治措施

### 1. 农业防治

作物收获后及时处理秸秆和根茬，减少越冬虫源；发生严重田块，换种芝麻或玉米等其他作物 1 年，可降低为害程度。

### 2. 化学防治

成虫盛发期至幼虫蛀食之前，可采用 48% 毒死蜱乳油 1 000 倍液喷雾，或 75% 灭蝇胺可湿性粉剂 5 000 倍液，或 5% 丁烯氟虫腈悬浮剂 1 500 倍液，或 5% 氟虫脲可分散液剂乳油 1 000 ~ 1 500 倍液，均匀喷雾，间隔 6 ~ 7 d 再喷 1 次。豆株苗期是防治重点。

# （一）主要病虫害

## 18. 大豆食心虫

### 分布为害

河南省各大豆种植区均有发生。食性单一，主要为害大豆，也取食野生大豆和苦参。幼虫蛀入豆荚咬食豆粒成破瓣，豆荚内充满虫粪，降低产量和品质（图 1，图 2）。一般发生年份，虫食率为 10% 左右，严重时达 30% ～ 40%，甚至高达 70% ～ 80%，是我省大豆产区主要害虫之一。

图 1　大豆食心虫为害，豆荚蛀孔及枯死荚

图 2　大豆食心虫幼虫为害豆粒及虫粪

### 形态特征

成虫：体长 5 ～ 6 mm，翅展 12 ～ 14 mm，黄褐色至暗灰色。前翅略呈长方形，沿翅前缘约有 10 条紫色短斜纹，翅外缘臀角上方有一银灰色椭圆形斑，内有 3 条紫褐色小横纹。腹部纺锤形，黑褐色。

卵：椭圆形，初呈白色，渐变为橙黄色，表面有光泽。

幼虫：共 5 龄。初孵时黄白色，后变为淡黄色或橙黄色，老熟时红色，头及前胸背板黄褐色，体长 8 ～ 10 mm（图 3）。

蛹：长纺锤形，长约 6 mm，黄褐色。土茧长椭圆形。

图 3　大豆食心虫幼虫

## 发生规律

河南1年发生1代，以老熟幼虫在土中结茧越冬。翌年7月下旬开始破茧化蛹，7月底至8月初为化蛹盛期，8月上中旬为羽化盛期，8月下旬为产卵盛期，8月底至9月初进入孵化盛期，幼虫在豆荚内为害20～30 d老熟，9月中旬至10月上旬陆续脱荚入土越冬。成虫产卵于大豆嫩荚上，每荚1粒。幼虫孵化后多从豆荚边缘合缝附近蛀入，先吐丝结成细长形薄白丝网，在其中咬食荚皮穿孔进入荚内为害。大豆收割前后，老熟幼虫在豆荚边缘穿孔脱荚，入土越冬。雨量多、土壤湿度大，有利于化蛹、成虫羽化和幼虫脱荚入土。少雨干旱对其发生不利。大豆连作受害重，轮作发生轻。低洼地比平地、岗地发生重，旱年尤为明显。

## 防治措施

**1. 农业防治**

选用抗虫或耐虫品种；合理轮作，尽量避免重茬，实行远距离大区域轮作，水旱轮作效果更好；及时收割运出并清理田间落荚枯叶，进行秋翻秋耙，破坏食心虫越冬场所。

**2. 生物防治**

在成虫产卵期释放赤眼蜂；在老熟幼虫入土前，用白僵菌防治脱荚幼虫。

**3. 化学防治**

8月上中旬成虫初盛期每亩用80%敌敌畏乳油100～150 mL，用高粱秆或玉米秆切成20 cm长，吸足药液制成药棒40～50根，熏蒸防治成虫。在卵孵化盛期，用2.5%高效氯氟氰菊酯乳油1 500倍液，或30%甲氰·氧乐果乳油2 000倍液，或亩用50%氯氰·毒死蜱乳油60～100 mL，或2.5%溴氰菊酯乳油15～20 mL，对水40～50 kg，喷雾防治。施药时间以上午为宜，重点喷洒植株上部。

# （一）主要病虫害

## 19. 豆荚螟

### 分布为害

河南省各地均有分布。除为害大豆，还为害豌豆、扁豆、豇豆、菜豆、四季豆、蚕豆等多种豆科植物。幼虫食害豆叶、花及豆荚，常卷叶为害或蛀入荚内取食幼嫩豆粒，严重时吃空整个豆粒，是大豆重要害虫之一（图 1）。

图 1　豆荚螟幼虫吃空整个豆粒

### 形态特征

成虫：体长 10 ~ 12 mm，翅展 20 ~ 24 mm，暗黄褐色。前翅狭长，沿前缘有 1 条白色纵带，近翅基 1/3 处有 1 条黄褐色宽横带；后翅黄白色，沿外缘褐色（图 2）。

卵：椭圆形，初产时乳白，渐变为红色，孵化前呈浅菊黄色，表面密布不明显的网状纹。

幼虫：共 5 龄，老熟幼虫体长约 18 mm，体黄绿色，头部及前胸背板褐色。背面紫红色，腹面绿色，前胸背板上有“人”字形黑斑，两侧各有 1 个黑斑。后缘中央也有 2 个小黑斑（图 3）。

蛹：黄褐色，长 9 ~ 10 mm，腹端尖细，并有 6 个细钩。蛹外包有白色丝质的椭圆形茧，外附有土粒。

图 2　豆荚螟成虫

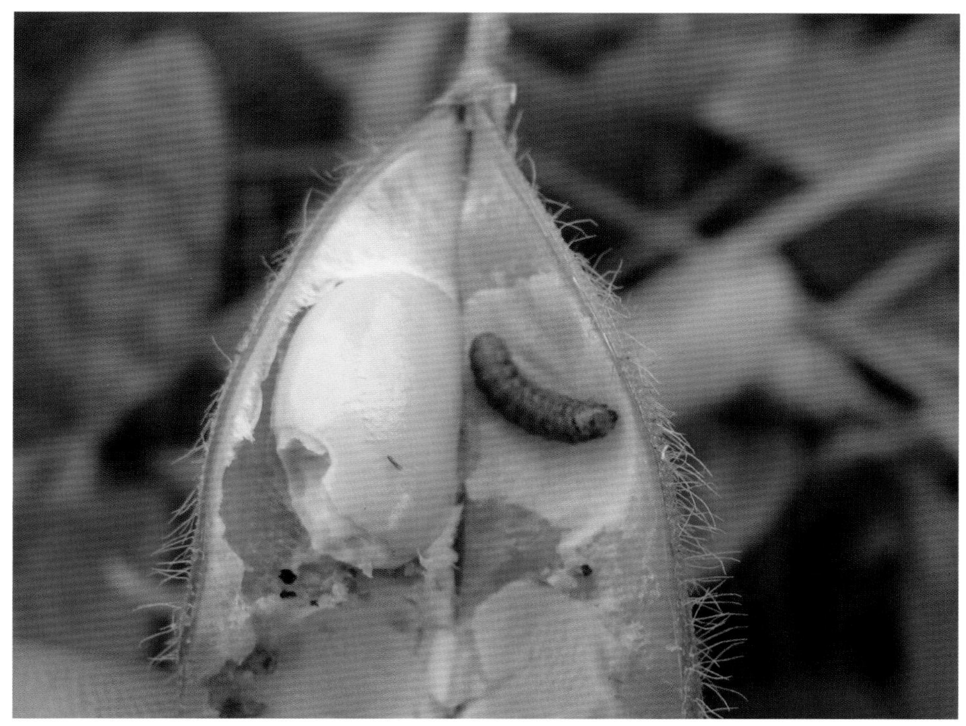

图3　豆荚螟幼虫

## 发生规律

河南1年发生4～5代，以老熟幼虫在大豆及晒场周围土中越冬。4月下旬至6月成虫羽化。成虫昼伏夜出，趋光性弱，飞翔力也不强。卵主要产在豆荚上。幼虫孵化后先在豆荚上做一丝茧，由茧内蛀入荚中食害豆粒。2～3龄幼虫有转荚为害习性，幼虫老熟后离荚入土，结茧化蛹。

## 防治措施

**1. 农业防治**

选种早熟丰产、结荚期短、少毛或无毛的品种；与非豆科作物轮作；及时翻耕整地或除草松土，杀死越冬幼虫和蛹。

**2. 生物防治**

成虫产卵盛期释放赤眼蜂。

**3. 化学防治**

成虫盛发期和卵孵化盛期，可亩用20%氯虫苯甲酰胺悬浮剂10 mL，对水40～50 kg喷雾，或选用90%晶体敌百虫800～1 000倍液，或50%杀螟硫磷乳油1 000倍液，或2.5%溴氰菊酯乳油3 000倍液，或20%氰戊菊酯乳油2 000～3 000倍液喷雾防治，连喷1～2次。

# （一）主要病虫害

## 20. 豇豆荚螟

### 分布为害

豇豆荚螟又名豆野螟、大豆螟蛾。分布在河南省各地。为害大豆（毛豆）、豇豆、菜豆、扁豆、四季豆、豌豆、蚕豆等多种豆科植物。幼虫食害叶片、嫩茎、花蕾、嫩荚。低龄幼虫钻入花蕾为害，引起花蕾和幼荚脱落；3 龄幼虫蛀入嫩荚内取食豆粒。蛀孔外堆积绿色粪粒，严重影响产量和品质。

### 形态特征

成虫：体长约 13 mm，翅展 24 ~ 26 mm，暗黄褐色。前、后翅均有紫色闪光，前翅中室端部有 1 个白色透明带状斑，中室内和中室下各有 1 个白色透明小斑；后翅外缘黄褐色，其余部分白色半透明，内有 3 条暗棕色波状纹（图 1）。

卵：椭圆形，淡绿色，表面有六角形网状纹。

幼虫：老熟幼虫体长约 18 mm，黄绿色，头部黄褐色，前胸背板黑褐色，中、后胸背板各有毛片 2 排，前排 4 个，各生 2 根刚毛，后排 2 个，无刚毛；腹部各节背面具同样毛片 6 个，但各自只生 1 根刚毛。腹足趾钩双序缺环（图 2）。

蛹：近纺锤形，黄褐色，腹末有 6 根钩刺。

图 1　豇豆荚螟成虫

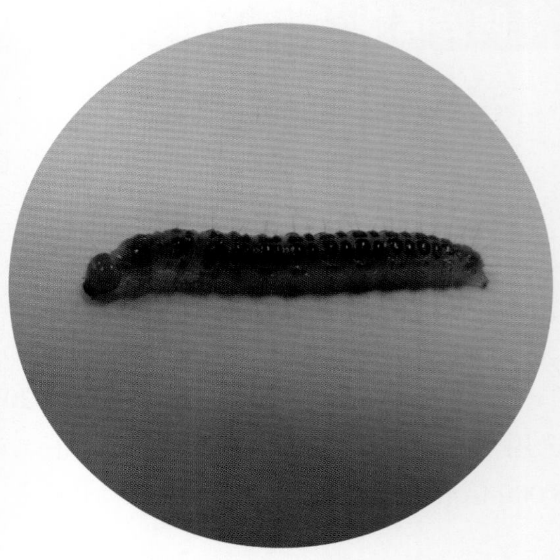

图 2　豇豆荚螟幼虫

## 发生规律

河南 1 年发生 4 ～ 5 代，以蛹在土中越冬。6 月中下旬出现成虫，6 ～ 10 月为幼虫为害期。成虫昼伏夜出，有趋光性，卵散产于嫩夹、花蕾或叶柄上，卵期 2 ～ 3 d。幼虫共 5 龄，初孵幼虫蛀食嫩荚和花蕾，造成蕾荚脱落，3 龄后蛀入荚内食害豆粒。幼虫亦常吐丝缀叶为害，老熟幼虫在叶背主脉两侧做茧化蛹，亦可吐丝下落土表和落叶中结茧化蛹。豇豆荚螟最适发育温度是 28℃，相对湿度是 80% ～ 85%。6 ～ 8 月雨水多，发生重；开花结荚期与成虫产卵期吻合，为害重。

## 防治措施

**1. 农业防治**

及时清除田间落花、落荚，并摘去被害带虫部分，减少虫源。

**2. 生物防治**

释放赤眼蜂、小茧蜂。

**3. 物理防治**

利用黑光灯、杀虫灯诱杀成虫。

**4. 化学防治**

从现蕾开始，抓住卵孵化高峰期施药，可亩用 10% 溴氰虫酰胺可分散油悬浮剂 15 mL，对水 40 ～ 50 kg 喷雾；或选用 20% 三唑磷乳油 700 倍液，或 5% 氟虫腈悬浮剂 2 500 倍液，或 2.5% 三氟氯氰菊酯乳油 3 000 倍液，或 2.5% 溴氰菊酯乳油 3 000 倍液喷雾防治，间隔 7 ～ 10 d 喷 1 次。

# （一）主要病虫害

## 21. 豆蚀叶野螟

### 分布为害

豆蚀叶野螟又称豆卷叶螟、大豆卷叶虫。河南省各大豆种植区均有分布。主要为害大豆、豇豆、豌豆等豆科植物。幼虫为害叶片时，常吐丝把两叶粘在一起，躲在其中咬食叶肉，残留表皮、叶脉和叶柄（图 1，图 2）。后期蛀食豆荚或豆粒。

图 1　豆蚀叶野螟吐丝粘连叶片症状

图 2　豆蚀叶野螟为害叶片残留表皮、叶脉症状

### 形态特征

成虫：体长约 10 mm，翅展 18 ~ 23 mm，黄褐色。前翅内横线、外横线、外缘线黑褐色波浪状，内横线外侧具黑色点 1 个；后翅有 2 条黑褐色波状线，展开时与前翅内、外横线相连，外缘黑色（图 3）。

图 3　豆蚀叶野螟成虫

卵：椭圆形，浅绿色，数十粒卵排列成鱼鳞状。

幼虫：老熟幼虫体长 15 ~ 17 mm，头、前胸背板淡黄色，前胸两侧各有 1 块黑斑，胴部（胸、腹部）浅绿色，沿各节亚背线、气门上、下线和基线上均有小黑纹（图 4）。

蛹：红褐色，外被薄茧。茧长 17 mm 左右，薄丝质，白色。

图 4　豆蚀叶野螟幼虫

## 发生规律

河南 1 年发生 3 ~ 4 代。以老熟幼虫或蛹在枯叶里或土下越冬。越冬代成虫多于翌年 4 月中旬至 5 月中下旬羽化，个别延续到 6 月初羽化。6 ~ 9 月田间可见各种虫态。成虫白天潜伏叶背，夜间活动交配，有趋光性。卵多产在叶背面。初孵幼虫先在叶背取食，后吐丝卷折豆叶蚕食，后期亦可蛀食豆荚、豆粒。幼虫比较活泼，受惊后迅速倒退逃逸，老熟后在卷叶里做茧化蛹，亦可落地在落叶中化蛹。

## 防治措施

**1. 农业防治**

结合田间管理摘除卷叶，带出田外集中销毁，减少虫源。

**2. 物理防治**

利用黑光灯、杀虫灯诱杀成虫。

**3. 生物防治**

保护利用天敌广黑点瘤姬蜂。

**4. 化学防治**

卵孵化盛期，用 5% 氟虫腈悬浮剂 2 500 倍液，或 52.25% 氯氰·毒死蜱乳油 2 500 倍液，或 2.5% 溴氰菊酯乳油 3 000 倍液，或 10% 顺式氯氰菊酯乳油 3 000 倍液，或 48% 毒死蜱乳油 1 000 倍液喷雾防治。

# （一）主要病虫害

## 22. 豆卷叶野螟

### 分布为害

河南省各大豆种植区均有分布。除为害大豆，还为害豇豆、绿豆、赤豆、菜豆、苧麻等。初孵幼虫取食叶肉，3 龄后将叶片横卷成筒状，潜伏其中啃食，有时数叶卷在一起（图 1，图 2）。大豆开花结荚期受害最重，常导致落花、落荚。

图 1　豆卷叶野螟将叶片横卷成筒状为害状

图 2　豆卷叶野螟将 2 片豆叶卷在一起为害状

### 形态特征

成虫：体长约 12 mm，翅展 25 ~ 27 mm，头黄白色稍带褐色，头顶部密生黄白色长鳞毛。前、后翅淡黄色，前翅内横线、外横线淡褐色，波浪形，外缘淡褐色，中室内有 2 个褐色斑；后翅外横线淡褐色，波浪形。

卵：椭圆形，黄白色渐变深，常两粒在一起。

幼虫：初孵时黄白色，取食后，头及身体呈绿色。低龄幼虫上颚黑褐色，单眼区黑色，中胸、后胸各具毛片 4 个，排列成一横行，腹部背面有 2 排毛片，前排 4 个，中间 2 个略大，毛片上生较长的刚毛。老熟幼虫体色变淡（图 3）。

图 3　豆卷叶野螟幼虫

蛹：褐色，长 15 mm，腹部 5 ～ 7 节背面有 4 个突起，尾端臀棘上有 4 个钩状刺（图 4）。

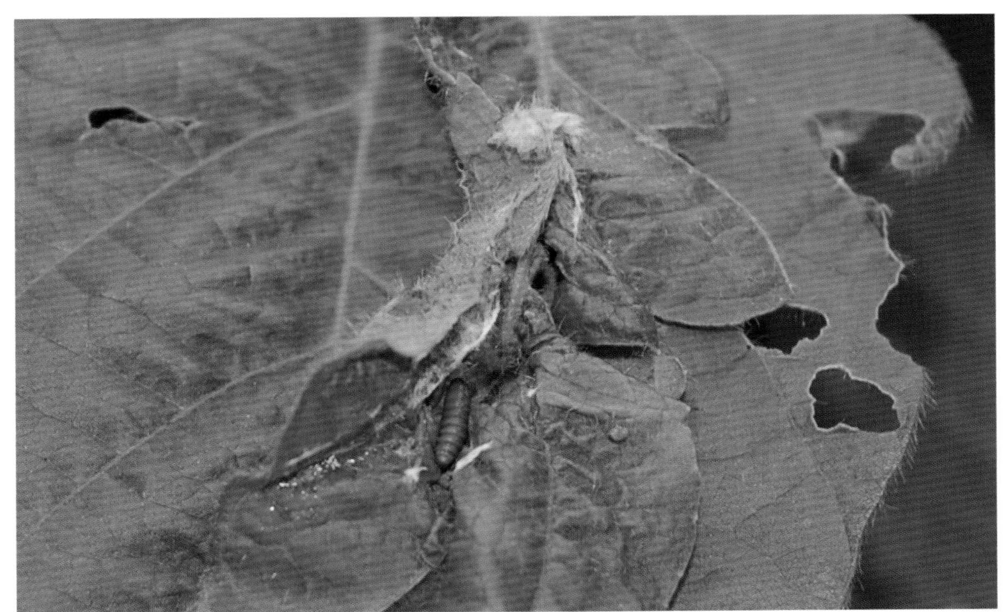

图 4　豆卷叶野螟蛹

## 发生规律

河南 1 年发生 2 代，以 3 ～ 4 龄幼虫在大豆卷叶里吐丝结茧越冬。6 月下旬至 7 月上旬为越冬代成虫盛发期，7 月中旬至 8 月上旬为幼虫盛发期，8 月中下旬为化蛹盛期。8 月下旬至 9 月上旬为一代成虫羽化和二代卵盛期，9 月中下旬 3 ～ 4 龄幼虫开始越冬。成虫有趋光性，喜在傍晚活动、取食花蜜及交配，卵多产在生长茂盛、成熟晚、叶宽圆的品种上。幼虫老熟后做一新的虫苞在卷叶内化蛹。多雨湿润气候适宜发生，干旱年份发生较少。

## 防治措施

### 1. 农业防治

清除田间残枝落叶，消灭越冬虫源。

### 2. 物理防治

利用黑光灯、杀虫灯诱杀成虫。

### 3. 生物防治

保护利用寄生蜂、线虫、白僵菌等。

### 4. 化学防治

卵孵化盛期喷洒 50% 敌敌畏乳油 1 000 倍液，或 2.5% 溴氰菊酯乳油 2 500 倍液，或 20% 杀灭菊酯乳油 3 500 倍液，或 10% 氯氰菊酯乳油 3 000 倍液。

# （一）主要病虫害

## 23. 茶翅蝽

### 分布为害

河南省部分大豆种植田有分布。除为害大豆外，还为害梨、苹果、山楂、榆树、菜豆、油菜等果树及部分林木和农作物等。以成虫、若虫为害叶片、梢和果实。

### 形态特征

成虫：体长 15 mm 左右，宽约 8 mm，体扁平，茶褐色，前胸背板、小盾片和前翅革质部有黑色刻点，前胸背板前缘横列 4 个黄褐色小点，小盾片基部横列 5 个小黄点，两侧斑点明显（图 1，图 2）。

图 1　茶翅蝽成虫

图 2　茶翅蝽交尾

卵：短圆筒形，直径 1 mm 左右，常 20 ~ 30 粒并排在一起，灰白色。有假卵盖，中央微隆。

若虫：分 5 龄，初孵若虫近圆形，体为淡黄褐色或红褐色，头部黑色。2 龄褐色，胸腹背面有黑斑，腹部背面中央有 2 个明显的臭腺孔。3 龄后似成虫，无翅（图 3，图 4）。

图 3　茶翅蝽初孵若虫及卵壳

图 4　茶翅蝽 2 龄若虫及蜕皮

## 发生规律

河南 1 年发生 1 代，以成虫在土块下、田间背风向阳处、墙缝、房檐等处越冬。常数头或数十头聚集在一起越冬。成虫于 5 月上旬陆续出蛰活动为害，6 月产卵，卵多产于叶背，7 月上中旬为孵化盛期。成虫在气温较高、阳光充足时活动、飞翔、交尾，9 月下旬开始向越冬场所转移。

## 防治措施

1. 农业防治

成虫产卵期，查找卵块摘除；作物收获后及时清除田间枯枝落叶和杂草，带出田外堆沤或焚烧，可消灭部分越冬成虫。

2. 化学防治

在卵孵化盛期或初孵若虫期喷洒化学药剂，可亩用 10% 联苯菊酯乳油 30 ～ 40 mL，或 26% 氯氟·啶虫脒水分散粒剂 140 ～ 200 g，或 45% 马拉硫磷乳油 60 ～ 80 mL，或 48% 毒死蜱乳油 40 ～ 50 mL，或 50% 氟啶虫胺腈水分散粒剂 8 g，对水 40 ～ 50 kg 喷雾。

# （一）主要病虫害　24. 筛豆龟蝽

## 分布为害

筛豆龟蝽别称豆平腹蝽、豆圆蝽，是一种杂食性害虫，在河南豫西地区有分布。主要为害菜豆、扁豆、大豆、绿豆等豆科作物，以及刺槐、杨树、桃等多种其他植物。成、若虫均在寄主作物的茎秆、叶柄和荚果上吸食汁液，影响植株生长发育，造成植株早衰，叶片枯黄，茎秆瘦短，豆荚不实，百粒重下降，严重影响豆类产量和品质（图 1）。

图 1　筛豆龟蝽密布大豆茎秆、叶片为害状

## 形态特征

成虫：近卵圆形，体长 4.3 ～ 5.4 mm，宽 3.8 ～ 4.5 mm，淡黄褐色或黄绿色，具微绿色光泽，密布黑褐色小刻点，复眼红褐色，前胸背板有 1 列刻点组成的横线，小盾片基胝两端色淡，侧胝无刻点；各足胫节整个背面有纵沟，腹部腹面两侧有辐射状黄色宽带纹，雄虫小盾片后缘向内凹陷，露出生殖节（图 2）。

卵：略呈圆桶状，横置，一端为微拱起的假卵盖，另一端钝圆。初产时乳白色后转为肉黄色。

若虫：共 5 龄，末龄若虫体长 4.8 ～ 6.0 mm，淡黄绿色，密披黑白混生的长毛，其中以两侧的白毛为最长。3 龄后，体形龟状，胸腹各节（后胸除外）两侧向外前方扩展成半透明的半圆薄板（图 3）。

图 2　筛豆龟蝽成虫

图 3　筛豆龟蝽若虫

## 发生规律

河南 1 年发生 1 ～ 3 代，以 2 代为主，世代重叠。以成虫在寄主植物附近的枯枝落叶下越冬。翌年 4 月上旬开始活动，4 月中旬开始交尾，4 月下旬至 7 月中旬产卵。一代若虫从 5 月初至 7 月下旬先后孵化，6 月上旬至 8 月下旬羽化为成虫，6 月中下旬至 8 月底交尾产卵；二代若虫从 7 月上旬至 9 月上旬孵出，7 月底至 10 月中旬羽化，10 月中下旬起陆续越冬。卵产于菜豆等作物的叶片、叶柄、托叶、荚果和茎秆上，平铺斜置呈 2 纵行，共 10 ～ 32 枚，羽毛状排列。成虫、若虫均有群集性。

## 防治措施

### 1. 农业防治

作物收获后及时清除田间枯枝落叶和杂草，并带出田外烧毁，消灭部分越冬成虫。

### 2. 化学防治

在成虫、若虫为害期喷雾防治，防治药剂参见茶翅蝽。

# （一）主要病虫害

## 25. 点蜂缘蝽

### 分布为害

河南省各地均有分布。除为害大豆，还为害菜豆、蚕豆、豇豆、豌豆等其他豆科作物及稻、麦、棉、麻、丝瓜等。成、幼虫吸食作物汁液，使蕾、花脱落，或形成瘪粒，严重时整株枯死（图 1）。

图 1　点蜂缘蝽为害致幼穗脱落、瘪粒

### 形态特征

成虫：体长 15 ~ 17 mm，狭长，黄褐色至黑褐色，被白色细绒毛。头部三角形，自复眼后细缩。触角 4 节，第 1 节长于第 2 节。前胸背板侧角呈棘状突出，前胸背板及胸侧板具许多不规则的黑色颗粒。前翅膜片淡棕褐色，稍长于腹末。腹部两侧外露部分黄黑相间。足与体同色，后足腿节特粗大，其腹面有 4 个刺和几个小齿，后足胫节细，向背面弯曲。腹下散生许多不规则的小黑点（图 2）。

图 2　点蜂缘蝽成虫

卵：半卵圆形，初产时暗蓝色，渐变为黑褐色。

若虫：1 ~ 4 龄体似蚂蚁，腹部膨大，第一腹节小；5 龄体似成虫，仅翅较短（图 3，图 4）。

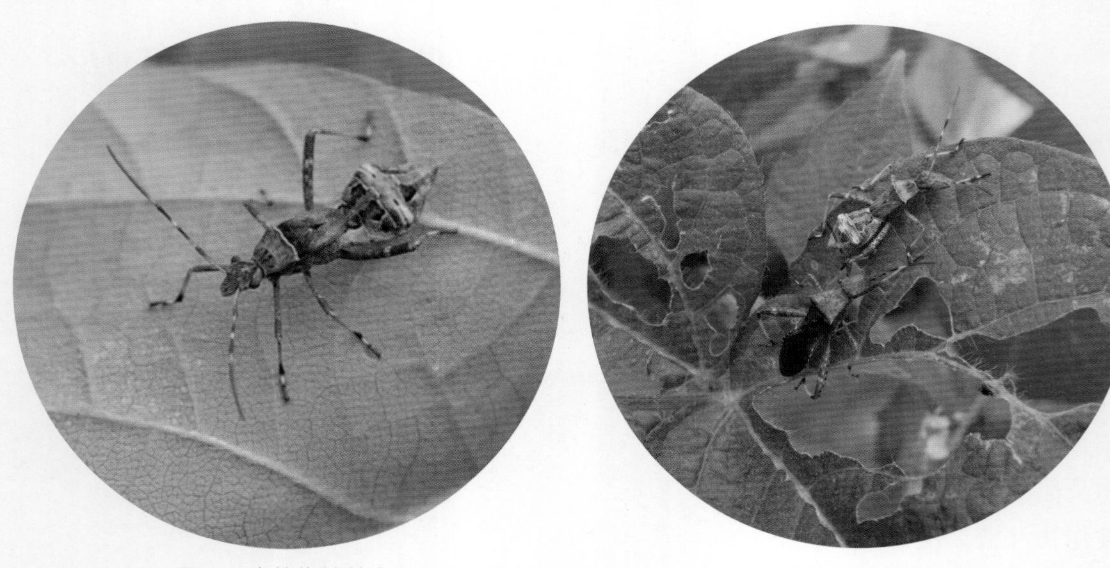

图 3　点蜂缘蝽若虫　　图 4　点蜂缘蝽成虫、若虫

## 发生规律

河南 1 年发生 2 ~ 3 代。以成虫在枯枝落叶和杂草丛中越冬。翌年 3 月下旬越冬成虫开始活动，4 月下旬至 6 月上旬产卵，5 月上旬至 6 月中旬一代若虫孵化，6 月上旬至 7 月上旬成虫羽化，6 月中旬至 8 月中旬产卵。二代成虫 7 月中旬至 9 月中旬羽化，三代成虫 9 月上旬至 11 月中旬羽化，10 月下旬后陆续越冬。卵多散产于叶背、嫩茎和叶柄上。成、若虫极活跃，早、晚温度低时稍迟钝。

## 防治措施

**1. 农业防治**

作物收获后及时清除田间枯枝落叶和杂草，带出田外堆沤或烧毁，可消灭部分越冬成虫。

**2. 生物防治**

保护利用草蛉、寄生蜂及捕食性蜘蛛等自然天敌。

**3. 化学防治**

在成虫、若虫为害期，均匀喷洒 2.5% 溴氰菊酯乳油 2 000 倍液，或 45% 马拉硫磷乳油 500 ~ 800 倍液，或 48% 毒死蜱乳油 1 000 ~ 1 500 倍液等。

# （一）主要病虫害

# 26. 豆芫菁

## 分布为害

广泛分布于河南省各地。为害大豆、花生、苜蓿等豆科作物及棉花、马铃薯、番茄、茄子、辣椒、甜菜、麻、苋菜等。成虫群集取食寄主叶片，残存网状叶脉，也食害花瓣和嫩茎。常点片发生，有时可使局部地块成灾（图 1，图 2）。

图 1　豆芫菁群集为害状

图 2　豆芫菁为害叶片形成网状叶脉

## 形态特征

成虫：体长 11 ~ 18 mm，黑色，头红色，具 1 对光亮的黑瘤；前胸背板中央和每个鞘翅中央各有一条灰白毛宽纵纹，前胸两侧、鞘翅的周缘和腹部各节腹面的后缘均镶有灰白色绒毛。雌虫触角丝状，雄虫触角栉齿状（图 3，图 4）。

图 3　豆芫菁成虫

图 4　豆芫菁成虫及排泄物

卵：长椭圆形，初产时乳白色，后变黄褐色，每虫可产卵 70 ~ 150 粒，卵组成菊花状卵块。

幼虫：为复变态，各龄幼虫形态不同。1 龄似双尾虫；2 龄、3 龄、4 龄和 6 龄似蛴螬；5 龄以伪蛹形式越冬，象甲幼虫形。老熟幼虫体长 12 ~ 13 mm，乳白色，头褐色。

蛹：为离蛹，黄白色。

## 发生规律

河南 1 年发生 1 代，以 5 龄幼虫（伪蛹）在土中越冬，翌年春蜕皮为 6 龄幼虫，然后化蛹、羽化。6 月中旬化蛹，6 月下旬至 8 月中旬为成虫发生为害期，大豆开花前后受害最重。成虫白天活动，尤以中午最盛，群聚为害，喜食嫩叶、心叶和花。成虫活泼，受惊吓时常假死落地。成虫可分泌黄色液体，这种液体含有芫箐素，触及皮肤可导致红肿起泡。幼虫在土中活动，取食蝗卵，5 龄不取食，越冬后蜕皮为 6 龄幼虫，随即化蛹。

## 防治措施

### 1. 农业防治

冬耕可消灭部分越冬的伪蛹。

### 2. 化学防治

成虫始盛期可选用 20% 杀灭菊酯乳油 2 000 倍液，或 2.5% 溴氰菊酯乳油 2 000 倍液，或 80% 敌敌畏乳油 1 000 ~ 1 500 倍液，或 50% 辛硫磷乳油 1 000 ~ 1 500 倍液，或 90% 晶体敌百虫 1 000 ~ 1 500 倍液均匀喷雾防治。

# （一）主要病虫害

## 27. 豆叶东潜蝇

### 分布为害

河南省大豆种植区均有分布。主要寄主为大豆，也可为害其他豆科蔬菜。幼虫在叶片内潜食叶肉，仅留表皮（图 1），叶面上呈现直径 1 ～ 2 cm 的白色膜状斑块（图 2），每叶可有 2 个以上斑块，影响作物生长（图 3）。

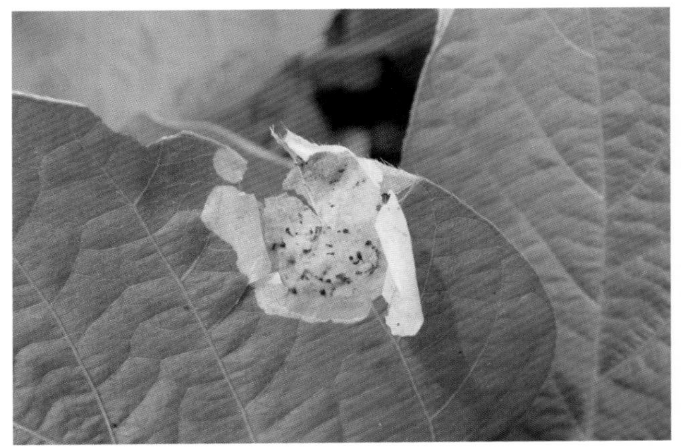

图 1　豆叶东潜蝇潜食叶肉，仅留表皮为害状

图 2　豆叶东潜蝇为害叶片形成的 1 ～ 2 cm 白色膜状斑点

图 3　豆叶东潜蝇为害叶片形成单叶多个斑块

## 形态特征

成虫：小型蝇，翅长 2.4 ~ 2.6 mm。具小盾前鬃及 2 对背中鬃，体黑色；单眼三角尖端仅达第一上眶鬃，颊狭，约为眼高的 1/10；小盾前鬃长度较第一背中鬃的一半稍长；平衡棍棕黑色，但端部部分白色。

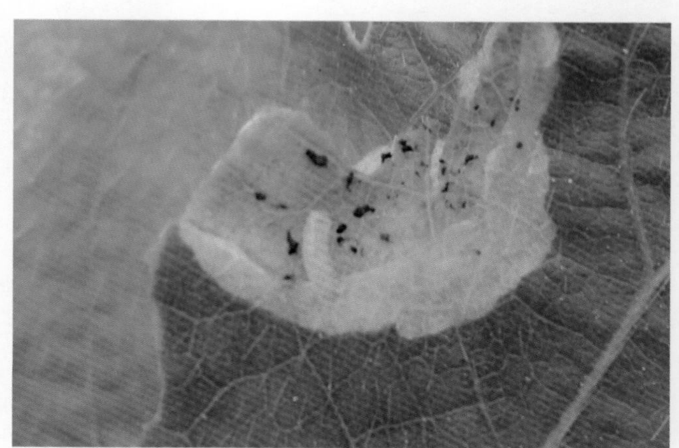

图 4　豆叶东潜蝇幼虫

幼虫：体长约 4 mm，黄白色，口钩每颚具有 6 个齿；前气门短小，结节状，有 3 ~ 5 个开孔；后气门平覆在第 8 腹节后部背面大部分，有 31 ~ 57 个开孔，排成三个羽状分支（图 4）。

蛹：红褐色，卵形，节间明显缢缩，体下方略平凹。

## 发生规律

河南每年发生 3 代以上，7 ~ 8 月发生多。成虫多在上层叶片上活动，卵产在叶片上，豆株上部嫩叶受害最重，幼虫老熟后入土化蛹。多雨年份发生重。

## 防治措施

**1. 农业防治**

加强田间管理，注意通风透光，雨后及时排除田间积水。

**2. 化学防治**

成虫大量活动期，幼虫未潜叶之前是防治适期。可选用 2.5% 高效氯氟氰菊酯乳油 2 000 倍液，或 48% 毒死蜱乳油 1 500 倍液喷雾防治，隔 7 ~ 10 d 喷 1 次，连续防治 2 ~ 3 次。地边、道边等处的杂草上也是成虫的聚集地，应进行防治。统一防治效果更好。

# （二）次要病虫害　28. 大豆灰斑病

大豆灰斑病为害叶片形成中央灰白色、边缘红褐色的病斑症状

# （二）次要病虫害　29. 大豆耙点病

大豆耙点病为害叶片形成淡红褐色病斑，周围具淡黄绿色晕圈症状

# （二）次要病虫害

## 30. 大豆细菌性斑疹病

图 1　大豆细菌性斑疹病大田为害症状

图 2　大豆细菌性斑疹病叶片疱状斑及斑疹症状

图 3　大豆细菌性斑疹病叶片疱状斑及斑疹（似火山口）症状局部放大

## （二）次要病虫害　31. 大豆细菌性角斑病

大豆细菌性角斑病叶片多角形褪绿小斑点症状

## （二）次要病虫害　32. 大豆渍害

大豆田渍害

# （二）次要病虫害

## 33. 大豆菟丝子

图 1　大豆菟丝子为害大豆症状

图 2　大豆菟丝子缠绕大豆植株

图 3　大豆菟丝子果实

图 4　大豆田，处于花期的大豆菟丝子

图 5　大豆菟丝子严重为害状

图 6　大豆菟丝子大田受害状

# （二）次要病虫害　34. 大豆肥害

大豆肥害症状

# （二）次要病虫害　35. 小造桥虫

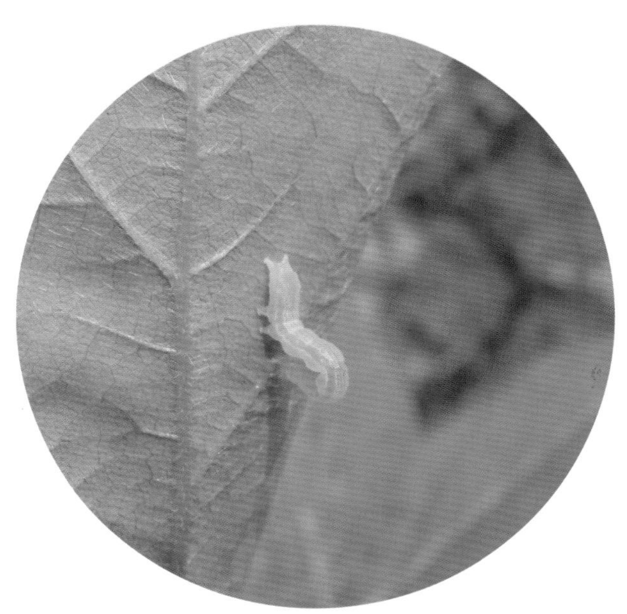

图 1　小造桥虫幼虫为害大豆

图 2　小造桥虫被寄生

# （二）次要病虫害

## 36. 大造桥虫

图 1　大造桥虫为害大豆吃光叶片症状

图 2　大造桥虫幼虫为害大豆 - 土黄色型

图 3　大造桥虫幼虫为害大豆呈嫩枝状拟态 - 绿色型

图 4　大造桥虫幼虫为害大豆叶片呈缺刻状 - 绿色型

图 5　大造桥虫 - 蜕皮

# （二）次要病虫害　37. 甜菜叶螟

图 1　甜菜叶螟成虫

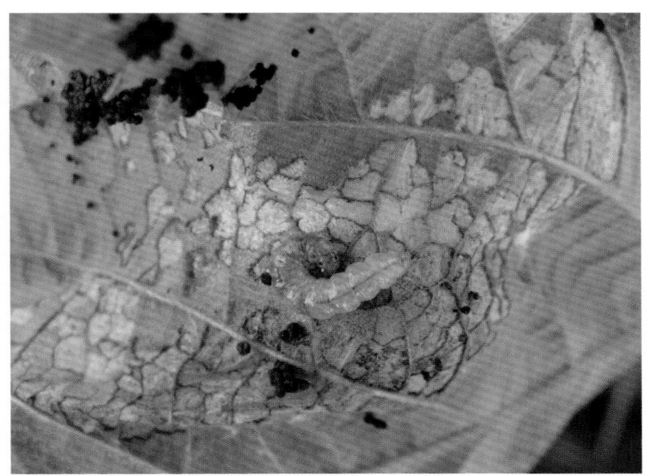

图 2　甜菜叶螟幼虫食害叶肉、虫粪状

# （二）次要病虫害　38. 豆叶螨

图 1　豆叶螨为害大豆叶片呈灰白色网状

图 2　豆叶螨为害大豆叶片症状局部放大

## （二）次要病虫害　39. 麻皮蝽

麻皮蝽若虫为害大豆及蜕皮

## （二）次要病虫害　40. 稻绿蝽

图 1　稻绿蝽在大豆田间密布，为害叶片症状

图 2　稻绿蝽 3 龄若虫

## （二）次要病虫害 41. 大灰象甲

大灰象甲成虫体长 7 ~ 12 mm，前胸中间和两侧有 3 条褐色纵纹，鞘翅基部中间有近环状褐斑

## （二）次要病虫害 42. 蒙古灰象甲

蒙古灰象甲成虫体长 4.4 ~ 6.0 mm，体灰色，灰黑色鳞片在前胸形成相间的 3 条褐色 2 条白色纵带，内肩和翅面具白斑

# （二）次要病虫害

## 43. 绿鳞象甲

图 1　绿鳞象甲成虫，密披灰色闪光鳞毛型，将大豆叶片吃成缺刻

图 2　绿鳞象甲成虫，密披古铜色闪光鳞毛型，将大豆叶片吃成缺刻

图 3　绿鳞象甲交尾

## （二）次要病虫害　44. 二十八星瓢虫

二十八星瓢虫为害大豆

## （二）次要病虫害　45. 二星瓢虫

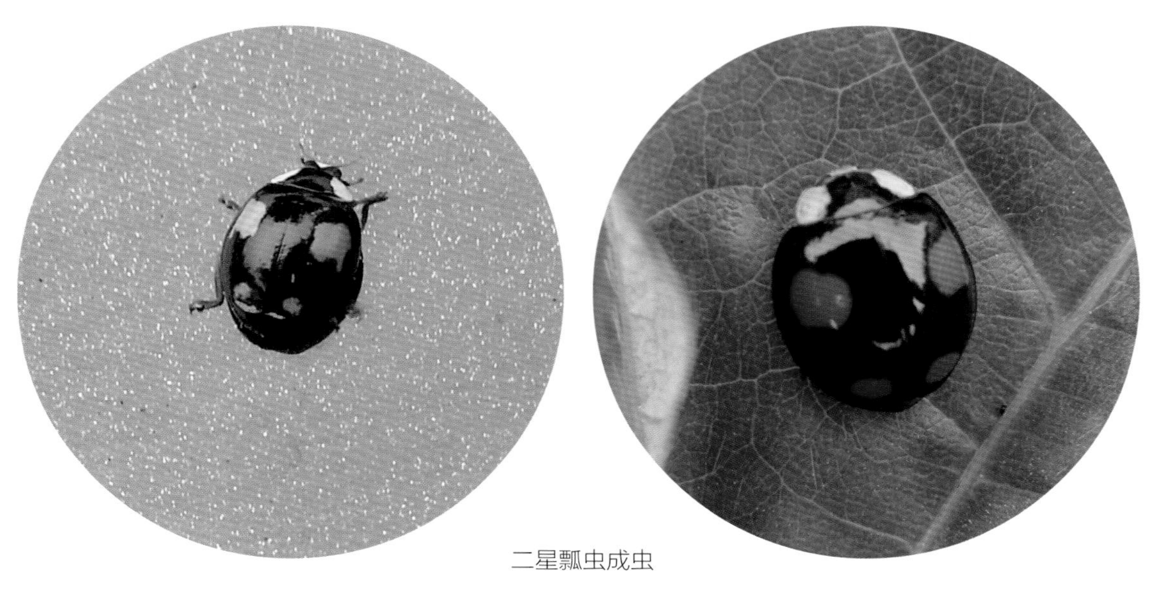

二星瓢虫成虫

## （二）次要病虫害

## 46. 小绿叶蝉

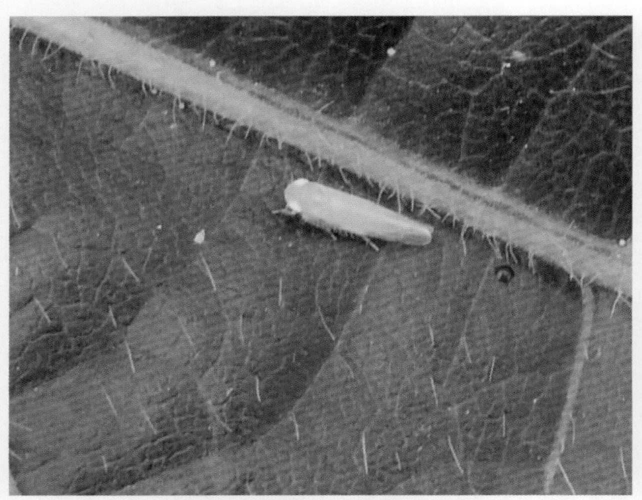

图 1　小绿叶蝉成虫

图 2　小绿叶蝉若虫

## （二）次要病虫害

## 47. 甘薯绮夜蛾

甘薯绮夜蛾成虫

## （二）次要病虫害　48. 斑缘豆粉蝶

图 1　斑缘豆粉蝶成虫

图 2　斑缘豆粉蝶幼虫为害大豆叶片呈缺刻状

## （二）次要病虫害　49. 人纹污灯蛾

人纹污灯蛾（红腹白灯蛾）成虫

## （二）次要病虫害　50. 中华象蜡蝉

中华象蜡蝉

## （二）次要病虫害　51. 螽斯

螽斯

## （二）次要病虫害　52. 直纹稻弄蝶

直纹稻弄蝶成虫栖息在大豆叶片上

## （二）次要病虫害　53. 潜叶蝇

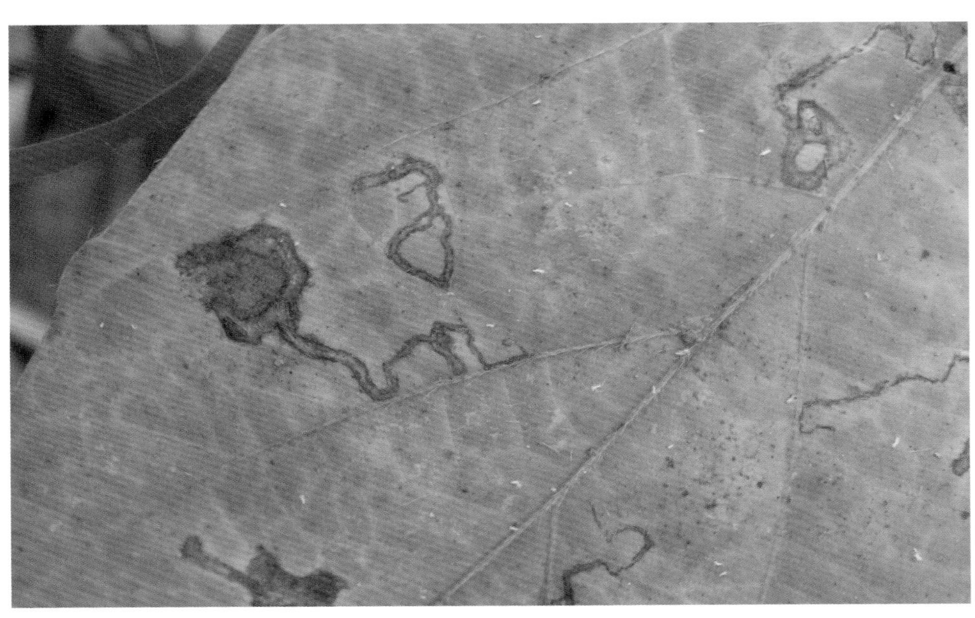

潜叶蝇为害大豆叶片症状

## （二）次要病虫害　54. 大豆田造桥虫

大豆田造桥虫幼虫

## （二）次要病虫害　55. 白粉虱

白粉虱为害大豆叶片

## （二）次要病虫害　56. 蓟马

蓟马为害大豆

## （二）次要病虫害　57. 黄钩蛱蝶

图 1　黄钩蛱蝶成虫栖息在大豆叶片上

图 2　黄钩蛱蝶翅腹面

## （二）次要病虫害 58. 菜蝽

菜蝽成虫为害大豆

## （二）次要病虫害 59. 三点盲蝽

大豆叶片上的三点盲蝽

# （二）次要病虫害

## 60. 星白雪灯蛾

大豆叶片背面的星白雪灯蛾成虫

# 五、花生病虫害

# (一)主要病虫害

## 1. 花生褐斑病

### 分布为害

花生褐斑病又叫花生早斑病，是花生上常见的叶部病害之一，河南省普遍发生。花生初花期开始发生，生长中后期为发生盛期（图1），造成早期落叶、茎秆枯死，一般减产10% ~ 20%，重者减产40%以上。

图1　褐斑病大田为害状

### 症状特征

花生褐斑病主要为害叶片，严重时也为害叶柄和茎秆。

发病初期叶片上产生黄褐色或铁锈色小斑点（图2），逐渐扩大成近圆形或不规则形病斑，一般

图2　病斑开始呈黄褐色或现铁锈色小斑点

图 3　病斑扩大为圆形或不规则形

图 4　病斑周围有明显的黄色晕圈

图 5　叶片正面病斑呈茶褐色

图 6　叶片正面病斑呈暗褐色

直径 1 ~ 10 mm（图 3），病斑周围有明显的黄色晕圈（图 4）。叶正面病斑呈茶褐色（图 5）或暗褐色（图 6），背面颜色较浅，呈淡褐色或褐色（图 7），在叶片正面病斑上产生不明显的散生小黑点（图 8）。在潮湿条件下，大多在叶片正面病斑上

图 7　叶片背面病斑呈淡褐色

图 8　正面病斑上产生不明显的小黑点

病健部交界处产生灰褐色霉状物（图 9）。发病重时，叶片上产生大量病斑（图 10），病斑汇合在一起，常使叶片干枯脱落（图 11）。叶柄和茎秆上的病斑为长椭圆形、暗褐色（图 12），病斑中间稍凹陷（图 13）。

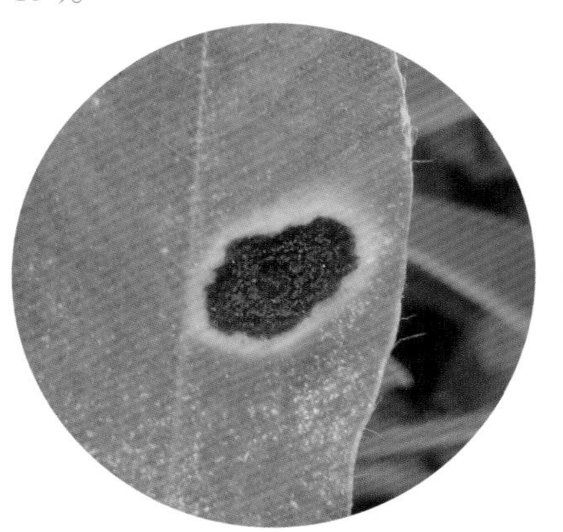
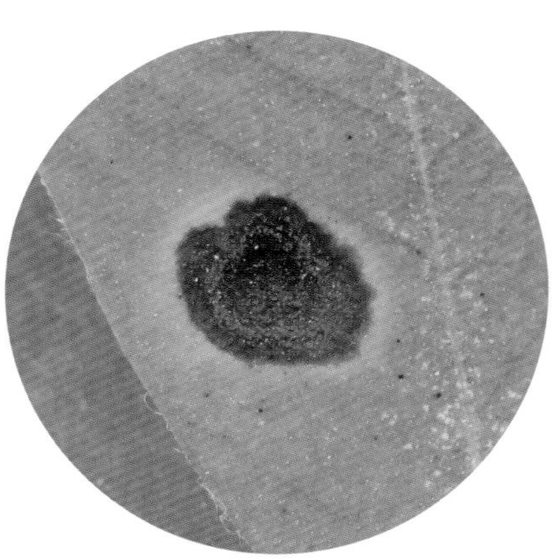
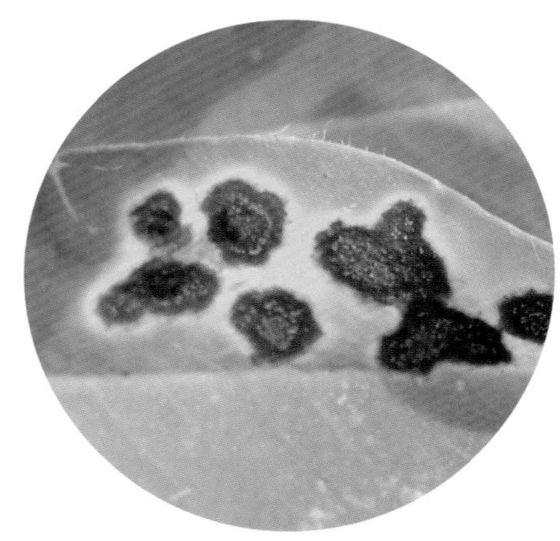

图 9　病斑上的灰褐色霉层

图 10　叶片上产生大量病斑

图 11　病斑汇合在一起使叶片干枯

图 12　茎秆上暗褐色病斑

图 13　茎秆上病斑略凹陷

## 发生规律

图 14　病斑上的孢子再侵染

病原菌为半知菌亚门真菌，主要以分生孢子和菌丝体在病残体上越冬，翌年产生分生孢子，借风雨或昆虫传播进行初次侵染和再侵染，从叶片表面气孔或直接穿透表皮侵入致病（图 14）。

病菌生长发育适温 25 ~ 28℃，高温、高湿、阴雨有利于病害的发生蔓延。氮肥施用过多、土壤黏重、偏酸、重茬连作地块发病重；土壤肥力不足、耕作粗放、杂草丛生的地块，植株抗性降低，发病重；种植密度大、植株生长茂密而又少见阳光的中下部叶片上发病较多（图 15）。品种间抗性有差异，直生型品种较蔓生型或半蔓生型品种抗病，晚熟品种发病较重。

图 15　少见阳光的中下部叶片发病多

## 防治措施

**1. 农业防治**

因地制宜选种抗（耐）病品种或无病种子，实行多个品种搭配与轮换种植；重病田与非寄主作物实行 2 年以上的轮作；适时播种；合理密植；避免偏施氮肥，增施磷钾肥；适时喷洒植物生长调节剂，调控植株生长；雨后清沟排水，降低湿度；花生收获后及时清洁田园，清除田间病残体，集中烧毁或沤肥，及时深耕土壤。

**2. 化学防治**

在发病初期，当田间病叶率达到 10% 以上时，及时喷洒药剂进行防治。

可亩用 80% 代森锰锌可湿性粉剂 60 ～ 70 g，或 50% 多菌灵悬浮剂 50 ～ 60 mL，或 75% 百菌清可湿性粉剂 110 ～ 130 g，或 10% 苯醚甲环唑水分散粒剂 50 ～ 80 g，或 12.5% 烯唑醇可湿性粉剂 30 g，或 25% 戊唑醇可湿性粉剂 30 g，或 60% 唑醚·代森联水分散粒剂 60 ～ 100 g，或 50% 硫磺·多菌灵可湿性粉剂 160 ～ 240 g，或 25% 多·锰锌可湿性粉剂 100 ～ 200 g，对水 40 ～ 50 kg 均匀喷雾，可兼治黑斑病、网斑病、焦斑病、炭疽病、锈病病、疮痂病等病害。喷药时宜加入 0.03% 的有机硅或 0.2% 洗衣粉做展着剂，间隔 10 ～ 15 d 喷 1 次，连喷 2 ～ 3 次。

# （一）主要病虫害

## 2. 花生黑斑病

### 分布为害

花生黑斑病又叫花生晚斑病，俗称黑疸病、黑涩病等，是花生上常见的叶部病害之一，河南省普遍发生。花生整个生长季节均可发生，发病盛期在花生的生长中后期，常造成植株大量落叶（图 1），一般减产 10% ~ 20%，重者达 40% 以上。

图 1　黑斑病严重发生田块

### 症状特征

花生黑斑病的症状与花生褐斑病大致相似，为害部位相同，两者多同时混合发生（图 2），主要为害叶片，严重时也为害叶柄和茎秆。

图 2　褐斑病、黑斑病混合发生

发病初期叶片上产生锈褐色小斑点（图3），后扩大形成直径1～5 mm近圆形或圆形病斑，呈暗褐色至黑褐色（图4），叶片正反两面颜色

图3　初始锈褐色小斑点

相近（图5）。病斑周围通常没有黄色晕圈，或有较窄、不明显的淡黄色晕圈（图6）。在叶片背面的病斑上，通常产生许多黑色小点，呈同心轮纹状（图7），并有一层灰褐色霉状物（图8）。

图4　斑点扩大为暗褐色至黑褐色病斑

图5　叶片正反面病斑颜色相近

图6　病斑或有较窄、不明显的淡黄色晕圈

图7　叶片背面病斑上显同心轮纹状小黑点

图 8　叶片背面病斑上的灰褐色霉状物

图 9　叶片产生大量病斑

病害严重时，产生大量病斑（图 9），引起叶片干枯脱落（图 10）。叶柄（图 11）和茎秆上病斑呈椭圆形（图 12）或线形，深褐色至黑褐色，病斑多时连成不规则大斑（图 13），严重的整个叶柄（图 14）和茎秆变黑枯死（图 15）。

图 10　大量病斑引起叶片干枯脱落

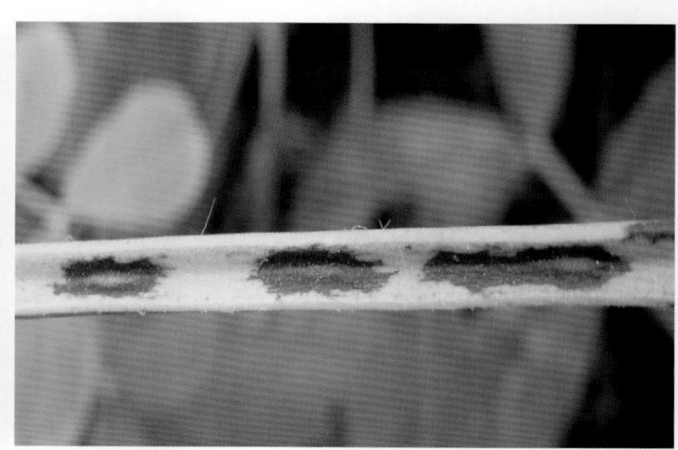
图 11　叶柄上的病斑

图 12　茎秆上椭圆形病斑

图 13　茎秆上病斑连成大斑及线形病斑

图 14 叶柄变黑枯死

图 15 茎秆变黑枯死

## 发生规律

病原菌为半知菌亚门真菌，主要以菌丝体或分生孢子座随病残体遗落土壤中越冬，也可附着在种荚、茎秆表面越冬。翌年产生分生孢子随风雨传播，从叶片表面气孔或直接穿透表皮侵入致病，病斑上产生分生孢子进行再侵染。

病菌生长发育最适温度 25 ~ 28℃，适温高湿的天气，尤其是植株生长中后期多雨、气候潮湿有利于发病。连作地、沙质土、土壤瘠薄、植株长势差的易发病。老龄化器官发病重，底部叶片较上部叶片发病重。品种间抗病性有差异，直生型品种较蔓生型或半蔓生型品种发病轻，叶片小而厚、叶色深绿的品种病情发展较缓慢。

## 防治措施

1. 农业防治

因地制宜选种抗（耐）病品种或无病种子；重病田与非寄主作物实行 2 年以上的轮作；适期播种；合理密植；避免偏施氮肥，增施磷钾肥；适时喷洒植物生长调节剂，调控植株生长；雨后清沟排渍降湿；花生收获后，及时清除田间病残体，集中烧毁或沤肥，及时深耕，减少病源。

2. 化学防治

在发病初期，当田间病叶率达到 10% 以上时，及时喷洒药剂进行防治。参见花生褐斑病。

# （一）主要病虫害

## 3. 花生网斑病

### 分布为害

花生网斑病又叫花生褐纹病、云纹斑病、污斑病、网纹斑病等，是花生上常见的叶部病害之一，河南省普遍发生，近年发生加重。花生中后期发病重。常与其他叶斑病混合发生，引起大量落叶（图1），一般减产10%～20%，重者达30%以上。

图1　网斑病与其他叶斑病混合发生

### 症状特征

花生网斑病主要为害叶片，其次为害叶柄和茎秆。

通常植株下部叶片先发病（图2），初在叶片正面产生褐色小点（图3），后呈星芒状向外扩展

图2　通常下部叶片先发病

图3　初在叶片正面产生褐色小点

图4　呈星芒状向外扩展

图5　白色、灰白色病斑

图6　褐色、黑褐色病斑

图7　边缘呈网状不清晰

（图4），逐渐形成由白色、灰白色（图5）、褐色至黑褐色近圆形大斑（图6），边缘呈网状不清晰（图7），表面粗糙，着色不均匀（图8），或有褪绿晕圈（图9）。湿度大时，形成褐色至黑褐色大块污

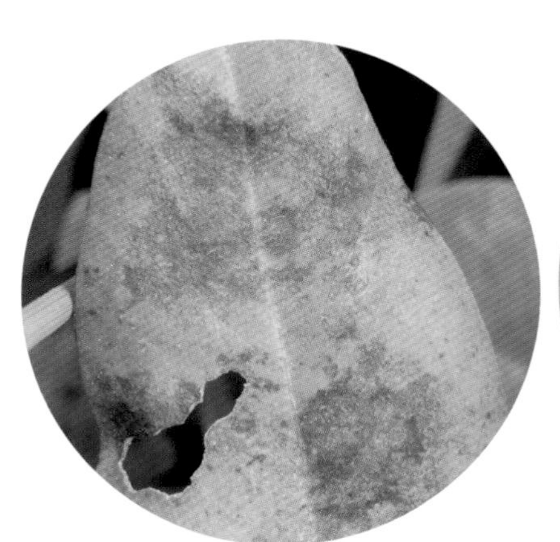

图8　病斑表面粗糙，着色不均匀

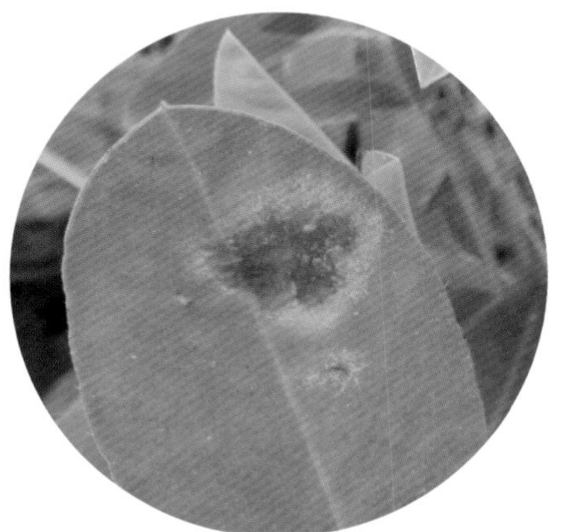

图9　病斑有褪绿晕圈

图 10　湿度大时形成褐色至黑褐色大块污斑

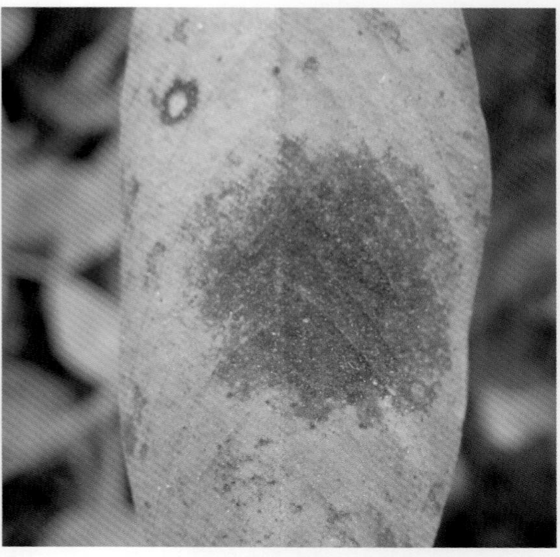
图 11　病部可见不明显的黑色小点

斑（图 10），后期病部有不明显的黑色小粒点（图 11）；湿度低时，叶正面出现白色至褐色网纹状斑痕（图 12）。叶片背面初期无症状（图 13，图 14），后期可穿透叶片形成浅褐色病斑，比叶正面稍小

图 12　湿度低时叶正面出现白色至褐色网纹状斑痕

图 13　叶片正面初期症状

图 14　叶片背面初期症状（背面）

（图 15，图 16）。叶柄和茎秆受害，初为褐色小点，后扩展成长条形或椭圆形病斑，中央稍凹陷（图 17），严重时可引起茎叶枯死（图 18）。

图 15　病斑后期穿透叶面（正面）

图 16　病斑后期穿透叶面（背面）

图 17　茎秆上的病斑

图 18　发病严重的植株茎叶枯死

## 发生规律

病原菌为半知菌亚门真菌，以菌丝、分生孢子器和分生孢子在病残体上越冬。翌年条件适宜时，分生孢子器释放出分生孢子，借风雨传播进行初侵染和多次再侵染，穿透表皮直接侵入致病。

始发期为 6 月上旬，盛期为 7 ～ 9 月。花生生长中后期，遇连阴雨天，低温（15 ～ 29℃）、潮湿（相对湿度 85% 以上）条件下，易发生和流行，一般雨后约 10 d 出现发病高峰。田间湿度大，易发病；连作、覆膜、密植、平地种植地发病重。花生品种间抗病性有差异。

## 防治措施

**1. 农业防治**

因地制宜选用抗（耐）病品种；适时播种；合理密植；实行与玉米、大豆或红薯轮作、与小麦套种；改平地种植为起垄种植；施足底肥，不偏施氮肥，并适当增补钙肥；及时中耕松土，雨后及时排出田间积水，降低田间湿度；花生收获后，及时清除田间病残体，集中烧毁或沤肥，及时深耕深翻。

**2. 化学防治**

在发病初期，当田间病叶率达到 5% 以上时，及时喷洒药剂进行防治。参见花生褐斑病。

# （一）主要病虫害　4. 花生焦斑病

## 分布为害

花生焦斑病又叫花生叶焦病、枯斑病等，河南省各地均有发生，近年发生渐趋严重。通常在花生花针期开始发生，严重时田间病株率可达100%，在急性流行情况下，可在很短时间内引起植株大量叶片枯死，造成花生严重减产（图1）。

图1　花生焦斑病为害状

## 症状特征

花生焦斑病主要为害叶片，也可为害叶柄、茎秆和果针。

叶片受害，多数从叶尖、少数从叶缘开始发病，病斑呈楔形或半圆形向内发展（图2），由初期褪绿渐变黄、变褐（图3），边缘深褐色，周围有黄色晕圈（图4），后病部变灰褐色至深褐色（图5），枯死破裂（图6，图7），叶片状如焦灼（图8）。叶片中部病斑，初与黑斑病、褐斑病相似，形成近圆形或不规则形的褐色大斑（图9，图10）；病斑中央灰褐色或灰色，常有一明显褐点，周围有轮纹（图11）。后期病斑上产生许多小黑点

图2　病斑呈楔形或半圆形向内发展

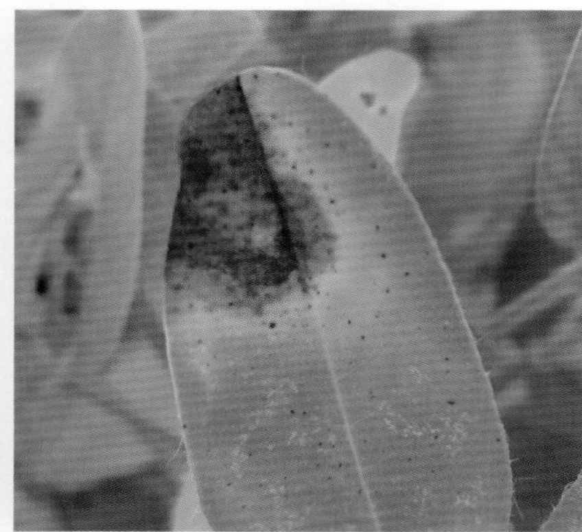

图 3　由初期褪绿渐变黄、变褐

图 4　边缘深褐色，周围有黄色晕圈

图 5　病部变灰褐色至深褐色

图 6　病斑枯死破裂（正面）

图 7　病斑枯死破裂（背面）

图 8　叶片状如焦灼

图 9　叶中部病斑扩大成近圆形褐斑

图 10　叶中部病斑扩大成不规则形褐斑

图 11　病斑中央灰褐色，有一明显褐点，周围有轮纹

（图 12）。焦斑病与其他叶部病害混生时，常把其他病斑含在其病斑内（图 13，图 14），有明显胡麻斑状。收获前多雨多露情况下，病害出现急性症状，叶片上产生圆形或不规则形黑褐色水渍状大斑

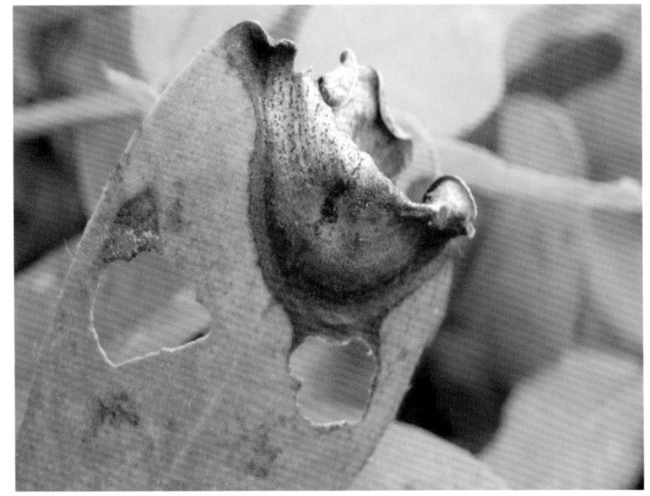

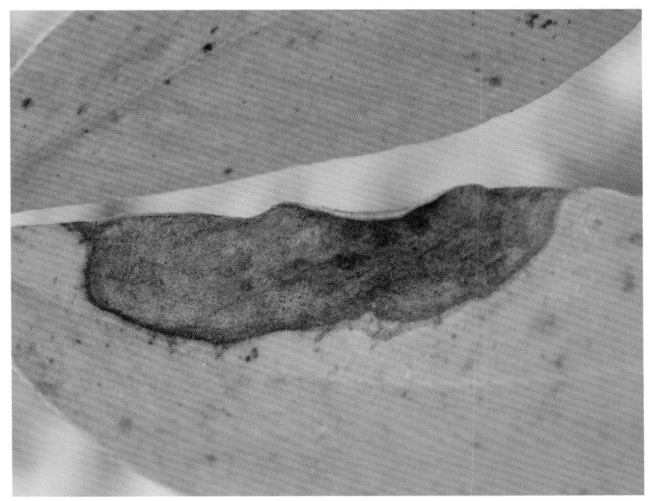

图 12　病斑上面产生许多小黑点

图 13　焦斑病与黑斑病混生

图 14　焦斑病与褐斑病混生

块，边缘不明显（图 15），迅速蔓延造成全叶变黑褐色焦灼状枯死（图 16），并发展到叶柄、茎、果针上（图 17）。茎及叶柄受害，病斑呈不规则形，浅褐色，水渍状，上生小黑点（图 18，图 19）。

图 15　叶片上发生急性症状

图 16　叶片上急症蔓延造成全叶变黑褐色焦灼状枯死

图 17　急症蔓延全株变褐枯死

图 18　茎上病斑

图 19　茎秆上的焦斑

## 发生规律

病原菌为子囊菌亚门真菌，以子囊壳和菌丝体在病残体上越冬。翌年遇适宜条件释放子囊孢子，借风雨传播，直接穿透表皮侵入致病，病斑上产生子囊壳，释放子囊孢子进行再侵染。

高温高湿有利于病害的发生，气温 25 ~ 27℃、相对湿度 70% ~ 74%，有利于病菌孢子发生，子囊孢子扩散高峰在晴天露水初干和开始降雨时。植株生长衰弱时易发病，田间湿度大、土壤贫瘠、偏施氮肥的地块发病重。花生品种间抗病性有显著差异。

## 防治措施

**1. 农业防治**

因地制宜选种抗（耐）病品种或无病种子；轮作；适当密植，播种密度不宜过大；施足基肥，增施磷钾肥，增强植株抗病力；雨后及时排水降低田间湿度；清除病株残体、深翻土地。

**2. 化学防治**

在发病初期，当田间病叶率达到 10% 以上时，及时喷洒药剂进行防治。参见花生褐斑病。

# （一）主要病虫害　5. 花生锈病

## 分布为害

花生锈病在河南省各地均有发生，近年呈扩展蔓延加重趋势。花生各生育期均可发病，但以结荚后期发生严重，引起植株提前落叶、早熟，造成花生减产、出油率下降（图1）。发病越早，损失越重，一般减产约15%，重者可减产50%。

图1　锈病严重发生田症状

## 症状特征

花生锈病主要为害花生叶片，也可为害叶柄、托叶、茎秆、果针和荚果。

叶片发病，初在叶片背面出现针尖大小的疹状白色斑点（图2），叶片正面呈现黄色小点（图3），

图2　初叶片背面出现针尖大小的疹状白色斑点

图3　叶片正面呈现黄色小点

后叶背面病斑变圆形、黄褐色，扩大突起为直径 0.3 ～ 0.6 mm 的夏孢子堆（图 4），周围有狭窄的黄色晕圈（图 5）。表皮破裂后，露出铁锈色的粉末状物（图 6）。叶片正面的孢子堆比背面的少且小（图 7）。

图 4　叶背面病斑变圆形、黄褐色，有扩大突起的夏孢子堆

图 5　周围有狭窄的黄色晕圈

图 6　表皮破裂露出铁锈色粉末状物

随着夏孢子堆增多，叶片变黄（图 8）干枯脱落（图 9），严重时植株枯死（图 10）。一般下部叶片先发病（图 11），然后向顶部叶片扩展（图 12）。其他部位发病，夏孢子堆与叶片上的相似，直径 1 ～ 2 mm（图 13）。重病株较矮小，形成发病中心，提早落叶枯死（图 14），收获时果针易断、落荚。

图 7　叶片正面孢子堆比背面的少且小

图 8　夏孢子堆增多，叶片变黄

图 9　夏孢子堆增多，叶片干枯脱落

图 10　严重时植株枯死

图 11　一般下部叶片先发病

图 12　下部叶片先发病向顶部扩展

图 13　叶柄等部位的孢子堆

图 14　发病中心

## 发生规律

病原菌为担子菌亚门真菌，侵染循环全靠夏孢子完成，河南省的初侵染菌源来自南方。病株上的夏孢子堆产生的夏孢子借风雨传播，在叶片具有水膜的条件下进行再侵染，由气孔或伤口侵入，发病最适温度为 25 ~ 28℃。

菌源数量、气候条件是影响锈病发生和流行的主要因素。菌源量大、雨日多、雾大或露水重，易引起锈病流行，高温、高湿、温差大利于病害蔓延。春花生早播病轻，晚播病重；秋花生则早播病重，晚播病轻。过度密植、偏施氮肥、植株生长繁茂、田间郁闭、通风透光不良、排水条件差，发病重。

## 防治措施

**1. 农业防治**

选用抗（耐）病品种；与小麦、玉米等禾本科作物实行 1 ~ 2 年轮作；因地制宜调节播期；合理密植；施足基肥，增施磷、钾、钙肥；高畦深沟栽培，做好排水沟、降低田间湿度；及时中耕除草，清洁田园，及时清除自生苗。

**2. 化学防治**

在发病初期，当田间病株率达 15% ~ 20% 或近地面 1 ~ 2 片叶有 2 ~ 3 个病斑时，及时喷洒药剂进行防治，可同时兼治褐斑、网斑、茎腐等病害。

可选用 50% 克菌丹可湿性粉剂 400 ~ 600 倍液，或 20% 三唑酮·硫磺悬浮剂 400 ~ 600 倍液，或 15% 三唑醇可湿性粉剂 1 000 倍液，或 24% 腈苯唑悬浮剂 1 000 倍液，或 10% 苯醚甲环唑水分散粒剂 1 000 ~ 2000 倍液，或 20% 三唑酮乳油 1 000 ~ 2 000 倍液，或 25% 丙环唑乳油 1 000 ~ 2 000 倍液等，亩喷药液 40 ~ 50 kg；或每亩选用 40% 福美·拌种灵可湿性粉剂 120 g，或 75% 百菌清可湿性粉剂 100 ~ 120 g，或 12.5% 烯唑醇可湿性粉剂 20 ~ 40 g，或 25% 戊唑醇水乳剂 30 mL，对水 40 ~ 50 kg 均匀喷雾。喷药时可加入 0.03% 的有机硅或 0.2% 洗衣粉做展着剂，间隔 10 ~ 15 d 喷 1 次，连喷 2 ~ 3 次。

# （一）主要病虫害

## 6. 花生炭疽病

### 分布为害

花生炭疽病在河南省零星发生，造成叶片干枯，影响植株结荚，降低荚果产量，但一般对产量影响不大。

### 症状特征

花生炭疽病主要为害叶片，也可为害叶柄、茎秆。

植株下部叶片发病早且多，从叶缘、叶尖或叶片的中部均可发病（图1），沿叶脉扩展，产生楔形、近圆形、长椭圆形或不规则形病斑（图2 ~ 图4），褐色或暗褐色，

图1　炭疽病病斑初期症状

图2　炭疽病楔形病斑

图3　炭疽病长椭圆形病斑

图4　炭疽病近圆形病斑

有不明显轮纹（图 5）。后期病斑边缘黄褐色，中央灰褐色至灰白色（图 6，图 7），干枯后破裂穿孔（图 8）。病斑上散生许多小黑点（图 9，图 10），放大镜下，还隐现黑色刺毛状物。

图 5　炭疽病斑上不明显轮纹

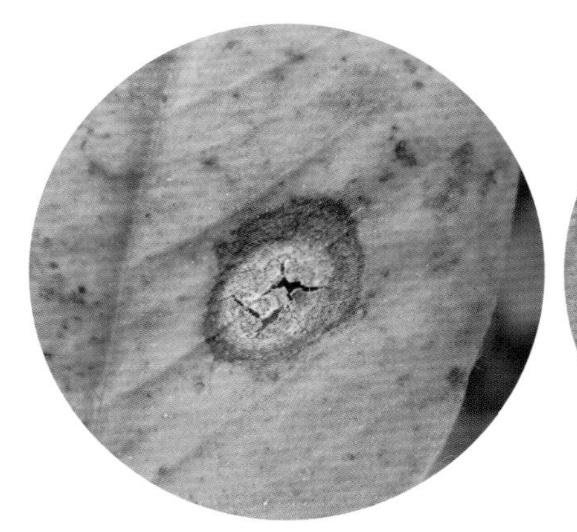

图 6　病斑边缘黄褐色，中央灰褐色至灰白色（正面）

图 7　病斑边缘黄褐色，中央灰褐色至灰白色（背面）

图 8　后期病斑干枯后破裂穿孔

图 9　病斑上散生小黑点（正面）

图 10　病斑上散生小黑点（背面）

## 发生规律

病原菌为半知菌亚门真菌，病菌以菌丝体和分生孢子盘随病残体在土中越冬，或以分生孢子附着在荚果或种子上越冬，成为翌年的初侵染源。病斑上产生的分生孢子借风雨或昆虫传播，进行多次再侵染，病菌从寄主的伤口或气孔侵入致病。

温暖高湿的天气或环境有利于发病；花生连作或偏施氮肥、植株长势过旺、排水不良的地块发病较重。

## 防治措施

**1. 农业防治**

选用抗（耐）病品种，播前连壳晒种，精选种子；重病区与小麦、玉米等禾本科作物实行轮作；加强栽培管理；清除病株残体，深翻土地；合理密植；配方施肥，增施磷钾肥，避免偏施、过施氮肥；雨后及时清沟排渍，降低田间湿度。

**2. 化学防治**

播种前，可对种子进行包衣或拌种，参见花生冠腐病；发病初期，结合其他叶斑病及早喷药预防控制，参见花生褐斑病。

# （一）主要病虫害　7. 花生疮痂病

## 分布为害

花生疮痂病是花生上的一种重要病害，在河南省局部零星发生。花生整个生育期均可发病，盛期在下针结荚期和饱果成熟期。造成植株矮缩，叶片变形，严重影响花生产量和质量，一般发病地块减产 10% ～ 30%，重者减产 50% 以上。

## 症状特征

主要为害叶片、叶柄及茎部，也可为害托叶和果针。主要特征是患病部位均表现木栓化疮痂状，高湿时，病部隐约可见橄榄色的薄霉层。

叶片受害，初期在叶正、背面出现近圆形针刺状的褪绿色小斑点，后形成直径 1 ～ 2 mm 的近圆形至不规则形病斑，中央稍凹陷、淡黄褐色，边缘红褐色，干燥时破裂或穿孔（图 1）；叶背主脉和侧脉上的病斑锈褐色，常连成短条状，表面呈木栓化粗糙；嫩叶上病斑多时，全叶常皱缩畸形（图 2）。

图 1　叶片上病斑

图 2　叶背及茎上病斑

叶柄、茎部和果针受害，病斑卵圆形至短梭状，直径约 3 mm，褐色至红褐色，中部凹陷，边缘稍隆起，有的呈典型“火山口”状，斑面龟裂，木栓化粗糙更为明显；茎部病斑常连合绕茎扩展，有的长达 1 cm 以上(图 3)；被害果针有的肿大变形，荚果发育明显受阻。发生严重时，病斑遍布全株，融合成片，造成茎上部弯曲、顶部叶片畸形，茎、叶及果针枯死（图 4）。

图 3　茎上病斑

图 4　疮痂病病株

## 发生规律

病原菌为半知菌亚门真菌，在病残体上越冬，可在土壤中长期存活，翌年产生分生孢子进行初侵染和再侵染，借助风雨、土壤传播，从伤口侵入或表皮直接侵入致病。

病菌生长发育适温 25 ～ 30℃，最适 pH 值 6.0。低温阴雨、酸性土壤有利于发病，连作地发病早、发病重。

## 防治措施

**1. 农业防治**

因地合理选种抗（耐）病品种；重病田与玉米、甘薯等非寄主作物实行 3 年以上轮作，水旱轮作效果佳；及时清洁田园，清除田间病残体，深翻土壤灭茬；配方施肥，适当增施磷钾肥，不用含有病残体未腐熟的堆肥；春花生采用地膜覆盖，下针期前及时喷施植物生长调节剂调控生长；科学灌水，严禁连续灌水和大水漫灌，大雨过后及时清沟排渍降湿。

**2. 化学防治**

参见花生褐斑病。

# （一）主要病虫害　8. 花生病毒病

## 分布为害

花生病毒病是花生上的一类重要病害，种类较多，河南省普遍发生，主要有条纹病毒病、黄花叶病毒病、矮化病毒病、斑驳病毒病等，其中以条纹病毒病流行最广（图 1）。一般发生年份，病株率 20% ~ 50%，减产 5% ~ 20%，大发生年份，病株率 90% 以上，减产 30% ~ 40%，早期感病株减产 30% ~ 50%。

图 1　病毒病大田为害状

## 症状特征

花生病毒病是系统性侵染，感病后往往全株表现症状，几种病毒病常混合发生，表现出黄斑驳、绿色条纹等复合症状（图 2，图 3），不易区分。

图 2　黄花叶与斑驳混发

图 3　病毒混发症状

（1）条纹病毒病（又叫花生轻斑驳病毒病）：初在顶端嫩叶上出现褪绿斑（图 4）和环斑（图 5），后发展成黄绿相间的轻斑驳或斑块（图 6），沿叶脉出现断续的绿色条纹（图 7）或橡叶状花纹（图 8），或一直呈系统性的斑驳症状（图 9）。随植株生长，症状逐渐扩展到全株叶片（图 10）。除发病早的病株稍矮外，一般不矮化。荚果小而少，种皮上有紫斑，果仁或变紫褐色。

图 4　顶端嫩叶出现褪绿斑

图 5　顶端嫩叶出现环斑

图 6　黄绿相间的斑驳或斑块

图 7　沿叶脉出现断续的绿色条纹

图 8　沿叶脉出现橡叶状花纹

图 9　呈系统性斑驳症状

图 10　系统性斑驳症状扩展到全株

（2）黄花叶病毒病（又叫花生花叶病）：初在顶端嫩叶上出现褪绿黄斑（图 11），叶脉变淡，叶色发黄，叶缘上卷，叶片变小（图 12），随后发展为黄绿相间的黄化叶（图 13）、网状明脉、绿色条纹和叶缘黄褐色镶边（图 14）等症状，病株比健株矮 1/5 ～ 1/4。荚果小而轻，果壳厚薄不均，果仁变小呈紫红色。发生后期症状有减轻趋势。

图 11　嫩叶上出现褪绿黄斑

图 12　叶色发黄，叶片变小

图 13　黄绿相间的黄化叶

图 14　黄化叶病株

（3）矮化病毒病（又叫花生普通花叶病）：顶端叶片出现褪绿斑（图 15），后发展成黄绿相间的普通花叶症状（图 16），沿侧脉出现辐射状绿色小条纹和斑点。新叶片展开时通常是黄色的，但可以转变成正常绿色。叶片变小肥厚，叶缘出现波状扭曲（图 17）。病株比健株矮 1/3 ～ 2/3（图 18），须根和根瘤明显稀少。开花结果少，荚果小、畸形或开裂，果仁小，紫红色。

（4）斑驳病毒病：初在嫩叶上出现深绿与浅绿相嵌的斑

图 15　顶端叶片出现褪绿斑

图 16　黄绿相间的普通花叶症状

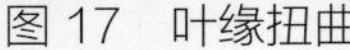

图 17　叶缘扭曲

图 18　病株比键株明显矮化

驳、斑块或黄褐色坏死斑，近圆形、半月形、楔形或不规则形（图 19），叶缘卷曲，后逐渐扩展到全株叶片（图 20），坏死斑病株萎缩瘦弱，斑驳病株矮化不明显或不矮化。荚果小而少，种皮上有紫斑，果仁或变紫褐色。

图 19　叶上出现黄绿斑驳

图 20　坏斑逐渐扩展到全株叶片

## 发生规律

病源是不同类型的病毒。带毒种子和田间其他越冬的带毒寄主成为翌年的初侵染源。主要靠蚜虫传毒，汁液摩擦也可传毒。传毒蚜虫主要是豆蚜、棉蚜、桃蚜等有翅蚜。带毒种子形成的病苗，一般在出苗 10 d 后开始发病，到花期出现高峰。

花生不同品种抗性有差异，一般小粒种子较大粒带毒率高，珍珠型种子传毒率高于龙生型和多粒型、普通型。花生出苗后 20 d 内降雨量小，气候温和干燥，蚜虫发生早、发生量大，病害易于流行。地膜覆盖的地块发生较轻。

## 防治措施

控制花生病毒病应采用以选用无毒种子和治蚜防病为主的综合防治措施。

### 1. 农业防治

选种抗病和种子传毒率低的品种；无病田或无病株留种，精选种子；推广地膜覆盖栽培技术，选用银灰地膜驱避蚜虫；实行花生与玉米等高秆作物间作；及时拔除病株，清除周围杂草及其他蚜虫寄主，集中烧毁。

### 2. 化学防治

及时治蚜防病，防治病毒病的药剂与杀虫剂混用，可显著提高防治效果。

在发病前或发病初期，可选用 10% 混合脂肪酸水乳剂 50 ~ 100 倍液，或 0.5% 菇类蛋白多糖水剂 200 ~ 400 倍液，或 0.5% 几丁聚糖水剂 200 ~ 400 倍液，或 6% 烯・羟・硫酸铜可湿性粉剂 200 ~ 400 倍液，或 24% 混酯・硫酸铜水乳剂 400 ~ 600 倍液等均匀喷雾，亩喷药液 40 ~ 50 kg；或每亩选用 5% 葡聚烯糖可湿性粉剂 60 ~ 80 g，或 50% 氯溴异氰尿酸可溶粉剂 60 ~ 80 g，或 4% 嘧啶核苷类抗菌素水剂 60 ~ 80 g，或 8% 宁南霉素水剂 80 ~ 100 mL，或 40% 烯・羟・吗啉胍可溶粉剂 100 ~ 150 g，或 6% 烷醇・硫酸铜可湿性粉剂 100 ~ 150 g，或 20% 盐酸吗啉胍可湿性粉剂 150 ~ 250 g，或 1.8% 辛菌胺醋酸盐水剂 150 ~ 250 mL，或 2% 氨基酸寡糖素水剂 150 ~ 250 mL，或 2.2% 烷醇・辛菌胺可湿性粉剂 150 ~ 250 g 等，加水 40 ~ 50 kg 均匀喷雾，每隔 7 ~ 10 d 喷 1 次，连喷 3 ~ 4 次。

# （一）主要病虫害

## 9. 花生冠腐病

### 分布为害

花生冠腐病又叫花生黑霉病、曲霉病等，在河南省各地均有发生。多在花生出苗至团棵期发生，成株期较少。病害造成缺苗断垄，一般发病地块花生缺苗 10% 以下，严重地块可达 30% 以上。

### 症状特征

图 1　团棵期病株枯死

花生冠腐病主要为害茎基部，也可为害种仁和子叶，造成死棵或烂种（图 1）。

花生出苗前发病，引起果仁腐烂，病部长出黑色霉状物（图 2）。出苗后发病，病菌通常侵染子叶和胚轴结合部位，受害子叶变黑腐烂，受害根颈部凹陷，呈黄褐色也至黑褐色（图 3）；随着病情的加重，病斑扩大，表皮纵裂，组织干腐破碎，呈纤

图 2　花生冠腐病幼苗受害症状

图 3　根颈部黑褐色

图 4　病斑纵裂纤维状

维状（图 4）。在潮湿的情况下，病部长满松软的黑色霉状物（图 5）。病株呈失水状（图 6），很快枯萎死亡（图 7）。拔起病株时易从病部折断（图 8）。将病部纵向切开，可见维管束和髓部变为紫褐色。随着植株长大对病菌抗性增强，死苗现象减少。

图 5　病部长满黑色霉层

图 6　病株失水枯萎

图 7　病株枯死

图 8　拔起病株易从病部折断

## 发生规律

病原菌为半知菌亚门真菌，以菌丝和分生孢子在土壤、病残体及种子上越冬。花生播种后，越冬病菌产生分生孢子侵入子叶和胚芽，严重者往往腐烂不能出土，田间感病一般发生于发芽后 10 d 以内。病斑上产生分生孢子，借风雨、气流传播进行再侵染。

种子质量的好坏是影响发病的重要因素，种子带菌率高、种子破损或霉变等发病严重。高温多湿、排水不良或旱湿交替有利于发病。播种过深、低温、高湿等不良气候条件会延迟幼苗出土、苗弱，也能加重病害。多年连作、土壤带菌量大、有机质少、耕作粗放的地块发病重。花生蔓生型品种较直生型品种抗病。

## 防治措施

### 1. 农业防治

选用抗（耐）病品种、无病种子，无病田留种，防止种子发霉，播种前精选晒种；提倡与玉米等非寄主植物实行 2 ～ 3 年轮作；适时播种，播种不宜过深；施用充分腐熟的有机肥，增施磷钾肥，避免偏施氮肥；雨后及时排除积水，播种后遇雨及时松土；清除病残体，深翻土壤。

### 2. 化学防治

播种前种子处理是防治花生冠腐病的有效措施，花生齐苗后和开花前是防治的关键时期，可同时兼治茎腐病、根腐病、白绢病、立枯病等。

播种前，按种子重量可选用 0.6% ～ 0.8% 的 2.5% 咯菌腈悬浮种衣剂，或 0.2% ～ 0.4% 的 3% 苯醚甲环唑悬浮种衣剂，或 1.7% ～ 2% 的 25% 多·福·毒死蜱悬浮种衣剂，或 2% ～ 2.5% 的 15% 甲拌·多菌灵悬浮种衣剂，或 0.1% ～ 0.3% 的 50% 异菌脲可湿性粉剂，或 0.04% ～ 0.08% 的 35% 精甲霜灵种子处理乳剂，或 0.1% ～ 0.3% 的 12.5% 烯唑醇可湿性粉剂等包衣或拌种。

花生齐苗后至开花前，或发病初期，当病穴（株）率达到 5% 时，可选用 50% 多菌灵可湿性粉剂 600 ～ 800 倍液，或 70% 甲基硫菌灵可湿性粉剂 600 ～ 800 倍液，或 50% 苯菌灵可湿性粉剂 600 ～ 800 倍液等，喷淋花生茎基部或灌根，使药液顺茎蔓流到根部；或选用 12.5% 烯唑醇可湿性粉剂 1 000 ～ 2 000 倍液，或 25% 戊唑醇水乳剂 1 500 ～ 2 000 倍液，或 20% 三唑酮乳油 1 500 ～ 2 000 倍液，或 40% 丙环唑乳油 2 000 ～ 2 500 倍液等，均匀喷雾或喷淋花生茎基部，每亩喷药液 40 ～ 50 kg，或每穴浇灌药液 0.2 ～ 0.3 kg，发病严重时，间隔 7 ～ 10 d 防治 1 次，连续防治 2 ～ 3 次，药剂交替施用，药液喷足淋透。

# （一）主要病虫害　10. 花生茎腐病

## 分布为害

花生茎腐病又叫花生颈腐病，俗称烂脖子病、倒秧病等，是花生上的毁灭性病害，在河南省各地均有发生。花生苗期到成熟期均可发生，有6月中下旬的团棵期和8月上中旬的结果期两个盛期，造成植株团棵期单株状急性枯死、结果期成片状缓慢枯死，荚果不实或腐烂发芽，一般地块发病率10% ~ 20%，重者可达50% ~ 60%，甚至颗粒无收，发病越早损失越大（图1）。

图1　茎腐病田间为害状

## 症状特征

花生茎腐病主要为害茎、根和子叶等，发病部位多在与表土层交界的根颈和茎基部。

苗期感病，通常子叶先受害，变为黑褐色干腐状，后蔓延到茎基部及地下根颈部，产生黄褐色水渍状不规则形病斑（图2），逐渐绕茎或根颈扩展形成黑褐色病斑（图3）。病斑扩展环绕茎基时，

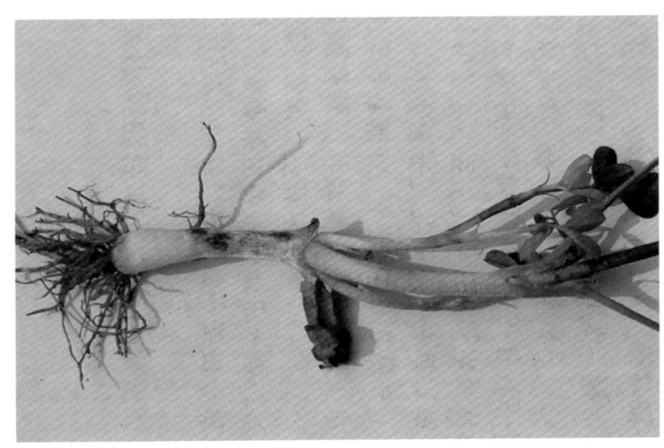

图2　苗期茎腐病株

图3　病斑绕茎或根颈扩展形成黑褐色病斑

维管束变为黑褐色，病株萎蔫，数天后即可变黄褐色枯死（图 4）。成株期发病，先在主茎和侧枝的基部产生黄褐色水渍状略凹陷的病斑（图 5），后向上下扩展，茎基部变黑褐色枯死（图 6），病部以上萎蔫枯死（图 7），地下荚果腐烂（图 8）脱落（图 9）。

图 4　变黄褐色枯死的病株

图 5　侧枝基部及果针上的略凹陷褐色病斑

图 6　茎基部变黑褐色枯死

图 7　病株萎蔫枯死

图 8　地下荚果腐烂

图 9　荚果脱落

纵剖根颈部，髓部变褐色干腐中空（图 10）。潮湿条件下，病部变黑褐色腐烂，（图 11）表皮易剥落；干燥时病部表皮呈琥珀色凹陷，紧贴茎上，揭开表皮，内部呈纤维状（图 12）。病部密生黑色小粒点（图 13，图 14）。病株易从茎基处折断（图 15）。

图 10　髓部变褐色干腐中空

图 11　病部变黑褐色腐烂

图 12　干燥病斑表皮内呈纤维状

图 13　潮湿时，病部密生黑色小粒点

图 14　干旱时，病部密生黑色小粒点

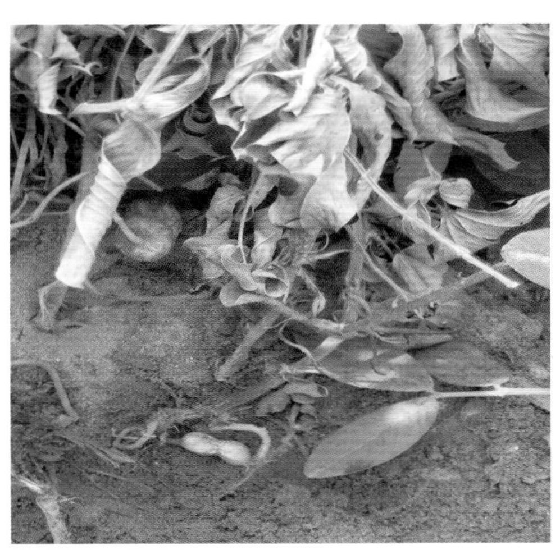
图 15　病株易从茎基处折断

## 发生规律

病原菌为半知菌亚门真菌，有性态属子囊菌亚门，以菌丝和分生孢子器在种子和土壤中病残体上、粪肥中越冬，成为翌年的初侵染源，主要从伤口侵入，也可直接侵入。病斑上产生的分生孢子进行再侵染。病菌在田间主要借风雨、流水和农事活动传播，种子调运可助其远距离传播。

收获前后遇阴雨，种荚发霉，种子带菌率高，翌年发病重且早。当 5 cm 土温 23 ~ 25℃、相对湿度 60% ~ 70%、旬降水量 10 ~ 40 mm，有利于病害发生；苗期雨水多，土壤湿度大，大雨后骤晴，或气候干旱，土表温度高，植株易受灼伤，病害发生重；但雨水过多、低温情况下，不利于病害发生。低洼积水、沙性强、土壤贫瘠的地块发病重。出苗迟缓、管理粗放、地下害虫多的地块发病重。品种间抗病性有差异，一般直立型品种发病重，蔓生早熟小粒型品种发病轻。

## 防治措施

**1. 农业防治**

选用抗（耐）病品种、无病种子，无病田留种，防止种子受潮发霉，播种前选种、晒种；合理轮作，提倡与禾谷类等非寄主植物实行 2 ~ 3 年轮作；适时播种，播种不宜过深；配方施肥，施足基肥，追施草木灰，施用充分腐熟的有机肥；雨后及时排除积水，播种后遇雨后及时松土；清除病残体，深翻土壤，精细整地。

**2. 化学防治**

在保证种子质量的基础上，采取种子处理，在花生齐苗后、开花前和盛花下针期，当田间病株（穴）率达到 5% 以上时，进行药剂防治，参见花生冠腐病。

# （一）主要病虫害　11. 花生根腐病

## 分布为害

花生根腐病俗称鼠尾、烂根病等，河南省均有零星发生。花生各生育期均可发病，开花结荚盛期发病严重，引起花生烂种、根腐、死棵、烂荚，造成缺株断垄（图1），一般发病率约10%，重者可达20% ~ 30%。

图1　根腐病大田为害状

## 症状特征

花生根腐病主要为害植株根部，也可为害果针与荚果。

花生播后出苗前受害，可造成烂种、烂芽。幼苗期受害，主根变褐色腐烂（图2），植株矮小（图3），枯萎（图4）死亡（图5）。成株期受害，通常表现为慢性症状，开始表现暂时萎蔫，叶片失水褪绿、

图2　主根变褐色腐烂

图3　病株矮小

图4　苗期病株枯萎

图5　病苗枯死

变黄，叶柄下垂（图6）。根颈部出现稍凹陷的长条形褐色病斑，根端呈湿腐状（图7～图9），皮层变褐腐烂（图10），易脱落（图11），主根粗短或细长，无侧根或极少，形似老鼠尾状（图12），维管束变褐（图13），植株逐渐枯死（图14），严重时从表现症状到枯死仅需2天（图15）。土壤湿度大时，近地面根

图6　病株出现暂时性枯萎

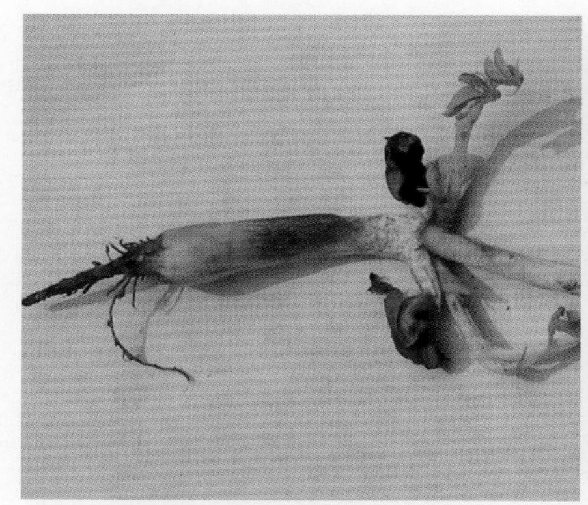

图7　苗期根颈部稍凹陷长条形褐色病斑，根端呈湿腐状

图8　成株期根颈部稍凹陷长条形褐色病斑，根端呈湿腐状

图9　根端呈湿腐状

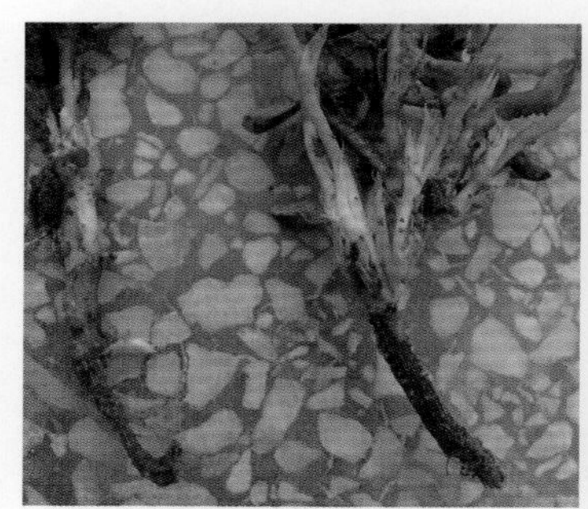

图10　皮层变褐腐烂

图11　病部表皮易脱落

图12　无侧根或极少，形似老鼠尾状

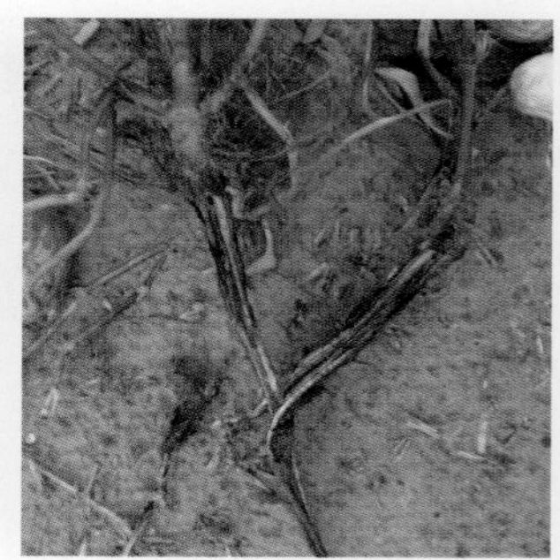

图13　维管束变褐

图14　植株逐渐枯死

图15　病株急性枯死

颈部可长出不定根（图 16），病部表面有病菌霉层（图 17）。病株地上部表现矮小、生长不良（图 18）、叶片变黄（图 19），开花结果少（图 20，图 21），且多为秕果（图 22）。病菌为害进入土内的果针和幼嫩荚果，果针受害后荚果易脱落在土内。病菌和腐霉菌复合感染荚果，可使得荚果腐烂（图 23）。

图 16　近地面根颈部可长出不定根

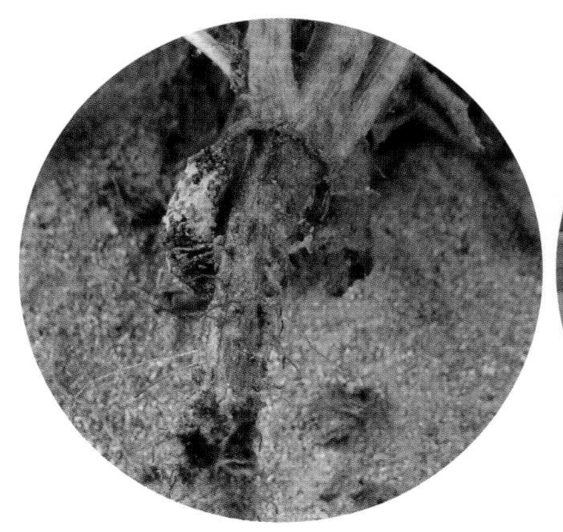

图 17　病部表面霉层症状

图 18　病株地上部表现矮小、生长不良

图 19　病株叶片变黄

图 20　病株、健株开花结果比较

图 21　病株结果少

图 22　病株多为秕果

图 23　荚果腐烂

## 发生规律

病原菌为半知菌亚门真菌，在土壤、病残体和种子表面越冬，成为翌年的初侵染源。病菌主要借助风雨和农事操作传播，从植株根部伤口或表皮直接侵入，病株上产生分生孢子进行再侵染。

病菌腐生性强，能在土壤中存活很长时间。种子带菌率高、连作、排水不良、地势低洼、土质黏重或土层浅薄的地块发病重；持续低温阴雨或大雨骤晴或少雨干旱的不良天气有利于其流行；种植过密、枝叶茂盛或杂草丛生，通风透气性差，抗病力下降，有利于发病；土壤肥力不足，花生生长缓慢，植株矮小，可加重病情。

## 防治措施

**1. 农业防治**

选用抗（耐）病品种，播种前精选种子；合理轮作，可与小麦、玉米等禾本科作物轮作，轻病田隔年轮作，重病田 3 ～ 5 年轮作；精细整地，高垄种植，足墒下种，提高播种质量；干旱时适当浇水，尽量减少灌溉次数，严禁在盛花期、雨前或久旱后猛灌水，大雨后及时清沟排渍降湿；施足底肥，适当增施磷肥、钾肥，农家肥要充分腐熟；拔除田间病株，集中烧毁，对发病株穴进行药剂灌根消毒，花生收获后及时清除田间植株和病残体。

**2. 化学防治**

在保证种子质量的基础上，采取种子处理；在发病初期，当田间病株（穴）率达到 5% 以上时，及时进行药剂防治，参见花生冠腐病。

# （一）主要病虫害　12. 花生青枯病

## 分布为害

花生青枯病是典型的维管束病害，在河南省局部发生，南部发生较重，近年呈加重趋势。从苗期到收获期均可发生，但以花期发病最重。花生一旦发病则全株死亡，一般地块病株率 10% ～ 20%，重者可达 50% 以上。

## 症状特征

花生青枯病主要为害根部，特征性症状是植株急性凋萎和维管束变色。

病株地上部最初是主茎顶梢叶片中午失水萎蔫（图 1），1 ～ 2 d 后，全株叶片自上而下急剧凋萎下垂（图 2），整株青枯死亡（图 3），叶片暗淡，仍呈青绿色（图 4）。后期病株叶片变褐枯焦（图 5），病株易拔起。病株地下部从主根尖端开始向

图 1　主茎顶梢萎蔫

上扩展，主根变褐湿腐（图 6），根瘤墨绿色。根茎部纵切面可见维管束变为浅褐色至黑褐色；湿润时挤压切口处，可溢出浑浊的白色细菌脓液，将根茎病段插入清水中，可见从切口涌出烟雾状浑浊液。病株上的果针、荚果呈黑褐色湿腐状。

图 2　整株急剧凋萎下垂

图 3　整株青枯死亡

图 4　病株叶片暗淡，仍呈青绿色

图 5　后期叶片变褐枯焦

图 6　病株主根变褐湿腐

## 发生规律

病原菌为细菌，主要在土壤、病残体及未充分腐熟的堆肥中越冬，成为翌年的主要初侵染源。病菌从花生根部、茎基部的伤口或自然孔口侵入，在维管束内蔓延，造成植株失水萎蔫，病根、病茎腐烂后，散布于土壤内，借助流水、人畜、农具、昆虫等传播，进行再侵染。

病源细菌怕阳光，不耐干燥，发育最适温度 28 ～ 33℃。高温高湿有利于发病，5 cm 土温 25℃以上 6 ～ 8d 开始发病，旬均土温 30℃进入发病盛期。雨日数及降雨量的多少对病害影响很大，特别是时晴时雨、久旱骤雨或久雨骤晴时发生严重。地势低洼排水不良、土层浅薄、酸性土壤、有机质含量低、偏施过施氮肥、保水肥力差的粗沙土或通透性差的黄黏土地块发病重。土壤温湿度骤变或根部伤口多时发病重。品种之间抗病性差异明显，一般丛生型品种较蔓生型品种发病重。

## 防治措施

**1. 农业防治**

选用抗（耐）病品种；合理轮作，可与水稻、小麦、玉米、谷子、甘薯等作物轮作，避免与茄科、豆科、芝麻等作物连作，重病地轮作 5 ～ 6 年以上，轻病地轮作 1 ～ 2 年；深耕晒土；配方施肥，施足有机肥，增施磷肥、钾肥、钙肥、硼肥，适施、早施氮肥，禁用带病残体未腐熟的肥料；酸性土壤适当增施石灰，降低酸度；采用高畦地膜栽培，适期播种，合理密植，花生生长期及时喷施植物生长调节剂进行化学控制，以利通风透光；避免大水漫灌，雨后及时排水；及时清除病株残体，带出田外集中深埋，铲除田地周围的杂草。

**2. 化学防治**

在播种前使用药剂拌种、发病初期及时喷洒药剂进行防治。

花生播种前，可按种子重量选用 0.4% 的 50% 琥胶肥酸铜可湿性粉剂，或 0.5% ～ 1% 的 20% 噻菌铜悬浮剂，或 0.2% ～ 0.3% 的 3% 中生菌素可湿性粉剂，或 0.3% ～ 0.5% 的 25% 络铵铜水剂等拌种。充分拌匀后播种，不要闷种，注意防止浓度过大产生药害。

在花生始花期或发病初期，可选用 20% 噻菌铜悬浮剂 300 ～ 500 倍液，或 15% 络铵铜水剂 300 ～ 500 倍液，或 47% 春雷・王铜可湿性粉剂 300 ～ 500 倍液，或 56.7% 氢氧化铜水分散粒剂 300 ～ 500 倍液，或 12.5% 松脂酸铜乳油 300 ～ 500 倍液，或 77% 硫酸铜钙可湿性粉剂 300 ～ 500 倍液，或 3% 中生菌素可湿性粉剂 600 ～ 800 倍液，或 72% 农用硫酸链霉素可溶粉剂 1 000 ～ 2 000 倍液，亩用液量 50 ～ 60 kg；或每亩选用 41% 乙蒜素乳油 60 ～ 100 g，或 10 亿 CFU/ g 多粘类芽孢杆菌可湿性粉剂 450 ～ 700 g、3 000 亿个 / g 荧光假单孢杆菌粉剂 450 ～ 700 g 等，加水 50 ～ 60 kg，喷淋花生茎基部，或浇灌花生根部，每穴浇灌药液 0.2 ～ 0.3 kg，7 ～ 10 d 喷灌 1 次，连续防治 2 ～ 3 次。

# （一）主要病虫害

## 13. 花生白绢病

### 分布为害

花生白绢病又叫花生菌核性基腐病、白脚病、菌核枯萎病、菌核根腐病，在河南省局部发生，南部较重，近年为害渐趋严重。多发生在花生成株期的下针至荚果形成期，7 ~ 8 月为发病盛期，造成植株枯萎死亡（图 1）。一般为零星发生，病株率在 5% 以下，严重地块可高达 30% 以上。

图 1　白绢病大田为害状

### 症状特征

花生白绢病主要为害茎基部，也为害果针和荚果。

病部初期变褐软腐，其上出现波纹状病斑（图 2）。病斑表面长

图 2　茎上的波纹状病斑

出一层白色绢状菌丝体（图 3）并在植株中下部茎秆的分枝间（图 4）、植株间蔓延（图 5），土壤潮湿郁蔽时，病株的中下部茎秆及周围土表的植物残体和有机质、杂草上，也可布满白色菌丝体（图 6）。菌丝遇强阳光常消失（图 7），天气干旱时，仅为害花生地下部分，菌丝层不明显（图 8）。发病后期，

图 3　病株上的白色菌丝体

图 4　菌丝体在植株中下部茎秆的分枝间蔓延

图 5　菌丝体在植株间蔓延

图 6　病株中下部及周围土表布满白色菌丝体

图 7　白绢状菌丝体遇干燥气候消失

图 8　干旱时主要为害地下部，菌丝层不明显

菌丝体中形成很多油菜籽状菌核，初为乳白色至乳黄色，后变深褐色，表面光滑、坚硬（图 9）。受害茎基部组织腐烂，皮层脱落，剩下纤维状组织（图 10）。病株逐渐枯萎，叶片变黄，边缘焦枯（图 11），拔起易断头（图 12）。受害果针和荚果长出很多白色菌丝，呈湿腐状腐烂（图 13）。

图 9　菌丝体中的油菜籽状菌核

图 10　茎基部腐烂皮层脱落呈纤维状

图 11　病株变黄，叶片焦枯死亡

图 12　病株拔起易断头

图 13　受害果针与荚果

## 发生规律

病原菌为半知菌亚门真菌，主要以菌核或菌丝体在土壤及病株残体上越冬，种子和种壳也可带菌传病。翌年菌核萌发，产生菌丝，从植株根茎基部的表皮直接侵入或从伤口侵入，也可侵入果针或荚果。主要借流水、土壤、昆虫、种子传播。

菌核在干燥土壤内或病株上可存活 5 ~ 6 年。温暖高湿的天气有利于发病，多雨年份，特别雨后骤晴或久旱后骤雨，发病严重。种子带菌率高，花生重茬、播种早的地块，发病早且重，土壤黏重、排水不良、田间湿度大、酸性至中性的沙质土壤易发病。管理粗放、群体过大、施用未腐熟土杂肥的地块发病重。品种间抗性差异明显，植株直立型、种壳薄、珍珠豆型小花生品种一般比蔓生型、种壳厚、大粒型花生发病重。

## 防治措施

**1. 农业防治**

选用抗（耐）病品种或无病种子；重病田实行水旱轮作或与小麦、玉米等禾本科作物实行 3 年以上轮作；选择地势平坦、土层深厚、土质肥沃、排灌方便的地块种花生；春花生适当晚播，合理密植，苗期蹲苗，中耕除草，大雨后及时排渍；清除病株残体，集中烧毁或掩埋，深翻土壤；配方施肥，增施有机肥、锌肥、钙肥、硼肥，施用充分腐熟有机肥。

**2. 化学防治**

播种前，对种子进行包衣或拌种；耕翻土地时，土壤处理消毒；发病初期，及早喷药预防控制。

播种前，可按种子重量选用 0.6% ~ 0.8% 的 2.5% 咯菌腈悬浮种衣剂，或 0.04% ~ 0.08% 的 35% 精甲霜灵种子处理乳剂，或 0.1% ~ 0.3% 的 50% 异菌脲可湿性粉剂，或 0.2% ~ 0.4% 的 3% 苯醚甲环唑悬浮种衣剂，或 0.3% ~ 0.8% 的 50% 福美双可湿性粉剂，或 0.5% ~ 1% 的 50% 甲基硫菌灵可湿性粉剂，或 2% ~ 4% 的 15% 五氯硝基苯悬浮种衣剂等包衣或拌种。

结合春季耕翻整地，每亩可选用 70% 甲基硫菌灵可湿性粉剂 2 ~ 3 kg，或 80% 多菌灵可湿性粉剂 2 ~ 3 kg，或 50% 福美双可湿性粉剂 2 ~ 3 kg，或 40% 五氯硝基苯粉剂 5 ~ 7 kg，加细土拌匀，均匀混撒于土中，可消灭土壤中残留病菌。

发病初期，可选用 2% 春雷霉素可湿性粉剂 200 ~ 300 倍液，或 50% 多菌灵可湿性粉剂 600 ~ 800 倍液，或 50% 福美双可湿性粉剂 600 ~ 800 倍液，或 20% 甲基立枯磷乳油 600 ~ 800 倍液，或 50% 苯菌灵可湿性粉剂 600 ~ 800 倍液，或 40% 菌核净可湿性粉剂 600 ~ 800 倍液，或 50% 乙烯菌核利可湿性粉剂 600 ~ 800 倍液，或 80% 乙蒜素乳油 1 000 ~ 1 500 倍液，或 10% 苯醚甲环唑水分散粒剂 1 000 ~ 1 500 倍液，或 50% 异菌脲可湿性粉剂 1 000 ~ 1 500 倍液，或 50% 腐霉利可湿性粉剂 1 000 ~ 1 500 倍液，或 20% 三唑酮乳油 1 500 ~ 2 000 倍液，或 40% 丙环唑乳油 2 000 ~ 2 500 倍液，或 43% 戊唑醇悬浮剂 5 000 ~ 7 000 倍液等，喷淋花生茎基部、地表或灌根，每亩喷洒药液 40 ~ 50 kg，或每穴喷淋浇灌药液 0.2 ~ 0.3 kg。发病严重时，间隔 7 ~ 10 d 防治 1 次，连续防治 2 ~ 3 次，药剂交替施用，药液喷足淋透。

# （一）主要病虫害

# 14. 花生菌核病

## 分布为害

花生菌核病是花生小菌核病和花生大菌核病的总称，花生大菌核病又称花生菌核茎腐病，在河南省局部零星发生，以小菌核病为主，为害不大。常发生在花生生长后期，造成植株枯萎死亡，个别年份或地块为害较重，重者减产20%以上。

图1　花生菌核病为害荚果症状

## 症状特征

花生小菌核病主要为害根部及根颈部，也能为害茎、叶、果针及果实。叶片上病斑暗褐色，近圆形，直径3 ~ 8 mm，有不明显轮纹，潮湿时病斑扩大为不规则形，呈水渍状软腐。茎部病斑初为褐色，后渐扩大，变为深褐色，最后呈黑褐色，受害部位软化腐烂，病部以上茎叶萎蔫枯死。在潮湿条件下，病部表面初生灰褐色绒毛状霉状物，后变为灰白色粉状物。至临近收获时，在茎的皮层及木质部之间产生大量不规则形的小菌核，有时菌核突破表皮外露。菌核外层黑色，内部白色，大小1 ~ 2 mm。受害果针腐烂易断裂。受害荚果变褐色，在表面或荚果里生白色菌丝体及黑色菌核，引起子粒腐败或干缩（图1）。

大菌核病引起症状和小菌核病相似，但仅在茎蔓上发生。病斑形状不规则，初呈暗褐色，后褪为灰白色，扩大后绕茎，引起茎蔓表皮腐烂剥落，露出白色木质部，病部以上茎叶陆续凋萎死亡，在茎的表面及髓中产生圆柱形或不规则形的大菌核。菌核黑色，鼠粪状，大小3 ~ 12 mm不等。

## 发生规律

病原菌为子囊菌亚门真菌，主要以菌核或菌丝体在病残株、荚果和土壤中越冬，翌年菌核萌发产生分生孢子或子囊孢子，成为初侵染源，借风雨传播，多从伤口侵入，菌丝也能直接侵入寄主。

种子带菌率高，花生重茬连作、土壤菌源多，土壤黏重、板结，地势低洼、排水不良、田间湿度大的地块发病重。杂草丛生、群体过大、通风透光差、施用未腐熟土杂肥、氮肥施用过多、植株柔嫩多汁、虫害较多时易发病。温暖高湿条件能促进病害的扩展蔓延。

## 防治措施

1. 农业防治

合理轮作，重病田实施水旱轮作或与小麦、玉米、谷子、甘薯等进行 3 年以上轮作；合理密植，高畦栽培，使用有机肥要充分腐熟；及时拔除田间病株，集中烧毁，花生收获后清除病株，深翻灭茬。

2. 化学防治

参见花生白绢病。

# （一）主要病虫害　15. 花生根结线虫病

## 分布为害

花生根结线虫病又叫花生根瘤线虫病、花生线虫病，俗称地黄病、地落病、黄秧病等，是花生上的一种毁灭性病害，在河南省局部发生。花生整个生长期均可发生，病株在田间常成片分布，地上部分生长发育不良，呈缺肥、缺水状，一般减产 20% ~ 30%，重者减产 70% 以上，甚至绝收。

## 症状特征

花生线虫病主要为害根部，也可为害果壳、果柄和根颈等。

花生出苗后即可被害，一般病株在出苗后半个月地上部即可表现症状，团棵期症状最明显。病株生长缓慢或萎黄不长，株矮叶黄瘦小，叶缘焦灼，提早脱落，开花迟且花小，正常的根瘤少，结果少甚至不结果（图 1）。

图 1　病株与键株比较，病株矮小，结果少或不结果

根部受害部位膨大，形成纺锤形或不规则形表面粗糙的瘤状根结(图 2)，一般直径 2 ～ 4 mm，初呈乳白色，后变淡黄色至深褐色（图 3）。根结上长出的细小须根（图 4），须根再受害形成次生根结（图 5），经过多次重复侵害，至盛花期全株根系形成乱发状的须根团(图 6)。

图 2　纺锤形或不规则形表面粗糙的瘤状根结

图 3　乳白色至淡黄色根结

图 4　根结上长出细小须根

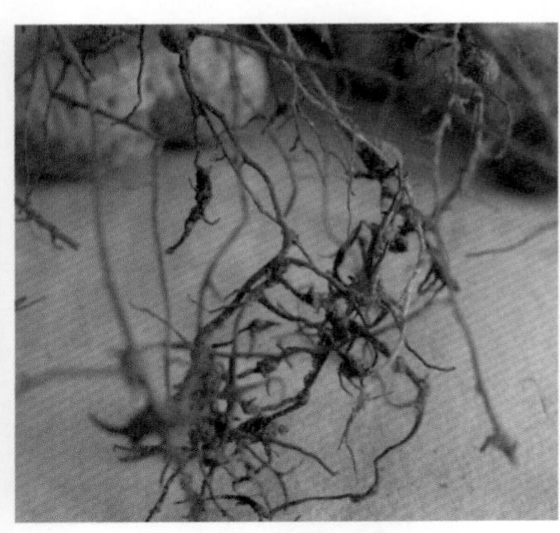

图 5　次生根结

图 6　根系形成乱发状根须团

被害主根畸形歪曲（图 7），停止生长，根部皮层变褐腐烂（图 8）。果壳、果柄和根颈受害，有时也能形成根结，幼果壳上呈乳白色略带透明状，成熟果壳上呈褐色疮痂状（图 9），果柄和根颈上呈葡萄穗状。

图 7　被害主根畸形

图 8　根部变褐色腐烂

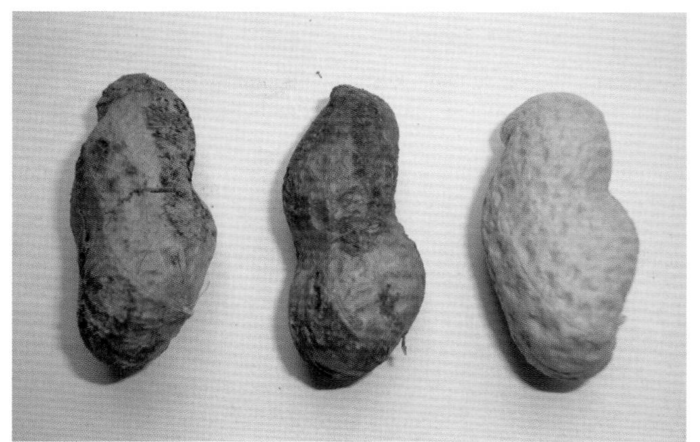

图 9　病果壳（左、中）与正常果壳（右）比较

图 10　正常根瘤（左）与线虫根结（右）比较

识别根结线虫病，要注意线虫根结与固氮菌根瘤的区别（图 10），根结多长在根端，呈不规则状，表面粗糙，长有毛根，剖开可见乳白色沙粒状线虫；根瘤长在根的一侧，圆形或椭圆形，表面光滑，无毛根，剖开或压碎后流出红色、褐色或绿色汁液。

## 发生规律

病源为线虫，以卵在卵囊内或幼虫在根结内随着病根、病果壳在土壤或粪肥中越冬，主要靠土壤传播，也可借流水、风雨、粪肥、农事操作等传播，调运带病荚果可远距离传播。

在河南省 1 年发生 3 ～ 4 代，侵染盛期为 5 月中旬至 6 月下旬。翌年气温回升，卵孵化成 1 龄幼虫，蜕皮成 2 龄幼虫后出壳，从花生根尖处侵入，在刺激寄主细胞形成根结的同时，造成伤口、损耗养分，易引起次生病害（图 11）。幼虫共蜕 4 次皮，雌虫产卵于卵囊中，卵囊一般露出根结外，卵在土壤中分批孵化进行再侵染。线虫主要分布在 40 cm 土层内，不耐干燥，耐水淹和低温。土壤温度

图 11　根结线虫引起的果腐病

20 ~ 25℃、含水量 70% 左右，最适于侵入。

干旱发病重；沙壤土、沙土或贫瘠的土壤中发病重；连作田、管理粗放、病残体及杂草多的花生田易发病。春花生比夏花生、早播比晚播发病重。

## 防治措施

**1. 加强检疫**

保护无病区，不从病区调运花生种子；如确需调种时，应在当地剥壳只调果仁，并在调种前将其干燥到含水量 10% 以下，调运其他寄主植物也实施检疫。

**2. 农业防治**

选育和利用抗病品种、无病种子，贮藏、播种前充分晾晒；与玉米、谷子、小麦等禾本科和甘薯等非寄主作物实行轮作，水旱轮作，效果更好；增施腐熟有机肥，减少化肥用量，提高抗病力；改善灌溉条件，忌串灌，防止浇水传播；及时清除田内外杂草，病田就地收刨、单收单打，深刨病根，集中烧毁病残体，减少扩散传播。

**3. 化学防治**

抓住播种时药剂沟施或穴施、出苗后 1 个月时（侵染盛期）药剂灌根两个关键措施。播种前线虫密度达到幼虫（卵）30 条（粒）/ kg 土壤时，要及时进行药剂防治。

播种时，每亩可选用 15% 阿维·吡虫啉微囊悬浮剂 0.3 ~ 0.5 kg，或 1.5% 阿维菌素颗粒剂 1 ~ 2 kg，或 40% 三唑磷乳油 1 ~ 2 kg，或 10% 克线磷颗粒剂 4 ~ 6 kg，或 10% 硫线磷颗粒剂 4 ~ 6 kg，或 10% 灭线磷颗粒剂 4 ~ 6 kg，或 3% 克百威颗粒剂 4 ~ 6 kg，或 5% 丁硫·毒死蜱颗粒剂 6 ~ 10 kg 等，也可选用 2.5 亿个孢子 / g 厚孢轮枝菌微粒剂 1.5 ~ 2 kg、5 亿活孢子 / g 淡紫拟青霉颗粒剂 2.5 ~ 3.5 kg 等生物制剂，加细土 20 ~ 25 kg 拌匀制成毒土，撒施于播种沟或穴内，覆土后播种，或进行 15 ~ 25 cm 宽的混土带施药。

花生出苗后 1 个月时，可选用 25% 阿维·丁硫水乳剂 1 000 ~ 2 000 倍液灌根，或每亩选用 3% 阿维菌素微囊悬浮剂 0.5 ~ 1 kg，或 10 亿 CFU 蜡质芽孢杆菌 /mL 悬浮剂 4.5 ~ 6 L，加水 200 ~ 300 kg 灌根。

# （一）主要病虫害 16. 花生果腐病

## 分布为害

花生果腐病又称花生烂果病，是花生上的土传病害，常和其他病虫害混合发生。在河南省为近年新出现的病害，呈加重趋势，局部为害严重。花生结荚到收获期均可发病，田间多呈整株或点片发生，造成荚果腐烂，一般减产 15% ~ 20%，重者减产 50% 以上，甚至绝收。

## 症状特征

花生果腐病主要为害花生荚果，也可为害果柄。

不同发育阶段的荚果均可受害。多数荚果在果嘴端先受害（图 1），果壳表层先出现黄褐色至棕褐色的不规则形病斑（图 2），后向深层和四周扩展（图 3），可环绕荚果一周（图 4，图 5），造成整个或半个荚果变褐色或

图 1　果嘴端先受害

图 2　果壳表层出现黄褐色至棕褐色不规则形病斑

图 3　病斑向深层和四周扩展

图 4　病斑环绕荚果 1 周前后期对比（外观）

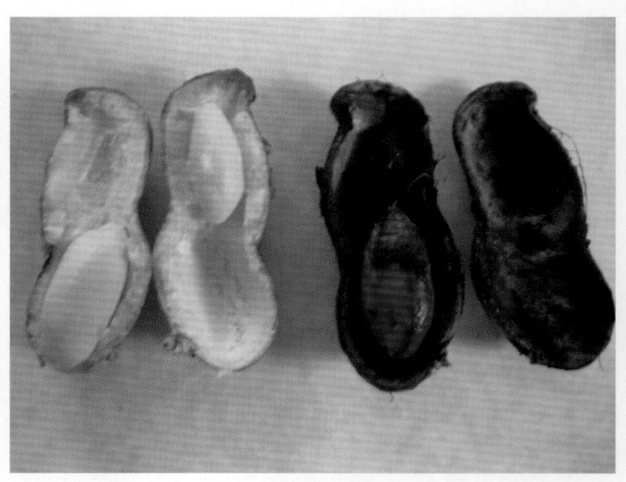

图 5　病斑环绕荚果 1 周前后对比（内部）

图 6　变褐色或黑色腐烂的荚果新鲜时的症状

图 7　变褐色或黑褐色腐烂的荚果干燥后的症状

黑色腐烂（图 6，图 7）。果仁与果壳分离，变褐色至黑色腐烂（图 8），干燥后呈黑粉状，或籽粒干瘪色泽发暗或发芽（图 9，图 10）。受害果柄土中部分变褐色腐烂（图 11），造成荚果脱落或发芽。

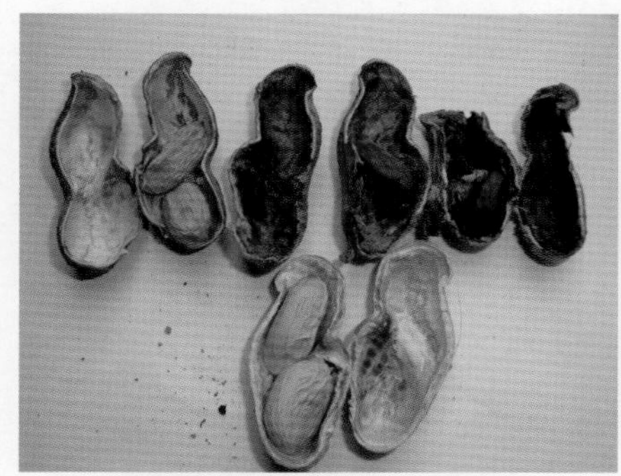

图 8　果仁与果壳分离，变褐色至黑色腐烂

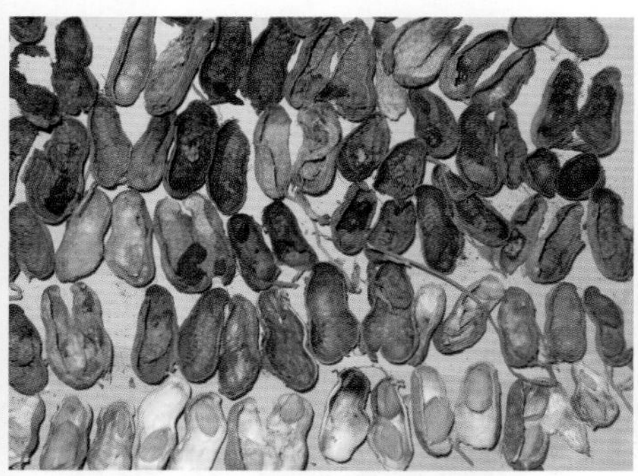

图 9　病果剖开的果仁

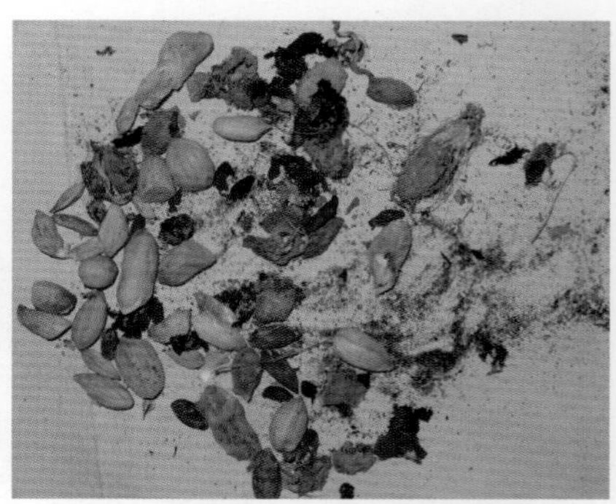

图 10　病果仁

湿度大时，部分果壳内外或果仁表面出现灰白色、浅绿色、褐色或黑色等菌丝体或霉层（图 12，图 13）。病株地上部分与正常植株没有明显异常（图 14）。

图 11　受害果柄变褐色腐烂

图 12　干燥病果壳内外的菌丝及霉状物

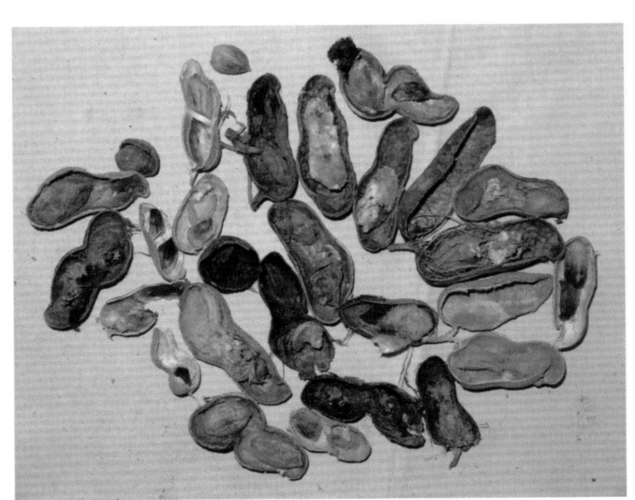

图 13　腐烂荚果内及果仁上的霉状物

图 14　病株地上部分没有明显异常

## 发生规律

病源为复合病源，包括多种病原真菌、植物寄生线虫和土壤中的螨类，称之为“花生果腐病复合体”。借助土壤与种子传播。发病盛期在 7 月下旬至 9 月中旬的结荚盛期。

连作、沙质土壤、氮肥施用过多、土壤湿度大的地块发病重；地下害虫、寄生线虫或根腐病等较多的地块发病重；多年连作的地块，在花生荚果期，遇到雨水较多的年份，或严重干旱后遇到较大降雨或灌水，病情就会加重。花生品种间抗性有差异。

## 防治措施

控制花生果腐病应采取以农业防治为基础，多种方式相结合的综合防治措施。

**1. 农业防治**

选用抗（耐）病品种或无病种子，推广抗逆性和丰产性较好的品种，精选种子；合理轮作，可与小麦、玉米、谷子、甘薯、蔬菜等作物轮作，重病田实行 3 ～ 5 年轮作；配方施肥，施用充分腐熟有机肥，减少氮肥，增施钙、锌、硼、硫、锰、钼等中微量肥和生物菌肥，增加土壤有益菌的含量；选在地势高、土壤疏松、排水良好的地块起垄种植花生，忌大水漫灌、串灌，雨后及时清沟排渍；及时清除果壳等病残体，集中烧毁。

**2. 化学防治**

播种前杀虫剂和杀菌剂混合包衣或拌种，可以有效预防果腐病的发生，同时兼治地下害虫、根腐病等；整地时药剂土壤处理；发病初期药液灌根喷淋。

播种前，可选用种子重量 0.3% ～ 0.8% 的 25% 噻虫·咯·霜灵悬浮种衣剂，或 1.7% ～ 2% 的 25% 多·福·毒死蜱悬浮种衣剂，或 1.7% ～ 2.5% 的 18% 辛硫·福美双种子处理微囊悬浮种衣剂，或 2% ～ 2.5% 的 15% 甲拌·多菌灵悬浮种衣剂包衣。也可选用 600 g/L 吡虫啉悬浮种衣剂 30 ～ 45 mL 或 30% 毒死蜱微胶囊悬浮剂 210 ～ 300 mL，加 350 g/L 精甲霜灵种子处理乳剂 5 ～ 12 mL 或 25 g/L 咯菌腈悬浮种衣剂 80 ～ 120 mL 或 3% 苯醚甲环唑悬浮种衣剂 30 ～ 50 mL 等，混合拌花生种子 12.5 ～ 15 kg。拌种时加入含有解淀粉芽孢杆菌等菌肥，防治效果更佳。

结合耕翻土壤，每亩可选用 70% 甲基硫菌灵可湿性粉剂 2 ～ 3 kg，或 80% 多菌灵可湿性粉剂 2 ～ 3 kg，或 50% 福美双可湿性粉剂等 2 ～ 3 kg，或 40% 五氯硝基苯粉剂 5 ～ 7 kg 等，加细土拌匀后，均匀撒施于土中，以消灭土壤中病菌。

花生结荚初期或发病初期，可选用 3% 多抗霉素水剂 100 倍液，2 亿活孢子 / g 木霉菌可湿性粉剂 200 ～ 300 倍液，或 3% 甲霜·噁霉灵水剂 300 ～ 500 倍液，50% 多菌灵悬浮剂 600 ～ 800 倍液，或 20% 甲基立枯磷乳油 600 ～ 800 倍液，或 1% 甲嗪霉素悬浮剂 600 ～ 800 倍液，或 50% 苯菌灵可湿性粉剂 800 ～ 1 000 倍液，或 80% 乙蒜素乳油 1 000 ～ 1 500 倍液，或 12.5% 烯唑醇可湿性粉剂 1 000 ～ 1 500 倍液等，灌根或喷淋花生茎基部，每穴浇灌喷淋药液 0.2 ～ 0.3 kg，间隔 7 ～ 10 d 防治 1 次，连续防治 2 ～ 3 次，药剂交替施用，药液喷足淋透。

# （一）主要病虫害　17. 花生缺铁性黄化病

## 分布为害

花生缺铁性黄化病，俗称花生黄叶病，是花生上最常见的一种生理性缺素症，在河南省普遍发生。花生自苗期至成熟期均可发生，以6～8月开花下针至荚果膨大期发生严重（图1）。病株叶片光合作用降低，生长受到抑制，抗逆性下降，易引起其他病害。一般发生田块减产10%～20%，重者减产30%以上。

图1　花生缺铁性黄化病大田受害状

## 症状特征

花生顶部叶片开始出现症状（图2），表现为上部嫩叶叶肉失绿（图3），呈蛋黄色边缘清晰的

图2　花生顶部叶片开始出现症状

图3　上部嫩叶叶肉失绿

图 4　呈蛋黄色边缘清晰的羽纹状

图 5　叶脉及中下部叶片仍保持绿色

羽纹状（图 4），而叶脉及中下部叶片仍保持绿色（图 5）；严重发生时，叶脉也会失绿黄化（图 6），上部新叶全部变为黄白色（图 7），出现褐斑坏死（图 8），干枯脱落（图 9）。病株长势衰弱（图

图 6　叶脉失绿黄化

图 7　上部新叶全部变为黄白色

图 8　出现褐斑坏死

图 9　叶片干枯脱落

10），开花减少（图 11），荚果秕小，品质下降。

与缺氮、缺锌引起的花生叶片黄化相比，缺铁性黄化叶片大小无明显改变，失绿黄化明显；缺氮性黄化首先是下部老叶褪绿，一般同时还表现叶片变薄变小，植株矮小；缺锌性黄化表现为叶片簇生，出现黄白小叶症。鉴定是否为缺铁性黄化症，可用 0.1% 的硫酸亚铁溶液涂于叶片背面失绿处，若 1 周后转绿，可确认为缺铁性黄化病。

图 10　病株长势衰弱

图 11　病株开花减少

## 发生规律

铁元素在植株体内移动差，植株缺铁引起叶绿素不能合成，首先在新梢幼嫩部分表现出黄化症。

河南省花生区土壤中石灰质较多，多呈弱碱性，大量铁元素形成沉淀被固定，不能被根系吸收利用。浇水或大雨后，未被固定的可溶性有效铁，也会随雨水径流和下渗流失，使其浓度降低。花生生长盛期对铁需求量大，因有效铁供应不足而出现黄化。到雨季后期，土壤中盐分下降，有效铁相对增多，黄化症明显减轻，甚至消失。

花生对铁元素比较敏感，田间很容易发生缺铁性黄化病，品种间抗病性有明显差异（图 12）。春季干旱、7 ～ 8 月降水多的年份发生重，大水漫灌、地下水位高、排水不良、地势低洼、磷肥施用过多的地块发生重，土壤黏重、保水、保肥性差、盐碱性重的土壤发生重。

图 12　花生品种间对缺铁性黄化病的抗性有差异

## 防治措施

### 1. 管好肥水

深耕土壤，改土治碱，配方施肥，辅施微肥，增施有机肥，增加土壤有机质含量。科学灌水，干旱无雨时，应酌情浇小水，切忌大水漫灌，大雨过后，及时排渍，中耕放墒。

### 2. 增施铁肥

主要施用硫酸亚铁、硫酸亚铁铵、有机络合态铁等铁肥，可用作基肥、种肥、追肥，以叶面喷施效果最好。

做基肥施，播种时，每亩集中条施或穴施硫酸亚铁 2.5 ～ 3 kg，最好与有机肥、腐殖酸混合施用，可避免被转化成沉淀而失效，能显著提高效果。

做种肥施，可用 0.1% 硫酸亚铁水溶液浸种 12 小时后播种，或用种子量 0.1% 的稀土微肥拌种。

做追肥施，可在雨季到来或灌溉前、发病初期叶面喷施。每亩可用 0.3% ～ 0.5% 的硫酸亚铁水溶液 30 ～ 50 kg，均匀喷洒叶面，间隔 5 ～ 7 d 喷 1 次，连喷 2 ～ 3 次。肥液现配现用，可加入 0.1% 的中性洗衣粉与 1% 的尿素，也可加入硼、锌微量元素肥料，增加叶面的粘附性，促进对铁的吸收，提高利用率。

磷、钙、镁、锰、铜等元素对铁有拮抗作用，能降低铁的有效性，在施用硫酸亚铁时，应合理限制这些元素的用量，最好不同时施用含这些元素的肥料。

# （一）主要病虫害　18. 花生蚜虫

## 分布为害

花生蚜虫属同翅目蚜科，别名苜蓿蚜、豆蚜、槐蚜，俗称蜜虫、腻虫，是花生常发害虫之一，在河南省普遍发生。花生蚜虫寄主甚广，还可为害苜蓿、绿豆、豇豆、槐树等。

图 1　花生蚜虫为害嫩芽状

图 2. 花生蚜虫为害嫩叶状

蚜虫自花生种子发芽到收获期均可为害，以花期前后为害最重。成虫和若虫群集在幼茎、嫩芽（图 1）、嫩叶（图 2）、花柄及果针等幼嫩部位刺吸汁液，致使叶片变黄扭缩（图 3），生长缓慢或停滞，植株矮小，影响开花下针和结实。蚜虫排出的大量蜜露，引起霉菌寄生，影响光合作用。蚜虫还能传播多种病毒病，为害更大。受害花生轻者减产 20% ～ 30%，重者减产 50% ～ 60%，甚至绝收。

图 3　花生蚜虫为害，叶片扭曲状

## 形态特征

成虫分为有翅胎生雌蚜和无翅胎生雌蚜 2 种，体长 1 ~ 2 mm，有光泽，触角 6 节，腹管黑色细长（图 4）。有翅胎生雌蚜，黑色或黑绿色；触角第1 ~ 2节黑褐色，第3 ~ 6节黄白色，节间淡褐色，第 3 节较长；翅基、翅痣、翅脉均为橙黄色（图 5）。

图 4　有翅胎生雌蚜成虫与若虫

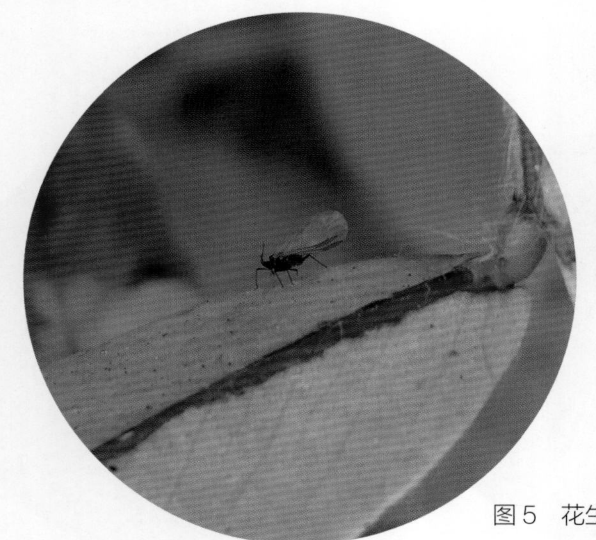

图 5　花生有翅胎生雌成虫

无翅胎生雌蚜体较肥胖，常为黑色或紫黑色，体有薄蜡粉；触角约为体长的 2/3，第 1、2、6 节及第 5 节末端黑色，其余黄白色。若虫与成虫相似，体小，灰紫色，体节明显，体上有薄蜡粉（图 6）。

图 6　花生无翅胎生雌蚜成虫与若虫

## 发生规律

河南省 1 年发生约 20 代，主要以无翅胎生若蚜在背风向阳处的荠菜、苜蓿等十字花科及宿根性豆科植物上越冬，少量以卵在寄主残体上越冬。翌年春气温升到 10℃时开始活动，在越冬寄主上繁殖几代后，产生有翅蚜，迁移到附近的荠菜、豌豆、槐树等寄主上，5 月中下旬花生出苗后迁入，6 月中旬在花生田内外迁移，花生收获前迁飞到越冬寄主上繁殖越冬。5 月底至 6 月底、6 月中旬至 7 月上旬是为害春、夏花生盛期。

春末夏初气候温暖、雨量适中对其发生繁殖有利。平均温度 19 ~ 22℃，相对湿度 60% ~ 70%，最适于发生为害。大雨对蚜虫有冲杀作用。旱地、坡地及生长茂密地块发生重。瓢虫、草蛉、食蚜蝇、蚜茧蜂等天敌，对其发生有抑制作用。

## 防治措施

防治蚜虫的直接为害，可同时预防花生病毒病，防治宜早不宜晚。

1. 农业防治

合理邻作，花生田块周围尽量避免种植豌豆等其他寄主植物。加强田间管理，适时播种，合理密植，适时灌溉，清洁田园。铲除田间及周边杂草、残株、落叶。

2. 物理防治

覆膜栽培，使用银灰色薄膜驱避苗期蚜虫。在有翅蚜迁入期，田内悬挂黄色粘板诱杀。

3. 生物防治

保护利用天敌，当瓢虫与蚜虫比达 1 ：（80 ~ 100）头时，可利用天敌控制蚜虫，不施农药。

4. 化学防治

距越冬虫源近且虫源量大的地块，应做到防治蚜虫与预防病毒病相结合。

播种前，可选用 60% 吡虫啉微囊悬浮剂 30 ~ 45 g 拌花生种子 12.5 ~ 15 kg，或选用种子量 0.3% ~ 0.6% 的 70% 噻虫嗪种子处理可分散粉剂，或 2.8% ~ 4% 的 25% 甲・克悬浮种衣剂包衣或拌种，防治蚜虫。

蚜虫发生初期，或蚜穴（株）率达 30% 或百穴（株）蚜量达 1 000 头以上时，应立即喷药防治。一般在有翅蚜向花生地迁移高峰后 2 ~ 3 d，每亩用 10% 吡虫啉可湿性粉剂 20 g，或 2.5% 溴氰菊酯乳油 20 mL，或 5% 啶虫脒乳油 20 mL，或 50% 抗蚜威可湿性粉剂 15 ~ 20 g，或 2.5% 高效氯氟氰菊酯乳油 20 ~ 30 mL，或 48% 毒死蜱乳油 50 ~ 80 mL，或 25% 辛・氰乳油 30 ~ 50 mL，对水 40 ~ 50 kg 均匀喷雾，间隔 7 ~ 10 d 防治 1 次，连续防治 2 ~ 3 次。

春季蚜虫迁飞之前，在周围越冬寄主上喷洒药剂，杀灭虫源。

# （一）主要病虫害

## 19. 花生叶螨

### 分布为害

花生叶螨属蛛形纲蜱螨目叶螨科，俗称红蜘蛛、黄蜘蛛、白蜘蛛，是花生上的常发害虫，在河南省普遍发生。主要种类有朱砂叶螨、二斑叶螨、截形叶螨等，优势种是朱砂叶螨。寄主除花生外，还有多种农作物、林木、花草等。

成、若螨多聚集在叶背面刺吸汁液（图 1），叶正面出现失绿斑点（图 2），初为

图 1　花生叶螨多聚集在叶背面刺吸汁液

图 2　叶片正面出现失绿斑点

灰白色，逐渐变黄（图3），成、若螨吐丝结网（图4），在网内为害（图5），严重时可见叶片表面有一层白色丝网，茎叶被联结在一起（图6），造成叶片皱缩干枯脱落，植株枯死（图7），荚果干瘪。

图3　花生叶螨为害叶片正面斑点变黄

图4　成、若螨吐丝结网

图5　叶螨在网内为害

图6　茎叶被丝网联结在一起

图7　叶片皱缩干枯脱落

## 形态特征

叶螨一生经过卵、幼螨、若螨、成螨 4 个阶段。幼螨 3 对足，若螨、成螨相似，4 对足。雌成螨长 0.4 ~ 0.6 mm、宽约 0.3 mm，雄成螨长 0.2 ~ 0.4 mm、宽约 0.2 mm，雄体腹末较尖。卵近球形，初无色透明，后淡黄色至橙黄色。卵孵化变为幼螨，幼螨蜕皮变为前期若螨，雌若螨蜕皮变为后期若螨，雄若螨不蜕皮，只有前期若螨，若螨体长 0.2 ~ 0.4 mm（图 8）。

图 8　花生叶螨成、若螨

**1. 朱砂叶螨**

雌成螨椭圆形，红色或深红色，体背两侧各有 1 块三裂长条形深褐色大斑（图 9）。雄成螨菱形，较雌体色淡，呈红色、锈红色或黄绿色。卵孵化前微红。幼螨近圆形，黄色透明。若螨前期体色淡，后期体色变红（图 10）。

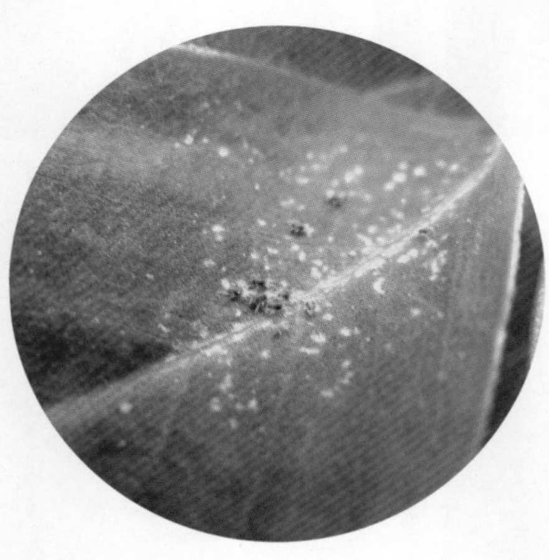

图 9　朱砂叶螨

图 10　朱砂叶螨雌成螨及卵

**2. 二斑叶螨**

与朱砂叶螨相似，区别在于二斑叶螨在生长季节无红色个体，肉眼辨别近白色（图 11）。雌成螨生长季节呈灰绿色、黄绿色或深绿色，体背两侧各有 1 外侧呈三裂状的明显褐斑，越冬滞育型橙黄色或淡红色，褐斑先变橙红后消失。雄成螨浅绿色或橙黄色，体背二斑不明显。卵孵化前有 2 个红色眼点。幼螨半球形，无色透明，取食后变暗绿色，眼红色。若螨黄绿色至深绿色，二斑在体背两侧，眼红色。

**3. 截形叶螨**

雌成螨椭圆形，深红色，足及颚体白色，体侧有白斑。

图 11　二斑叶螨

## 发生规律

河南省 1 年发生 10 ～ 20 代，以雌成螨在土缝、杂草、枯枝落叶中或树皮下越冬，常吐丝结网成群潜伏。除自身爬行外，还可借风雨、鸟兽和机具等传播，也可随种苗远距离扩散。

翌年春气温 10℃以上，越冬螨开始大量繁殖，在杂草等寄主上繁殖 1 ～ 2 代后，于 4 月下旬至 5 月中旬迁入花生地。6 ～ 7 月为发生盛期，雨季到来后为害减轻，8 月若天气干旱可再次大发生。花生收获后迁往冬季寄主，10 月下旬开始越冬。

叶螨可两性生殖，也可孤雌生殖，未受精卵孵出雄螨，世代重叠严重。成螨羽化后即交配，可多次交配，第 2 天即产卵，每雌产卵 50 ～ 110 粒，多产于叶背。卵期 2 ～ 13 d，幼、若螨历期 5 ～ 11 d，成螨寿命 19 ～ 29 d，完成 1 代 8 ～ 30 d。幼螨和前期若螨不甚活动，后期若螨活泼贪食，有向上爬习性。

发育最适温度 25 ～ 31℃、湿度 35% ～ 55%，高温、低湿适于发生。早春的低温多雨及夏秋季的急风暴雨，对其抑制作用明显。间作、邻作或前茬为豆类、瓜类的地块和靠近村庄、果园、温室、向阳坡地的地块发生重。

## 防治措施

**1. 农业防治**

合理间作轮作，避免叶螨在寄主间相互转移为害。天气干旱时注意合理灌溉施肥。收获后及时深翻整地，清除田梗、路边和田间的枯枝、落叶、杂草。

**2. 生物防治**

注意保护或引进天敌，如七星瓢虫、中华草蛉、草间小黑蛛等，发挥自然控制作用，当田间益害比 1 ：（10 ～ 15）时，一般在 6 ～ 7 d 后，害螨将下降 90% 以上。

**3. 化学防治**

当螨株（穴）率达到 20% 以上，田间点片发生时应进行挑治，普遍发生时及时全田防治。

可选用 1.8% 阿维菌素乳油 2 000 ～ 4 000 倍液，或 20% 哒螨灵可湿性粉剂 1 500 ～ 2 500 倍液，亩喷药液 40 ～ 50 kg。或每亩选用 10% 浏阳霉素乳油 30 ～ 40 mL，或 8% 唑螨酯微乳剂 30 ～ 40 mL，或 10% 联苯菊酯乳油 30 ～ 40 mL，或 20% 甲氰菊酯乳油 40 ～ 60 mL 等，加水 40 ～ 50 kg 均匀喷雾。药液喷在叶片背面，对田边的杂草、果树等寄主也要喷药，间隔 7 ～ 10 d 喷 1 次，连续防治 2 ～ 3 次。

# （一）主要病虫害

# 20. 花生新黑地蛛蚧

## 分布为害

花生新黑地蛛蚧又称乌黑新蛛蚧，俗称钢子虫，在河南省为新发生的地下害虫，沙壤土花生区发生严重（图 1）。寄主除花生外，还有大豆、棉花和部分杂草。

图 1　花生新黑地蛛蚧田间为害状

以幼虫聚集在花生根部为害（图 2），刺吸根部营养，导致侧根减少，根系衰弱、腐烂（图 3），结果少且瘪（图 4），

图 2　幼虫聚集在根部为害

图 3　受害株侧根减少，根系衰弱腐烂

收获时荚果易脱落。地上部植株，呈缺水缺肥状（图 5），轻者生长不良，黄弱矮小（图 6），叶片自下而上变黄脱落（图 7），重者枯萎死亡（图 8）。前期症状不明显，开花后逐渐严重。一般单穴（株）根部有幼虫 10 ~ 50 头（图 9），多者可达数百头（图 10）。对花生的产量和品质为害极大，轻者减产 10% ~ 30%，重者减产 50% 以上。

图 4　结果少且瘪

图 5　受害地块呈缺水缺肥状

图 6　植株生长不良黄弱矮小

图 7　叶片自上而下变黄脱落

图 8　重者枯萎死亡

图 9　根部幼虫

图 10　单株可达数百头幼虫

## 形态特征

成虫：雌成虫近椭圆形，长 4 ～ 9 mm，宽 3 ～ 7 mm，无翅，背面向上隆起，腹面较平；身体柔软，乳白色，多皱折，密被黄褐色柔毛，前足间毛长且密；触角 6 节、短粗塔状，无口器；足很短，前足发达坚硬，黑褐色（图 11）。雄成虫黑褐色，体长 2 ～ 3 mm；头小，复眼大、朱红色，触角 7 节、黄褐色栉齿状，口器退化；前足粗壮，中后足较长；前翅发达，前缘黄褐色，后缘臀角处有 1 指状突出物，翅脉为 2 条不明显的纵脉，后翅退化为平衡棒；前胸背板宽大，黑褐色，前缘白色，两侧生有许多褐色长毛；中胸背板褐色，前盾片隆起呈圆球形，翅基肩片 1 对；腹部各节背面各具 1 对褐色横片，腹末 2 节横片狭小，腹末有一束 2 ～ 4 mm 长的白色蜡丝（图 12）。

卵：椭圆形，乳白色，大小约 0.5 mm × 0.3 mm（图 13）。

幼虫：1 龄长椭圆形，淡黄褐色，大小约 1 mm × 0.5 mm（图 14）；眼红色，触角粗短，6 节，口

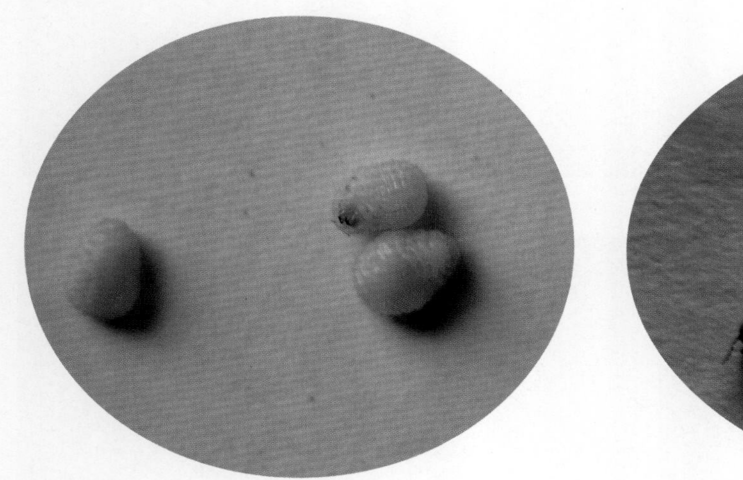

图 11　雌成虫

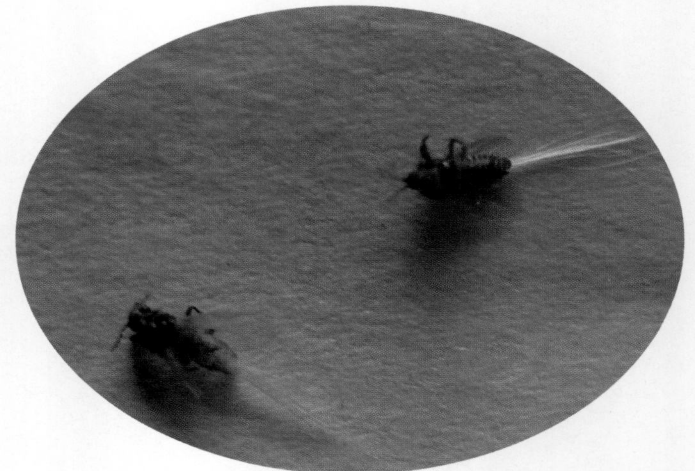

图 12　雄成虫

图 13　卵

器发达；前足粗壮，中后足细长；腹部末端有两条尾丝（图 15）。2 龄圆珠状，黑褐色而坚硬，体表被白蜡层。雄性直径约 2 mm，雌性直径 3 ～ 6 mm（图 16，图 17）。

蛹：蛹体形长而略扁，长约 3 mm，初为乳白色，后渐变为灰白色至黄褐色；触角、足、翅芽均裸露，前足粗大而突伸，腹部两节有多个蜡腺，呈带状排列（图 18）。

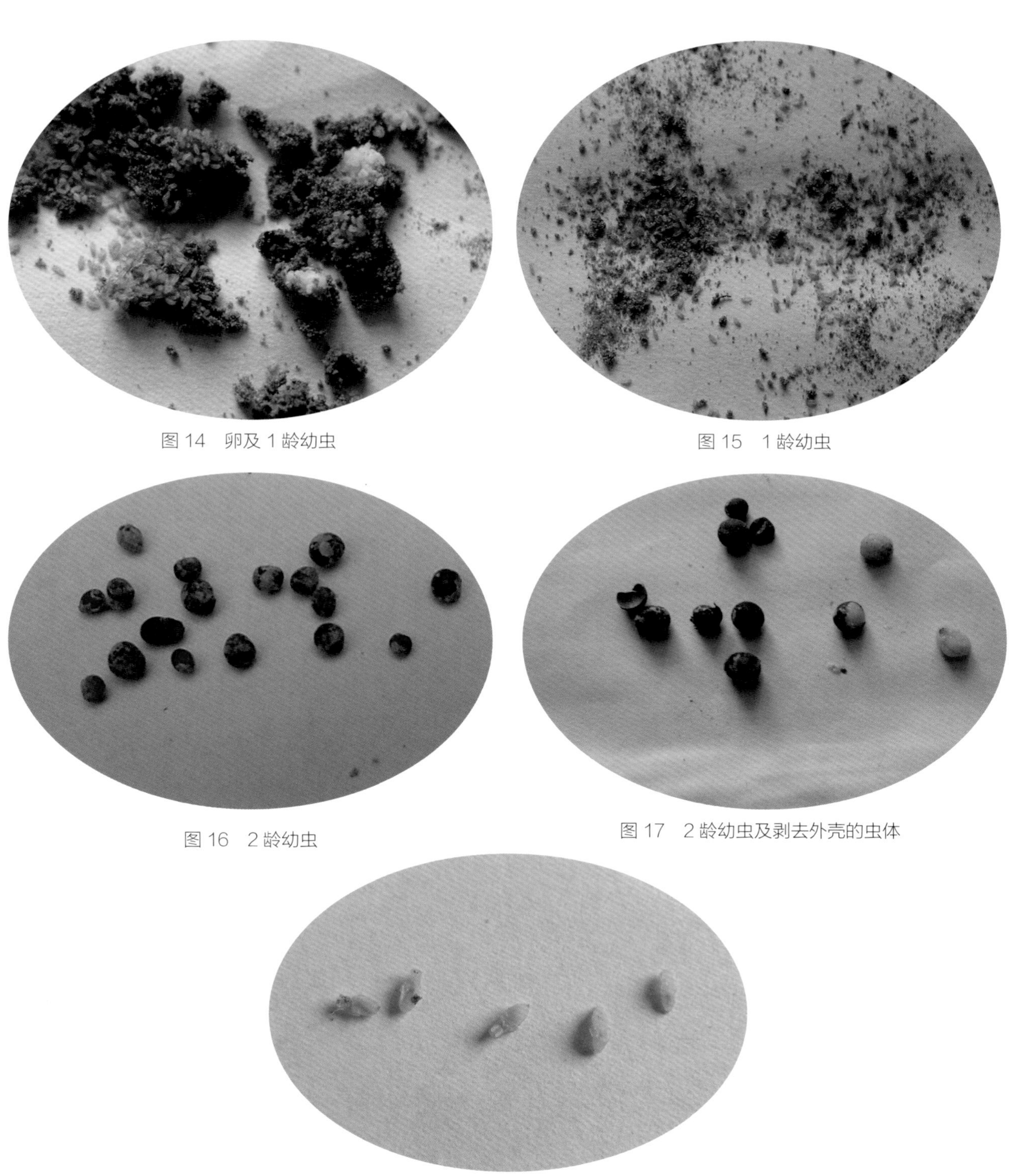

图 14　卵及 1 龄幼虫

图 15　1 龄幼虫

图 16　2 龄幼虫

图 17　2 龄幼虫及剥去外壳的虫体

图 18　雄体蛹

## 发生规律

河南省 1 年发生 1 代，以 2 龄圆珠状幼虫在 10 ~ 20 cm 深的土壤中越冬。翌年 4 月底至 5 月上旬脱壳变蛹（图 19，图 20），5 月中下旬羽化为成虫，在土表层活动，雄虫可短距飞行，交配后雌虫将卵堆产于土中卵室内（图 21），每雌产卵数十至数百粒（图 22）。6 月上中旬为卵盛期，卵期 20 ~ 30 d，6 月中下旬至 7 月上旬为卵孵化及 1 龄幼虫盛期。1 龄幼虫行动活跃，找到寄主后，钻入土中 5 ~ 15 cm 深处，固定在花生根部刺吸汁液。蜕皮后变为 2 龄幼虫，足和腹部退化，失去活动能力，虫体逐渐膨大，颜色变深（图 23）。7 月为 2 龄幼虫为害盛期，7 月下旬至 8 月上旬虫体逐渐变成黑

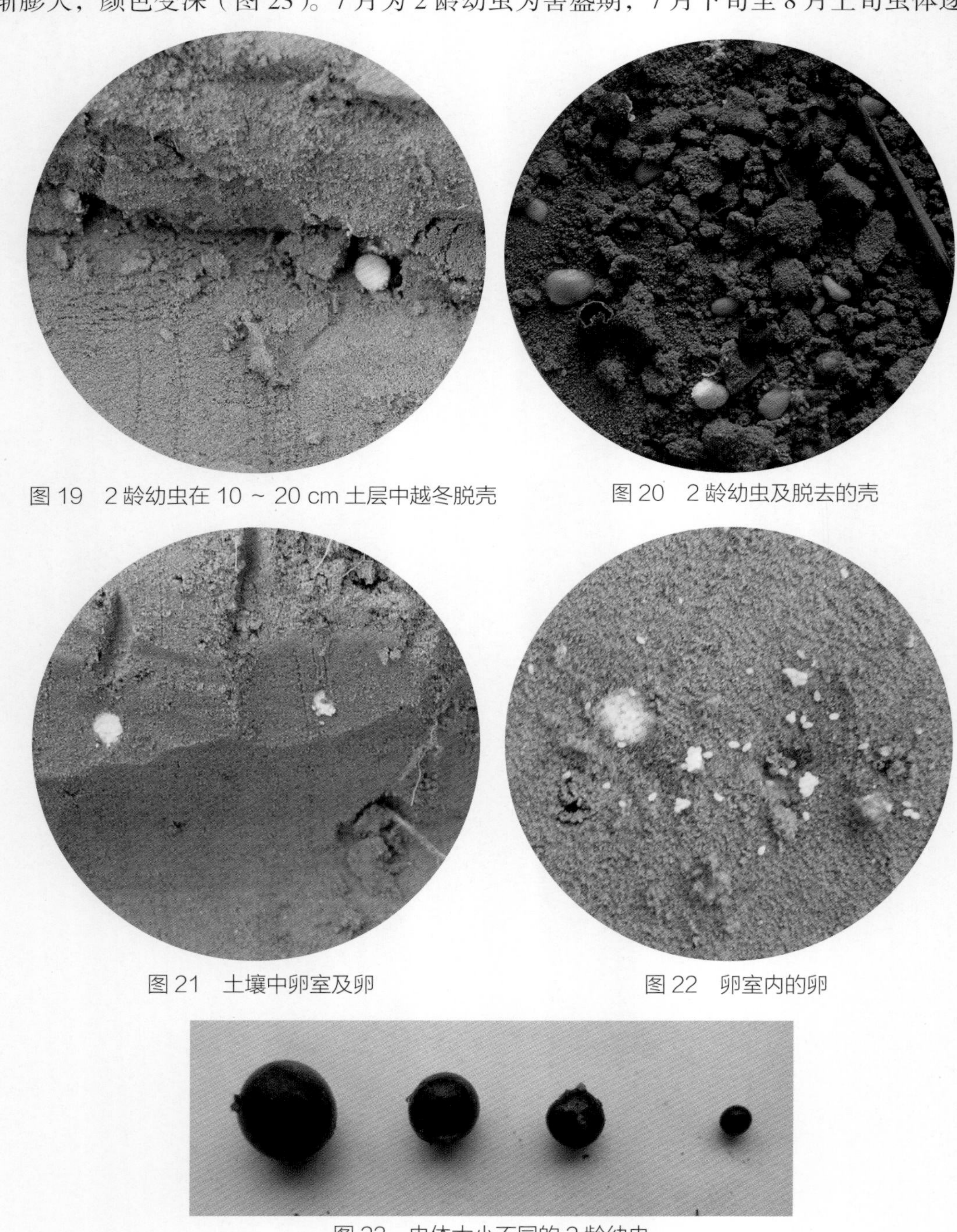

图 19　2 龄幼虫在 10 ~ 20 cm 土层中越冬脱壳

图 20　2 龄幼虫及脱去的壳

图 21　土壤中卵室及卵

图 22　卵室内的卵

图 23　虫体大小不同的 2 龄幼虫

褐色披白蜡质坚硬的圆珠状。重发生地块，7 月下旬即有零星死棵（图 24），8 月明显增多，可成片死亡（图 25）。花生收获时，大量圆珠状幼虫从根系上脱落，留在土壤中越冬，少量随花生棵带出田外，或混入种子、粪肥中越冬，向外传播。圆珠状幼虫抗逆性强，可休眠 2 ~ 3 年，待条件适宜时发生为害。

干燥疏松的沙质土壤因有利于成、幼虫的活动而发生较重。花生重茬连作、管理粗放、田间杂草多的地块，虫源积累，发生严重。6 月上旬至 7 月中旬，田间缺水干旱，对成虫羽化、卵孵化和 1 龄幼虫寻找寄主有利，发生加重。

图 24　田间零星死棵

图 25　田间成片死棵

## 防治措施

**1. 农业防治**

轮作倒茬，与小麦、玉米、芝麻、瓜类等非寄主作物实行轮作，重发生地块，3 ~ 5 年内不种花生、棉花、豆类、薯类等寄主作物，水旱轮作效果更佳；6 月结合中耕除草，破坏卵室，杀伤部分成虫和 1 龄幼虫；天旱少雨时，要适时浇水，结合用药效果更好。

**2. 化学防治**

6 月中下旬至 7 月上旬，是防治最佳时期和关键时期。

整地时土壤处理：每亩可选用 5% 涕灭威颗粒剂 3 ~ 6 kg，或 3% 克百威颗粒剂 3 ~ 6 kg，配细土 30 ~ 40 kg，制成毒土，或均匀混于有机肥中，撒施于地面，然后犁地整地。

播种前种子处理：可选用 60% 吡虫啉微囊悬浮剂 30 ~ 45 mL 拌花生种子 12.5 ~ 15 kg，或选用种子量 0.3% ~ 0.6% 的 70% 噻虫嗪种子处理可分散粉剂，或 2.8% ~ 4% 的 25% 甲・克悬浮种衣剂包衣或拌种，播种时毒土沟施。每亩可选用 5% 涕灭威颗粒剂 2 ~ 4 kg，或 3% 克百威颗粒剂 2 ~ 4 kg，或 5% 甲拌磷颗粒剂 2 ~ 4 kg，或 3% 甲基异柳磷颗粒剂 4 ~ 6 kg 等，或用含以上成分的药剂制成毒土，撒施于播种沟内，覆土后播种。

花生生长期，5 月中下旬防治成虫、6 月中下旬至 7 月上旬防治幼虫，药剂土壤处理、喷洒灌根或随水冲施。每亩可选用 40% 甲基异柳磷乳油 0.4 ~ 0.6 kg，或 48% 毒死蜱乳油 0.4 ~ 0.6 kg，或 50% 辛硫磷乳油 0.4 ~ 0.6 kg，加水适量稀释，逐墩灌入花生基部，每穴喷淋浇灌药液 0.2 ~ 0.3 kg；平垄栽培的地块，还可用上述药剂每亩 0.5 ~ 1 kg，加适量水稀释后，随浇水冲施田间。发生严重的田块，可在 7 ~ 10 d 后，再防治 1 次。

# （二）次要病虫害

## 21. 花生轮斑病

花生轮斑病在靠近叶缘处形成黑褐色轮纹斑

（二）次要病虫害

## 22. 花生灰斑病

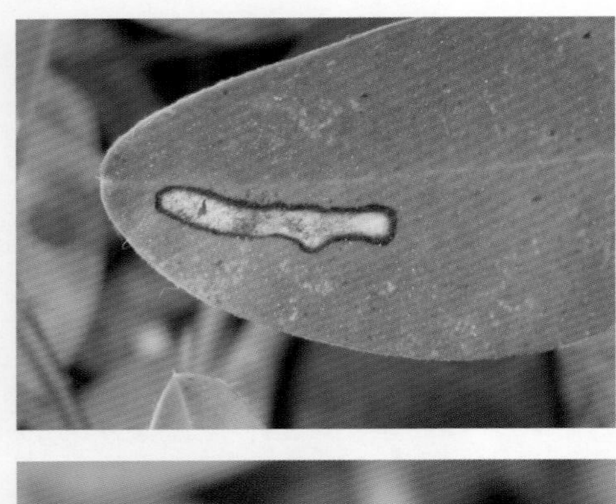

花生灰斑病在叶片上形成的近圆形或不规则形病斑，最后病斑中心变成灰白色，上生小黑点

# （二）次要病虫害　23. 花生灰霉病

花生灰霉病病斑褐色，表面密生灰白色霉层

# （二）次要病虫害　24. 花生丛枝病

花生丛枝病

# （二）次要病虫害　25. 花生粘菌病

花生粘菌病为害状

# （二）次要病虫害　26. 大造桥虫

花生田大造桥虫及为害状

# （二）次要病虫害　27. 斜纹夜蛾

花生田斜纹夜蛾老龄幼虫

# （二）次要病虫害　28. 银纹夜蛾

图 1　银纹夜蛾幼虫（背面）

图 2　银纹夜蛾幼虫（侧面）

## （二）次要病虫害　29. 二点委夜蛾

花生田二点委夜蛾幼虫

## （二）次要病虫害　30. 象甲

花生田象甲

# （二）次要病虫害　31. 美国白蛾

花生田美国白蛾幼虫

美国白蛾雌成虫

美国白蛾雄成虫

# （二）次要病虫害　32. 甘薯跳盲蝽

甘薯跳盲蝽成虫

## （二）次要病虫害　33. 小绿叶蝉

小绿叶蝉若虫

## （二）次要病虫害　34. 绿刺蛾

花生田绿刺蛾幼虫

# （二）次要病虫害　35. 稻绿蝽

稻绿蝽成虫为害花生

# （二）次要病虫害　36. 赤须盲蝽

赤须盲蝽为害花生

# （二）次要病虫害　37. 甜菜叶螟

花生田甜菜叶螟成虫

# （二）次要病虫害　38. 红脊长蝽

花生田红脊长蝽成虫

# （二）次要病虫害　39. 稻棘缘蝽

花生田稻棘缘蝽

# （二）次要病虫害　40. 横纹菜蝽

横纹菜蝽为害花生

## （二）次要病虫害　41. 蓝蝽

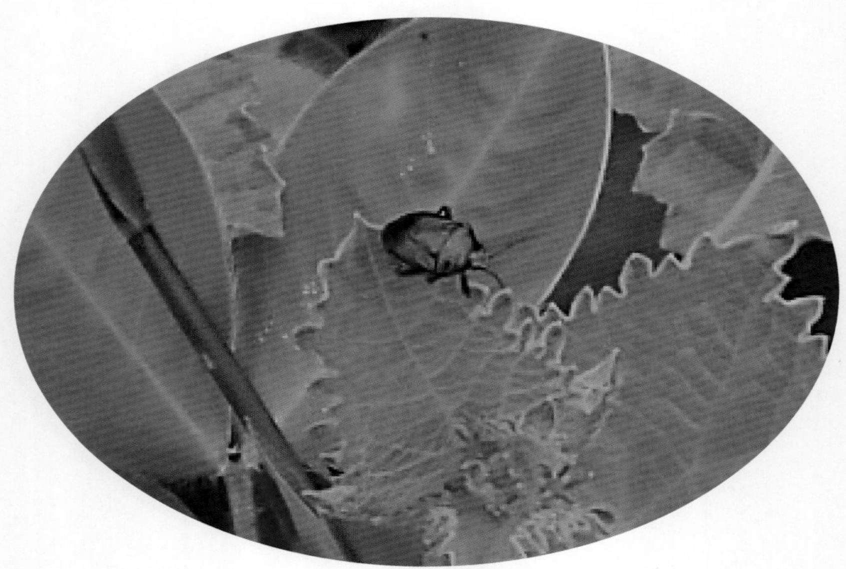

花生田蓝蝽

## （二）次要病虫害　42. 紫条尺蛾

花生田紫条尺蛾成虫

# （二）次要病虫害　43. 中带三角夜蛾

花生田中带三角夜蛾成虫

# （二）次要病虫害　44. 花生田渍害

花生田渍害

# （二）次要病虫害

## 45. 花生肥害

花生肥害田间枯死株

# （二）次要病虫害　46. 花生田药害

花生田药害症状

除草剂药害症状

玉米田除草剂飘移到花生田造成药害

# 六、油菜病虫害

# （一）主要病虫害

## 1. 油菜菌核病

### 分布为害

油菜菌核病是河南省油菜生产中的主要病害，一般年份减产 10% ～ 20%，严重发生年份减产 50% ～ 80%，甚至绝收（图 1）。近年该病害发生呈加重趋势。

图 1　油菜菌核病大田为害导致倒伏

### 症状特征

油菜菌核病是一种真菌病害，全株叶片、叶柄、茎秆、分枝、花、角果等部位都可发病，以主茎发病损失最大。一般每年 3 月中下旬（少数年份冬前亦可见病斑），油菜菌核病病斑首先出现在下部叶片上，病斑呈圆形或不规则形，黄褐色或灰白色，典型病斑可见数层同心轮纹，病斑背面铁青色，田间湿度大时叶片上可见白色絮状物（图 2 ～图 4）。茎秆和分枝病斑为梭形或长条形，淡褐色水渍状，

图 2　油菜菌核病病叶上多个病斑

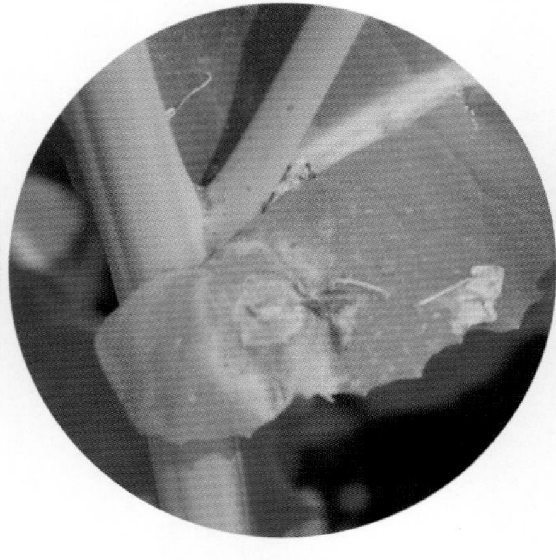

图 3　油菜菌核病病叶上单个病斑

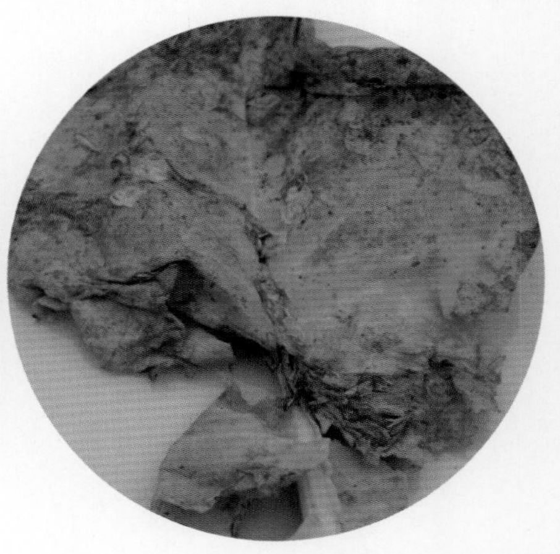

图 4　后期病叶上的油菜菌核病病斑

后渐变为灰白色（图 5 ~图 7）。湿度大时病部软腐，表面着生白色絮状霉层，内部空心，后期可见鼠粪状菌核，茎秆干燥后表皮破裂，纤维外露像麻绳丝（图 8）。花瓣染病初呈水浸状，渐变为苍白色，后腐烂。角果染病初现水渍状褐色病斑，后变灰白色，种子瘪瘦，无光泽（图 9，图 10）。

图 5　油菜菌核病茎秆上梭形病斑

图 6　油菜菌核病茎秆上条形病斑

图 7　多个油菜茎秆上菌核病病斑

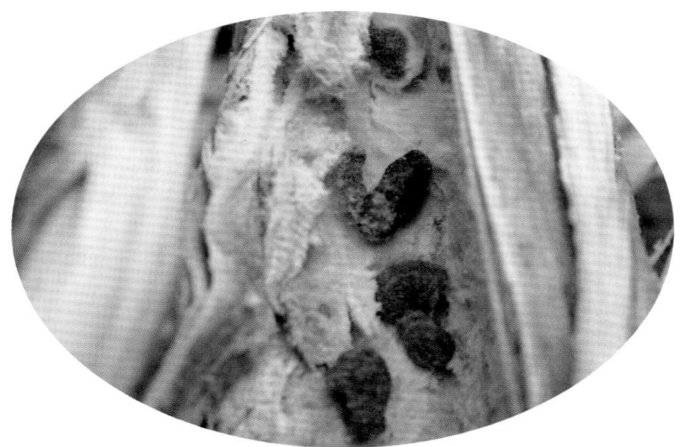

图 8　油菜菌核病鼠粪状菌核

图 9　油菜菌核病角果上灰白色病斑

图 10　油菜菌核病，角果受害后枯死

## 发生规律

病菌主要以菌核混在土壤中或附着在采种株上，混杂在种子间越冬或越夏，翌年 3 ～ 5 月萌发，产生子囊盘，子囊孢子成熟后弹出，借气流传播，侵染衰老的叶片和花瓣，长出菌丝体，致寄主组织腐烂变色。病菌从叶片扩展到叶柄，再侵入茎秆，也可通过病、健组织接触或沾附进行重复侵染。生长后期又形成菌核越冬或越夏。菌丝生长发育和菌核形成适温 0 ～ 30℃，最适温度 20℃，相对湿度 85% 以上。子囊孢子 0 ～ 35℃均可萌发，以 5 ～ 10℃为宜。连作和油菜始花期至成熟期多阴雨，是油菜菌核病加重的最主要因素。在菌核数量大时，病害发生流行取决于油菜开花期的降雨量，旬降雨量超过 50 mm，发病重，小于 30 mm 则发病轻，低于 10 mm 难于发病。施用未充分腐熟有机肥、播种过密、偏施过施氮肥易发病。地势低洼潮湿、植株倒伏、早春寒流侵袭频繁或遭受冻害发病重。

## 防治措施

**1. 农业防治**

适期播种移栽，避免早播、早栽、早花；重施基肥、苗肥，早施蕾肥、薹肥，降氮肥增磷钾肥，增硼、锌肥；推行深沟、窄畦（垄）或预留操作行栽培；排渍降湿，改善通风透光度。

**2. 化学防治**

水稻油菜栽培区重点抓两次防治。一是子囊盘萌发盛期在稻茬油菜田四周田埂上喷洒多菌灵等药剂，杀灭菌核萌发长出的子囊盘和子囊孢子，统一防治效果好；二是在 3 月上中旬油菜盛花期，油菜田每亩选用 15% 氯啶菌酯乳油 40 ～ 60 mL，或 2 亿活孢子 / 克噻菌核霉可湿性粉剂 100 ～ 150 g，或 36% 多 · 酮悬浮剂 100 ～ 350 mL，或 25% 咪鲜胺乳油 70 ～ 100 mL，或 25.5% 异菌脲悬浮剂 160 ～ 190 mL，或 50% 多菌灵可湿性粉剂 150 ～ 200 g ，对水 40 ～ 50 kg 均匀喷细雾，连喷 1 ～ 2 次。

喷雾时重点喷施于油菜植株中下部，喷匀喷透。在药液中加入少量硼砂，防治油菜花而不实。

# （一）主要病虫害　2. 油菜霜霉病

## 分布为害

油菜霜霉病俗称龙头病，河南省各油菜产区均有发生。从油菜苗期至开花结角期都有发生，主要为害叶、茎、花和角果。流行年份或地区发病率为 10% ~ 50%，单株产量损失 10% ~ 50%，影响菜籽产量和出油率。

## 症状特征

该病是一种真菌性病害。叶片发病初期，叶片上出现淡黄色斑点，后扩大成黄褐色不规则形大斑，湿度大时，叶背面病斑上出现白色霜状霉层（图 1 ~ 图 3）。茎、薹、分枝发病，初生褪绿斑点，后扩大成不规则形黄褐色至黑褐色病斑，上生霜霉状物（图 4）。花梗受侵染后有时出现肿大、弯曲，呈“龙头”状，花器变绿肿大，不能结实（图 5）。角果受害后也出现霉层（图 6），严重则干枯死亡（图 7）。

图 1　油菜霜霉病，病斑上霜状霉层

图 2　油菜霜霉病，病叶背面上病斑

图 3　油菜霜霉病，病叶正面上病斑

图 4　油菜霜霉病病茎

图 5　油菜霜霉病侵染花梗呈“龙头拐”状

图 6　油菜霜霉病为害角果

图 7　油菜霜霉病致角果干枯

## 发生规律

病菌以卵孢子随病残体在土壤中、粪肥和种子内越夏，秋季萌发后侵染幼苗，病斑上产生孢子囊进行再侵染。冬季病害以菌丝体在病叶内越冬，翌年春气温升高，又产生孢子囊再次侵染。油菜霜霉病是一种低温高湿性病害，春季 3 ~ 4 月气温回升至 10 ~ 20℃时，遇低温多雨、高湿、日照少天气，极易引起病害流行。偏施过施氮肥、地势低洼、排水不良、土壤黏重、油菜连作地以及过于密植的油菜地发病重。甘蓝型油菜较白菜型、芥菜型耐病。早播比适期晚播发病重。

## 防治措施

**1. 农业防治**

选用甘蓝型油菜等抗病品种；中耕间苗，清沟排水；与禾本科作物轮作 1 ~ 2 年或水旱轮作，避免与十字花科作物连作；施足基肥，增施磷钾肥；适当晚播；清除病残体，摘除黄、老、病叶，带出田外深埋或烧毁等。

**2. 化学防治**

一般在 3 月上旬油菜抽薹初花期时，病株率达 10% 以上时开始喷药。每亩用 80% 乙蒜素乳油 5 000 ~ 6 000 倍液，或亩用 75% 百菌清可湿性粉剂 100 g、或 80% 代森锌可湿性粉剂 100 g、或 70% 甲基硫菌灵可湿性粉剂 60 g 等，对水 40 ~ 50 kg 喷雾。一般间隔 6 ~ 8 d，连续用药 2 ~ 3 次。

# （一）主要病虫害　3. 油菜病毒病

## 分布为害

油菜病毒病俗称油菜花叶病、毒素病，是影响河南省油菜生产的重要病害，广泛分布于全省各油菜产区。油菜感病后植株矮化，减产严重，甚至死亡。一般病田减产10%左右，重病田可减产20%～30%，发病愈早，损失愈重。

## 症状特征

该病症状因油菜类型不同略有差异。发病植株一般呈现矮化（图1）、畸形、花叶（图2，图3）、皱缩（图4，图5）等症状。

图1　油菜病毒病导致植株矮化

图2　油菜病毒病花叶状

图3　单株油菜病毒病花叶状

图4　油菜病毒病皱缩状病叶

图5　单株油菜病毒病皱缩状

甘蓝型油菜苗期感病，叶片上的症状有黄斑、枯斑和花叶 3 种类型。黄斑、枯斑常伴有叶脉坏死和叶片皱缩，老叶先显症；前者病斑较大，呈淡黄色或橙黄色，病健分界明显；后者较小，淡褐色，略凹陷，中心有 1 黑点，叶背面病斑周围有一圈水渍状灰黑色小斑点。花叶症状表现为支脉和小脉半透明，叶片成为黄绿相间、浓淡不匀的花叶，有时出现疱斑，叶片皱缩。成株期茎秆上症状有条斑型、轮纹斑型和点状枯斑型 3 种。条斑型病斑初为褐色至黑褐色梭形斑，后向上、下两端蔓延成长条形枯斑，连片后常致植株半边或全株枯死，病斑后期纵裂，裂口处有白色分泌物（图 6，图 7）。轮纹斑型病斑初呈现梭形或椭圆形，中心开始为针尖大的枯点，其周围有一圈褐色油渍状环带，整个病斑稍凸出，病斑扩大后中心呈淡褐色枯斑，上有白色分泌物，外围有 2 ~ 3 层褐色油渍状梭形环带，形成同心圆。病斑连片后呈花斑状。点状枯斑型病斑表现为茎秆上散生黑色针尖大的小斑点，但斑点不突出，病斑连片后也不扩大。

白菜型和芥菜型油菜的主要症状，苗期为花叶和叶片皱缩，后期植株矮化，茎和果轴短缩，角果畸形。

图 6　油菜病毒病受害茎秆病斑纵裂

图 7　油菜病毒病受害茎秆

## 发生规律

油菜病毒病主要通过蚜虫传播病毒，传毒的蚜虫有桃蚜、萝卜蚜、甘蓝蚜和棉蚜，以桃蚜和萝卜蚜为主，传毒率达 70% 以上。初侵染源主要来自于其他感病寄主，如十字花科蔬菜、自生油菜和杂草上的带毒蚜虫。该病的发生和流行，主要取决于油菜易感病期的传毒蚜虫数量、气候条件、油菜品种及播种期等因素的影响。油菜苗期尤其是子叶期至 6 片真叶期最易感病，此期有翅蚜迁飞量大，若气温在 15 ~ 20℃、相对湿度小于 70%，则有利于蚜虫繁殖为害，加速病毒的传播。一般在油菜开花期发病达到最高峰。施氮肥过多，田边杂草多，排水不良的田块及早播田发病较重。白菜型品种发病最重，同一类型油菜早中熟品种感病重。

## 防治措施

油菜病毒病的防治要在准确预报的基础上，采取综合防治措施。

**1. 农业防治**

选用抗（耐）病的甘蓝型品种；合理布局，并尽可能的远离十字花科蔬菜，或与禾本科作物间作，以减少有翅蚜的着落；因地制宜，适当推迟播种期。

**2. 化学防治**

一是做好播期药剂拌种，可选用 60% 吡虫啉微囊悬浮剂或 70% 噻虫嗪种子处理可分散粉剂或 25% 甲·克悬浮种衣剂等，按常规用量进行包衣或拌种，防治蚜虫。二是在有翅蚜迁飞之前治蚜防病。在油菜苗期，加强对油菜地附近十字花科蔬菜如白菜、萝卜等寄主上蚜虫的防治；也可设置黄板诱杀蚜虫。三是在病害发生早期，可亩喷洒 5% 菌毒清可湿性粉剂 400 ~ 500 倍液，或 0.5% 氨基寡糖素水剂 500 倍液，或 8% 宁南霉素水剂 800 ~ 1 000 倍液，间隔 10 d 喷 1 次，连续防治 2 ~ 3 次。

# （一）主要病虫害　4. 油菜白粉病

## 分布为害

油菜白粉病是河南省油菜生产中的常发病害之一，尤以种植十字花科作物多的地区发病重。一般在高温高湿季节和株间阴蔽处，白粉病发生较为普遍，造成叶片黄化早枯，种子瘪瘦，大幅降低油菜的千粒重，从而影响产量和品质。

## 症状特征

油菜白粉病是一种真菌病害。主要为害叶片、茎、花器和种荚，产生近圆形放射状白色粉斑，菌丝体生于叶的两面，展生，后白粉常铺满叶（图 1）、花梗和荚的整个表面（图 2），发病轻者病变不明显，仅荚果稍变形；发病重的白粉状霉覆盖整个叶面，到后期叶片变黄、枯死，植株畸形，花器异常，直至植株死亡。

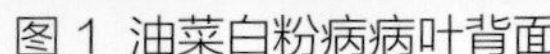
图 1 油菜白粉病病叶背面

图 2 油菜白粉病荚果受害状

## 发生规律

该病以闭囊壳在病残体上越冬，成为翌年的初侵染源。条件适宜时子囊孢子释放出来，借风雨传播，发病后，病部产生分生孢子进行多次再侵染，致病害流行。种植密度大、通风透光差的田块发病重；土壤黏重、偏酸易发病；肥力不足、氮肥施用太多、耕作粗放、杂草丛生的田块，植株抗性降低，发病重。

## 防治措施

**1. 农业防治**

选用优良抗病品种；精细耕整土地，适期播种；施好底肥，增施磷钾肥，灌足底墒，增强油菜的抗病能力。

**2. 化学防治**

发病初期喷洒 25% 三唑酮可湿性粉剂 40 ~ 50 g，或 75% 百菌清可湿性粉剂 120 ~ 150 g，或 43% 戊唑醇悬浮剂 15 mL，对水 40 ~ 50 kg 均匀喷雾，视病情隔 10 ~ 15 d 再喷 1 次，连续防治 2 ~ 3 次。

# （一）主要病虫害　5. 油菜蚜虫

## 分布为害

油菜蚜虫俗称蜜虫，是河南省油菜生产上主要害虫之一，主要有萝卜蚜、桃蚜和甘蓝蚜3种。蚜虫多群集于叶背面、嫩茎、花轴处刺吸植株汁液（图1，图2），使受害叶变黄卷缩，阻碍植株光合作用，影响开花结实，为害严重的可致植株矮小、死亡（图3）；油菜抽薹、开花、结果阶段，蚜虫密集为害易形成“蚜棒”（图4），造成落花、落蕾和角果发育不良（图5 ~ 图7），籽粒秕小，严重的甚至颗粒无收。蚜虫还能传播油菜病毒病，其造成的损失，往往要比蚜虫本身的为害严重。

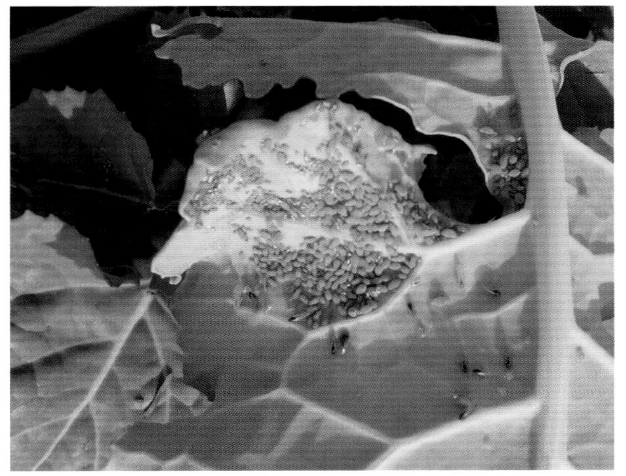

图1　萝卜蚜群聚为害叶片

图2　甘蓝蚜群集为害叶片

图3　油菜蚜虫为害植株状

图4　蚜虫为害形成蚜棒

图 5 油菜蚜虫为害茎秆荚果

图 6 油菜蚜虫为害花器

图 7 油菜蚜虫为害角果

## 形态特征

萝卜蚜的无翅胎生雌蚜体长 1.8 mm，黄绿色，腹部背面各节有浓绿色横纹，两侧各有 1 纵列小黑点；桃蚜的无翅胎生雌蚜体长 1.4 ~ 1.9 mm，卵圆形，有黄绿、赤褐、橘黄等色，腹管黑色细长圆筒形；甘蓝蚜的无翅胎生雌蚜体长 2.5 mm，暗绿色，有白粉覆盖，腹背面各节有断续横带，腹管黑色短而粗，中部显著膨大。

## 发生规律

萝卜蚜、甘蓝蚜无转寄主习性，以无翅胎生雌蚜为主要为害虫态，为害油菜整个生育期。以卵或成、若虫在油菜、蔬菜心叶处越冬，翌年 2 月下旬至 3 月下旬开始繁殖，于 4 ~ 5 月产生有翅蚜，迁至油菜上为害，同时为害蔬菜并越夏，秋季再大量迁至油菜田为害幼苗。3 种蚜虫 1 年可发生 20 ~ 30 代，发生轻重取决于天气，气温偏高、降雨少、天气干燥，十分有利于蚜虫发生、繁殖、为害。

## 防治措施

**1. 农业防治**

适当迟播；清洁田园；干旱时适时灌水保湿，可减少虫口基数、减轻为害。

**2. 物理防治**

秋季油菜移栽时，田间设置黄板诱蚜。

**3. 生物防治**

利用或释放瓢虫、草蛉、食蚜蝇、蚜茧蜂等天敌。

**4. 化学防治**

苗期、薹期百株蚜量分别达到 500 头和 1 000 头时，每亩用 10% 吡虫啉可湿性粉剂 10 ~ 20 g，或 25% 噻虫嗪水分散粒剂 4 ~ 8 g，或 50% 抗蚜威水分散粒剂 15 ~ 20 g，或 2.5% 高效氯氟氰菊酯乳油 20 ~ 30 mL，或 25% 吡蚜酮可湿性粉剂 15 g，或 5% 啶虫脒乳油 20 mL，或 40% 乐果乳油 50 ~ 100 mL，对水 40 ~ 50 kg 均匀喷雾。由于蚜虫多发生在心叶及叶背皱缩处，喷药时务必要周到细致。

# （一）主要病虫害　6. 菜粉蝶

## 分布为害

菜粉蝶，幼虫称菜青虫，河南省各地均有发生，是油菜生产上的常见害虫之一。主要以幼虫咬食寄主叶片，2 龄前仅啃食叶肉，留下一层透明表皮，3 龄后蚕食叶片成孔洞或缺刻，严重时叶片全部被吃光，只残留粗叶脉和叶柄（图 1）。

图 1　菜粉蝶幼虫为害状

## 形态特征

成虫：体长 12 ~ 20 mm，体黑色，翅白色，顶角灰黑色。雌蝶前翅有 2 个显著的黑色圆斑，雄蝶仅有 1 个显著的黑斑（图 2）。

卵：竖立呈瓶状，初产时淡黄色，后变为橙黄色（图 3）。

图 2　飞翔中的菜粉蝶成虫

图 3　菜粉蝶卵

幼虫：共 5 龄，初孵化时灰黄色，后变为青绿色，体圆筒形，体表密布细小黑色毛瘤，沿气门线有黄斑（图 4，图 5）。

蛹：纺锤形，中间膨大且有棱角状突起，体绿色或棕褐色。

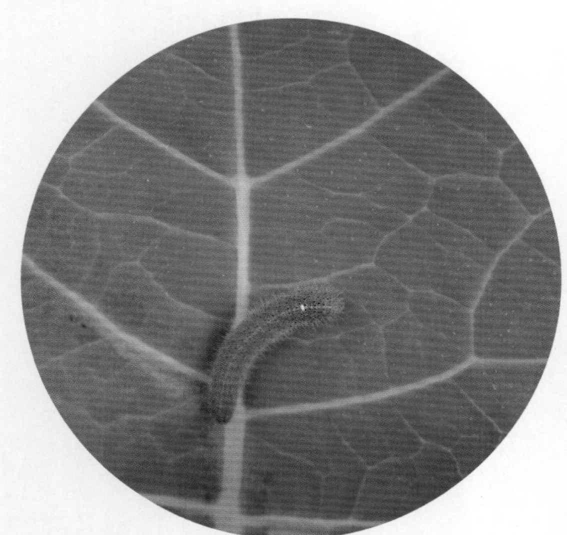

图 4　菜粉蝶幼虫——菜青虫

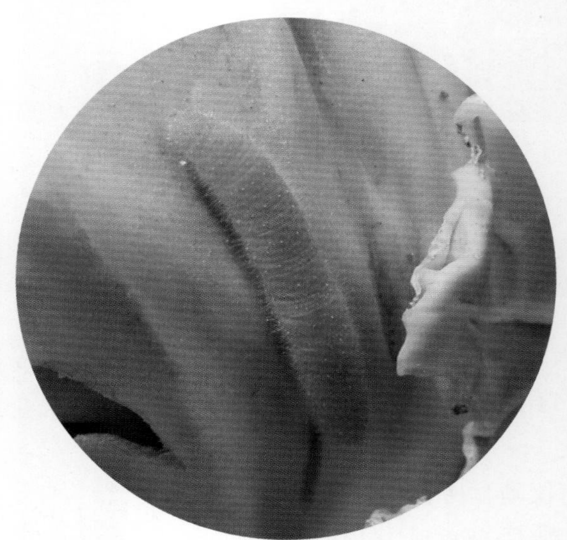

图 5　放大的菜粉蝶幼虫——菜青虫

## 发生规律

菜粉蝶 1 年发生 4 ~ 5 代，以蛹在向阳处的油菜残株落叶上越冬，翌年春 4 月初开始陆续羽化，边吸食花蜜边产卵，以晴暖的中午活动最盛。卵多散产于叶背，平均每头雌蝶可产卵 200 粒左右。卵的发育起点温度 8.4℃，发育历期 4 ~ 8 d；幼虫的发育起点温度 6℃，发育历期 11 ~ 22 d；蛹的发育起点温度 7℃，发育历期（越冬蛹除外）5 ~ 16 d；成虫寿命 5 d 左右。菜粉蝶发育的最适温度 20 ~ 25℃，相对湿度 76% 左右。田间菜粉蝶幼虫的数量随季节而变化，春季随天气转暖，虫口逐渐上升，春夏之间达最高峰。盛夏多雨、气温高，虫口迅速下降，至秋末又回升。一年中以春秋两季为害最重。

## 防治措施

### 1. 农业防治

清除田间的残枝落叶，减少虫源；网捕在田间飞舞的成虫，人工捉杀幼虫和蛹。

### 2. 生物防治

可用 16 000 IU/ mL 苏云金杆菌可湿性粉剂 200 ~ 600 倍液喷雾。

### 3. 化学防治

由于菜青虫世代重叠现象严重，3 龄以后的幼虫食量加大、耐药性增强。因此，施药应在 2 龄之前，可用 2.5% 溴氰菊酯乳油 20 ~ 40 mL，或 2.5% 高效氯氟氰菊酯微乳剂 20 ~ 40 mL，或 1.8% 阿维菌素乳油 20 ~ 40 mL，或 30% 敌百虫乳油 100 ~ 200 mL 等药剂，对水 40 ~ 50 kg 喷雾防治。

# （一）主要病虫害　7. 小菜蛾

## 分布为害

小菜蛾，别名小青虫、两头尖，在河南省各油菜种植区均有发生。该虫以幼虫为害嫩叶和心叶，初龄幼虫仅啃食叶肉组织部分，留下表皮，在菜叶上形成一个个透明的斑，影响油菜的生长。3 ~ 4 龄幼虫将叶片吃成孔洞或缺刻，严重时菜叶被吃成网状（图 1），造成油菜大幅减产。幼虫也可为害嫩茎、嫩荚和籽粒（图 2），是油菜上普遍发生的害虫之一。

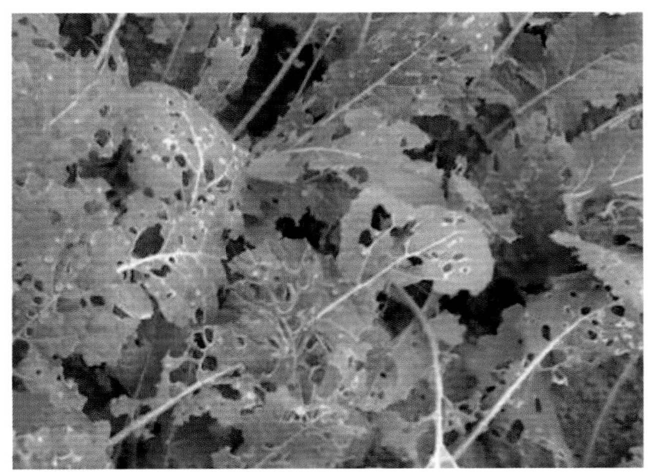

图 1　小菜蛾为害，把叶子吃成网状

图 2　小菜蛾幼虫咬破角果为害

## 形态特征

成虫：体长 6 ~ 7mm，头部黄白色，胸、腹部灰褐色，前翅前半部浅褐色，后翅银灰色，前后翅缘呈黄白色三度曲折的波浪纹，两翅合拢时呈 3 个接连的菱形斑，前翅缘毛长并翘起如鸡尾，雌虫较雄虫肥大，腹部末端圆筒状，雄虫腹末圆锥形，抱握器微张开（图 3）。

图 3　小菜蛾成虫

卵：椭圆形，稍扁平，初产时淡黄色，有光泽，卵壳表面光滑（图 4）。

蛹：黄绿色至灰褐色，外被丝茧极薄如网，两端通透（图 5，图 6）。

幼虫：共 4 龄。初孵幼虫深褐色，后变为绿色。末龄幼虫纺锤形，体上生稀疏长而黑的刚毛。头部黄褐色，前胸背板上有淡褐色无毛的小点组成两个“U”字形纹（图 7，图 8）。

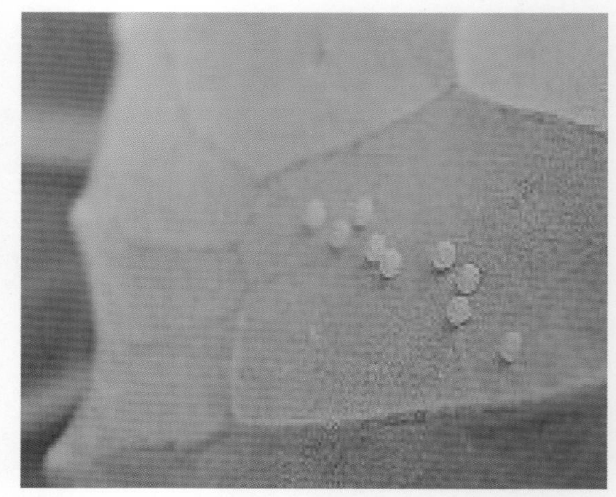

图 4　小菜蛾卵

图 5　被薄茧的小菜蛾蛹

图 6　放大后的被薄茧的小菜蛾蛹

图 7　小菜蛾幼虫

图 8　小菜蛾幼虫在角果上为害

## 发生规律

在河南省小菜蛾一般可终年发生，无越冬现象，且世代重叠，幼虫、蛹、成虫各虫态均可越冬，无滞育现象。成虫昼伏夜出，蛹羽化多在晚上，羽化当天即可交尾，交尾后 1 ~ 2 d 产卵，产卵历期 6 ~ 10 d。成虫有趋光性，对黑光灯趋性强，成虫飞行能力不强，但可借风力做远距离飞行。成虫寿命与气温相关，夏季 3 ~ 5 d，冬季长达 30 d，平均 11 ~ 15 d。一般高温季节，十字花科蔬菜种植面积少，小菜蛾受温度和品种等因素影响，成虫产卵量少，存活率低，发生较轻。幼虫发育最适温度为 20 ~ 26℃，30℃以上高温对其存活和繁殖有明显抑制作用，幼虫期 12 ~ 27 d。因此，每年的 4 ~ 6 月和 9 ~ 11 月是其为害的两个高峰，需注意监测防治。

## 防治措施

### 1. 农业防治

合理布局，避免十字花科蔬菜周年连作；收获后，及时处理残株败叶，可消灭大量虫源。

### 2. 物理防治

在成虫发生期，放置黑光灯诱杀，或利用小菜蛾性诱剂诱杀成虫，每亩地放置诱捕器 2 ~ 3 只。

### 3. 生物防治

用 16 000 IU/mg 苏云金杆菌可湿性粉剂 200 ~ 600 倍液喷施。

### 4. 化学防治

小菜蛾老龄幼虫抗药性很强，因此，施用药剂防治应掌握在卵孵化盛期至幼虫 2 龄期。可亩选用 20% 甲氰菊酯乳油 40 ~ 80 mL，或 1.8% 阿维菌素乳油 25 ~ 30 mL，或 15% 茚虫威悬浮剂 15 mL，或 4.5% 高效氯氰菊酯乳油 15 ~ 35 mL，或 40% 阿维·敌敌畏乳油 50 ~ 60 mL，或 2% 阿维·苏云菌可湿性粉剂 30 ~ 50 mL 等，对水 40 ~ 50 kg 喷雾防治。

# （一）主要病虫害　8. 油菜潜叶蝇

## 分布为害

油菜潜叶蝇又名豌豆潜叶蝇，其幼虫又称叶蛆、夹叶虫等。寄主较多，但以豌豆、蚕豆、油菜、甘蓝、白菜、萝卜等受害较重，河南省各油菜区都有发生。以幼虫潜入寄主叶片表皮下，曲折穿行，取食叶肉，造成灰白色弯曲、不规则线状虫道，内有细粒虫粪（图 1）。为害严重时，叶片布满虫道，尤以植株基部叶片受害最重，一片叶常寄生有几头到几十头幼虫（图 2 ~ 图 4），叶肉全被吃光，仅剩两层表皮，叶片组织几乎失去绿色部分，严重影响光合作用，致使叶片枯萎。幼虫还蛀食嫩茎、花梗和嫩角果，影响结荚，甚至使植株枯萎死亡。

图 1　整株油菜潜叶蝇为害状

图 2　潜叶蝇为害叶片

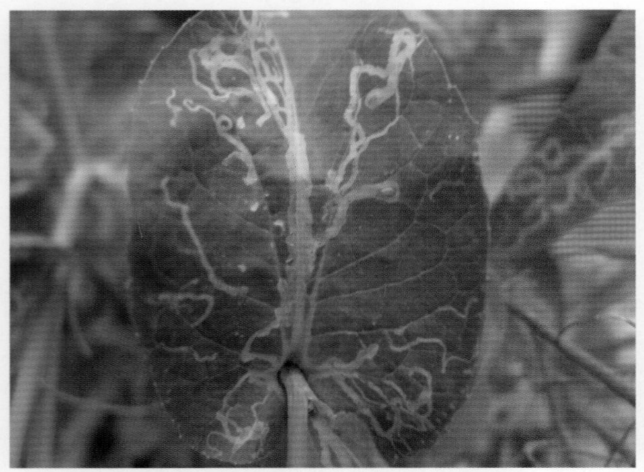

图 3　潜叶蝇幼虫在叶片正面为害造成的虫道

图 4　潜叶蝇幼虫在叶片背面为害造成的虫道

## 形态特征

成虫：体长 1.8 ~ 2.7 mm，雌虫大于雄虫，体暗灰色，疏生黑色刚毛。头部黄褐色。复眼红褐色至黑褐色，椭圆形。翅半透明有紫色反光（图 5，图 6）。

卵：长约 0.3 mm，长椭圆形，灰白色，表面有皱纹。产于叶片组织内。

幼虫：长 2.9 ~ 3.4 mm，蛆状，由乳白色渐变为黄白色、鲜黄色。前端可见黑色口钩，前胸背面和腹末节背面各有一对气门突起，腹末斜行平截，老熟时体长达 3.2 ~ 3.5 mm（图 7）。

蛹：长 2.1 ~ 2.6 mm，长卵圆形略扁，初化蛹时淡黄色，后变为黄褐色至黑褐色（图 8）。

图 5　多个潜叶蝇成虫

图 6　拉近的潜叶蝇成虫

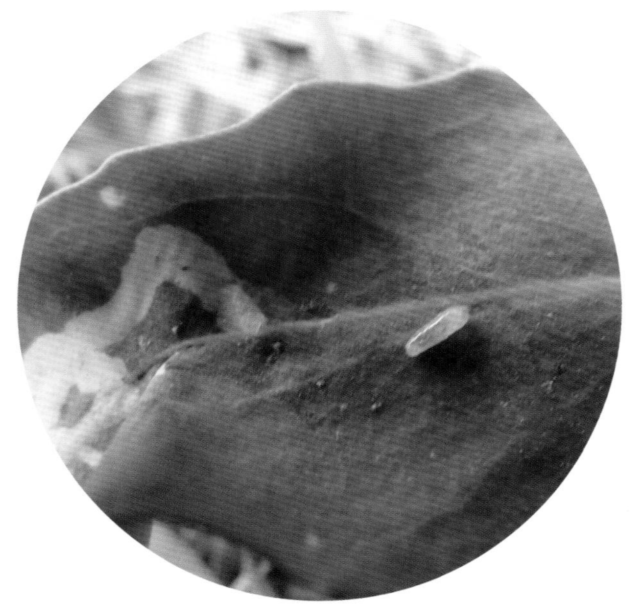

图 7　潜叶蝇幼虫

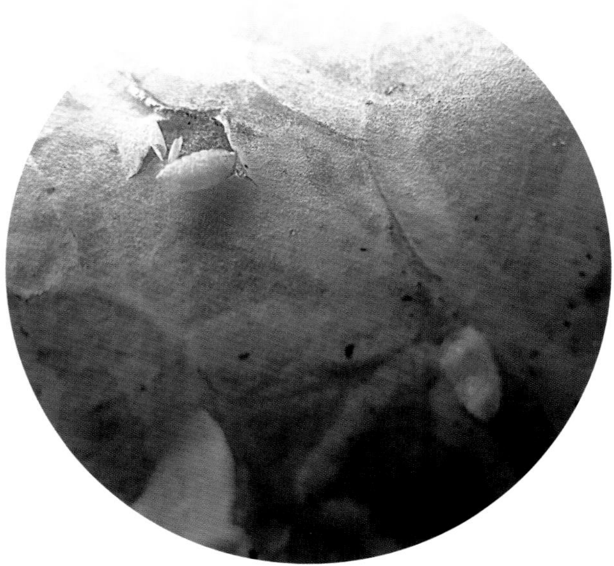

图 8　潜叶蝇蛹

## 发生规律

该虫 1 年发生多代，以蛹在油菜、豌豆等受害叶片组织中越冬，2 月下旬即可见成虫。成虫活泼，吸食花蜜或叶片汁液并产卵。卵散产于嫩叶叶背边缘，产卵时刺破叶表皮成灰白色或淡绿色斑点。冬油菜区以 3 月下旬至 5 月下旬为害最重，6 ~ 7 月在瓜类和杂草上生活，8 月以后转移为害十字花科蔬菜，油菜出苗后又为害油菜。潜叶蝇耐寒不耐高温，高温干旱不利于其发生。油菜花期成虫产卵量大，结角期幼虫数量剧增，角果膨大期幼虫数量和为害程度达最高峰。长势好、茂密浓绿的油菜田受害重，白菜型品种受害重。

## 防治措施

**1. 农业防治**

早春清除田间地头杂草，摘除基部老黄叶，清除田间残株败叶，减少虫源。

**2. 物理防治**

利用成虫喜食花蜜的习性，诱杀成虫。成虫发生期用甘薯、胡萝卜煮汁或用 30% 糖水，配上 0.5% 敌百虫液制成毒糖液，在每距离 3 m 左右点喷 10 ~ 20 株，3 ~ 5 d 喷 1 次，共喷 4 ~ 5 次。

**3. 化学防治**

在幼虫初孵期，可选用 1.8% 阿维菌素乳油 30 ~ 40 g，或 30% 阿维 · 矿物油 50 ~ 70 mL，或 4.5% 高效氯氰菊酯乳油 40 ~ 50 mL，或 30% 辛硫 · 氟氯氰乳油 30 ~ 50 g，或 2.5% 高效氟氯氰菊酯乳油 40 ~ 50 mL，或 50% 灭蝇胺可溶粉剂 15 ~ 20 g，或 26% 阿维 · 毒死蜱乳油 15 ~ 25 mL，对水 40 ~ 50 kg 喷雾，5 ~ 7 d 喷 1 次，连续防治 2 ~ 3 次。在春季成虫盛发期，可喷洒 5% 氟虫脲乳油 2 000 倍液等昆虫生长调节剂类药剂。

# （一）主要病虫害　9. 菜蝽

## 分布为害

菜蝽又称斑菜蝽、花菜蝽、姬菜蝽等，为害油菜、甘蓝、花椰菜、白菜、萝卜等十字花科蔬菜。分布在河南省各地。以成虫、若虫刺吸植物汁液，尤喜刺吸嫩芽、嫩茎、嫩叶、花蕾和幼荚。其唾液对植物组织有破坏作用，影响生长，被刺处留下黄白色至微黑色斑点（图1）。幼苗子叶期受害则萎蔫甚至枯死，花期受害则不能结荚或籽粒不饱满。此外，还可传播软腐病。

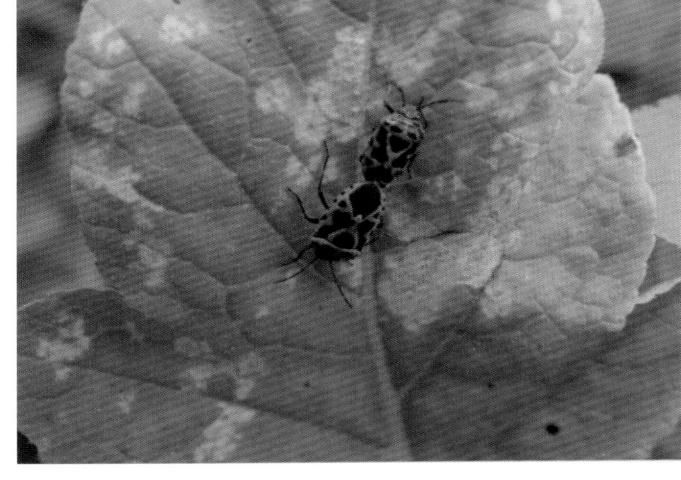

图1　菜蝽为害状

## 形态特征

成虫：椭圆形，体长6～9 mm，体色橙红色或橙黄色，有黑色斑纹。前胸背板上有6个大黑斑，略成两排，前排2个，后排4个。小盾片基部有1个三角形大黑斑，近端部两侧各有1个较小黑斑，小盾片橙红色部分呈“Y”字形，交会处缢缩。腹部腹面黄白色，具4纵列黑斑（图2）。

卵：鼓形，单层成块，排列整齐，初为白色，后变灰白色，孵化前灰黑色（图3）。

若虫：共5龄，无翅，外形与成虫相似，虫体与翅芽均有黑色与橙红色斑纹（图4）。

图2　菜蝽成虫

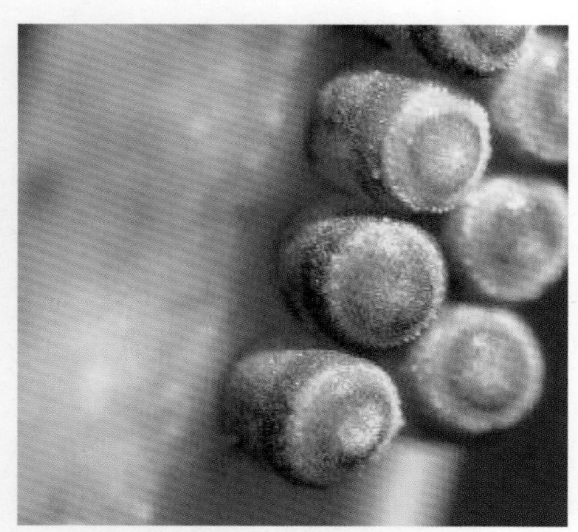

图3　菜蝽的卵

图4　菜蝽幼虫

## 发生规律

菜蝽北方年生 2 ~ 3 代，南方 5 ~ 6 代，以成虫在地下、土缝、落叶、枯草中越冬。翌年春 3 月下旬开始活动，4 月中下旬起进入发生始盛期，5 月上旬可见各龄若虫及成虫，10 月下旬至 11 月中旬起进入越冬期。全年 5 ~ 9 月是主要为害期。成虫喜光、趋嫩、多栖息在植株顶端嫩叶或顶尖上，中午活跃，善飞。越冬代成虫寿命近 300 d，可多次交配、产卵，每头可产卵数十粒至 200 粒。若虫期 30 ~ 45 d，初孵若虫群集，随着龄期增大逐渐分散，大龄若虫适应性和耐饥饿力强。

## 防治措施

**1. 农业防治**

及时摘除卵块，冬耕消灭越冬成虫。

**2. 化学防治**

掌握在若虫 3 龄前喷药。可亩用 2.5% 溴氰菊酯乳油 20 ~ 40 mL，或 45% 马拉硫磷乳油 70 ~ 90 mL，或 50% 氟啶虫胺腈水分散粒剂 6 ~ 8 g，或 26% 氯氟·啶虫脒水分散粒剂 140 ~ 200 g，对水 40 ~ 50 kg 喷雾防治。

# （一）主要病虫害　10. 黑缝油菜叶甲

## 分布为害

黑缝油菜叶甲俗名绵虫、黑蛆。以成、幼虫为害油菜、白菜、荠菜、萝卜等十字花科蔬菜，食叶成缺刻或孔洞，严重的叶片被吃光，咬掉生长点，造成缺苗断垄乃至毁种（图 1）。

图 1　黑缝油菜叶甲为害油菜茎秆和角果

## 形态特征

成虫：体长 6 ~ 8 mm，头黑色，顶部具一月牙形黄色斑，前胸黄色，发达，中部具一“凸”字形黑斑，两侧各具一小黑点，前胸背板宽，后缘中部拱弧，表面刻点粗密。小盾片半圆形。雌虫腹部大，末端露在鞘翅外（图 2）。

卵：长椭圆形，长 1.8 mm，黄色至橙色。

幼虫：末龄幼虫 10 ~ 13 mm，背黑褐色纺锤形，腹面浅黄色，头黑褐色，前胸、腹末节深褐色，余各节背面具 3

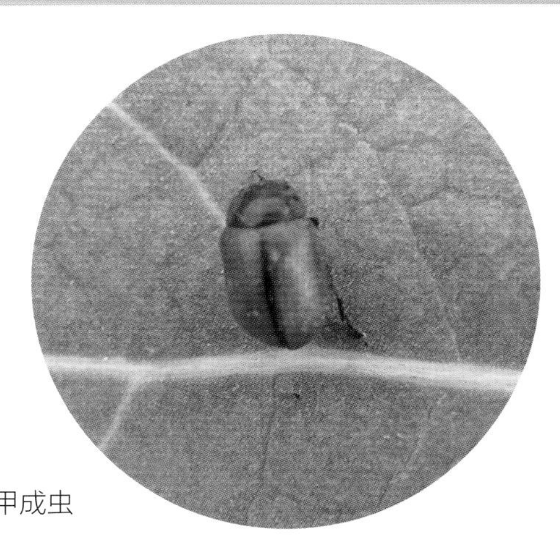

图 2　黑缝油菜叶甲成虫

排大小不一的深褐色肉瘤，瘤上生刚毛。

蛹：裸蛹浅黄色至橙黄色，蛹长 6 ~ 7 mm。

## 发生规律

黑缝油菜叶甲以卵在油菜根部表土内、土缝中、土块或枯叶下越冬。翌年春油菜返青时开始孵化，幼虫期 4 龄。3 月下旬至 5 月上旬为害，幼虫喜光、有假死性。喜在 8 ~ 17 时为害，夜间、早晚及阴雨天潜伏在土块下。5 月上旬后，老熟幼虫钻入土中 2 ~ 6 cm 处作土室化蛹，经 10 ~ 15 d 羽化为成虫。5 月下旬进入羽化盛期，成虫出土后继续为害，待油菜黄熟后，成虫潜入土中 10 ~ 22 cm 处越夏。9 月下旬至 10 月中旬，成虫又复出土为害幼苗，10 月上旬至 11 月上旬交尾产卵，20 ~ 40 粒聚成小堆，每雌产卵 200 粒左右。

## 防治措施

**1. 农业防治**

春油菜虫害发生轻，可扩大种植；加强管理，增肥灌水，壮苗抑虫。

**2. 化学防治**

（1）土内施药，每亩用 5% 辛硫磷颗粒剂 3 ~ 4 kg 对细土 30 kg，于播种时撒入土表，然后耙入或翻入土中，可防治越夏成虫及越冬卵块。

（2）油菜出土后至越冬前，发现成虫迁入田内为害时，亩用 40% 辛硫磷乳油 80 ~ 100 g，对水 30 ~ 40 kg 喷雾，歼灭成虫，防止产卵及越冬。

（3）油菜返青前，定期、定点检查卵块密度和孵化率，当每平方米内有一堆卵块，孵化率高于 80%，在油菜返青后抽薹前、幼虫初发阶段亩用 50% 杀螟丹可溶粉剂 80 ~ 100 g 对水喷雾防治。

（4）油菜荚期发现羽化成虫为害时，每亩用 25% 噻虫嗪水分散粒剂 10 ~ 15 g，或 20% 氯氰·敌敌畏乳油 50 ~ 70 mL，或 48% 毒死蜱乳油 50 ~ 60 mL，或 45% 马拉硫磷乳油 90 ~ 110 g，对水 40 ~ 50 kg 喷雾。

# （二）次要病虫害　11. 根肿病

图 1　油菜根肿病根部膨大

图 2　油菜根肿病多株发病

图 3　油菜根肿病大田为害造成油菜生长缓慢，植株矮小

# （二）次要病虫害

## 12. 根腐病

图 1　油菜根腐病苗期受害状

图 2　油菜根腐病病根

# （二）次要病虫害

## 13. 白锈病

图 1　油菜白锈病叶片正、背面

图 2　油菜白锈病大田中病株

图 3　油菜白锈病为害花梗呈“龙头拐”状

## （二）次要病虫害　14. 白斑病

油菜白斑病病叶

## （二）次要病虫害　15. 苹毛丽金龟

图1　苹毛丽金龟成虫

图2　苹毛丽金龟为害花器

图3　苹毛丽金龟为害花器的症状

# （二）次要病虫害　16. 黄条跳甲

图 1　黄条跳甲大田为害状

图 2　黄条跳甲成虫

# （二）次要病虫害　17. 菜叶蜂

菜叶蜂幼虫

# （二）次要病虫害

## 18. 露尾甲

图 1　露尾甲成虫

图 2　露尾甲为害幼苗状

图 3　露尾甲为害后的症状

# 七、棉花病虫害

# （一）主要病虫害

# 1. 棉花黄萎病

## 分布为害

棉花黄萎病在河南省各棉区广泛分布，多与枯萎病混合发生，作用于植株的维管束，并扩展到植株的各个部位，导致植株萎蔫，叶、蕾、花、铃脱落枯死，造成棉花严重减产（图 1）。

图 1　棉花黄萎病严重发生田块

## 症状特征

棉花黄萎病为系统性侵染病害，整个棉花生育期均可发病。一般在 3 ～ 5 片真叶期开始显症，棉花现蕾后田间大量发病。感病初期，在植株下部叶片上的叶缘和叶脉间出现淡黄色病斑（图 2，图 3），

图 2　黄萎病显病初期

图 3　黄萎病在棉株下部叶片发病

图 4　黄萎病叶片症状

图 5　黄萎病病株后期症状

病斑逐渐扩大并褪绿变黄，叶片边缘向下卷曲（图 4），叶片变厚发脆。随病情发展，病斑边缘至中心颜色逐渐加深，但靠近主脉处不褪色，呈黄色掌状斑纹，后期叶片焦枯，由下而上脱落。发病严重时，整张叶片枯焦破碎，脱落成光秆（图 5）。病株一般不矮缩，可少量结铃，但早期发病重的植株较矮小。夏季暴雨后出现急性型萎蔫症状，棉株突然萎垂，叶片大量脱落，常造成严重减产。根据黄萎病症状的不同，可以划分为以下几个类型：

（1）落叶型：为强致病力菌系所致。病叶叶脉间或叶缘处突然大片褪绿萎蔫，叶色由淡黄色急速变为黄褐色至紫褐色，叶缘向背面卷曲，病株主茎顶梢、侧枝和果枝顶端变褐枯死，蕾、花、铃、叶片大量脱落，10 d 左右即落成光秆。剖削病株根、茎和叶柄，可见木质部变成淡褐色，这是该病诊断的重要特征（图 6，图 7）。

图 6　黄萎病病株与健株对照（右：健株，左：病株）

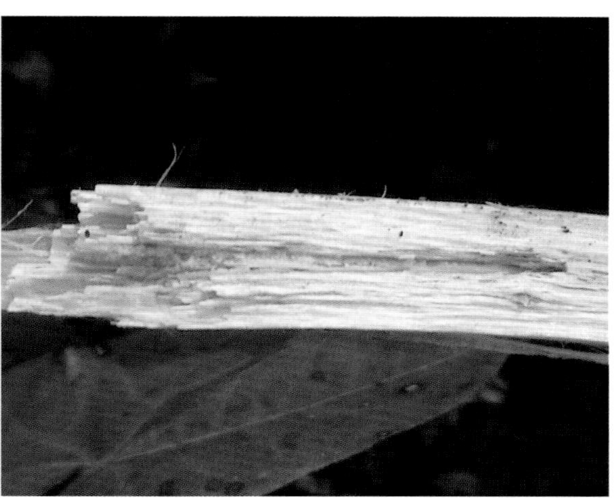
图 7　黄萎病植株维管束变为淡褐色

（2）枯斑型：为中等致病力菌系所致。叶片表现为局部枯斑或掌状枯斑，枯死后脱落。

（3）黄斑型：为弱致病力菌系所致。叶片上出现黄色斑块，后扩展为掌状黄条斑，叶片不脱落，久旱遇大水浸灌或暴雨，叶部尚未出现症状，植株就突然萎蔫，叶片迅速脱落成光秆，剖开病茎可见维管束变成淡褐色，是此类型急性型症状表现。

## 发生规律

病株各部位的组织均可带菌，病叶作为病残体存在于土壤中是该病传播的重要菌源。棉籽带菌，虽然带菌率很低，却是远距离传播的重要途径。病菌的分生孢子长卵圆形，单孢无色。孢壁增厚形成黑褐色的厚垣孢子，许多厚壁细胞结合成近球形的微菌核。微菌核抗逆性强，能耐 80℃高温和 -30℃低温，土壤中可存活 8 ~ 10 年。此外，在田间还可通过土壤、粪肥、病残体、雨水、灌溉水及农事活动等途径传播。

病菌在土壤中直接侵染根系，进入导管并在其中繁殖，产生分生孢子及菌丝体，堵塞导管，影响棉花生长发育。同时，病菌产生的毒素也是致病的重要因子，具有很强的致萎蔫作用。一般在棉花播种 1 个月后开始出现病株（6 月底），发病晚于枯萎病，7 ~ 8 月开花结铃期时进入发病高峰。发病最适温度 25 ~ 28℃，低于 25℃或高于 30℃发病缓慢，超过 35℃则为隐症。如遇多雨年份，湿度过高而温度偏低，则黄萎病发展迅速，病株率可成倍增长。连作、偏施氮肥和有机质丰富的棉田发病重。大水漫灌常造成病区扩大。

## 防治措施

**1. 加强检疫**

不在病田繁种，不从疫区调运棉种。

**2. 农业防治**

种植抗病、耐病品种；轻病田拔除病株，并进行土壤消毒；轮作换茬，改种禾谷类作物，重病田实行水旱轮作 2 ~ 3 年，或与小麦、玉米、油菜等轮作 3 ~ 4 年；适时播种，清洁棉田，深翻土壤，早中耕，及时排水，增施基肥和磷钾肥，不用带菌的棉籽饼、棉秆和畜粪作肥料。

**3. 化学防治**

（1）种子和土壤消毒：土壤消毒是用棉隆原粉每平方米 70 g 拌入深 30 ~ 40 cm 土中，再浇水封盖健土。也可用浓氨水消毒。种子用硫酸脱绒和清水反复冲洗后，用 80% 乙蒜素乳油 2 000 倍药液，加温到 55 ~ 60℃温汤浸闷种子 30 min，取出播种或晾干备用，或用清水 50 kg 加入 50% 多菌灵胶悬剂 375 mL，配成药液浸泡已脱绒的棉种 20 kg，常温下冷浸 14 个小时。

（2）灌根：发病初期用 3% 噁霉・甲霜（广枯灵）水剂 300 ~ 500 倍或 12.5% 多・水杨酸悬浮剂 250 倍或 70% 甲基硫菌灵可湿性粉剂 1 000 倍液，每株浇灌 50 mL，能减轻为害。

（3）喷雾：发病初期用 12.5% 多・水杨酸悬浮剂 250 倍或 3% 噁霉・甲霜（广枯灵）水剂 300 ~ 500 倍液喷雾，间隔 10 d 喷 1 次，连喷 3 ~ 4 次。

# （一）主要病虫害　2. 棉花枯萎病

## 分布为害

棉花枯萎病广泛分布于河南省各棉区，与棉花黄萎病一样，作用于植株维管束，并扩展到植株的各个部位，称为棉花上的“癌症”，一旦发生难以根除，常造成严重减产。

## 症状特征

棉花枯萎病为系统性侵染病害，也是典型的维管束病害。得病后棉株维管束变成黑褐色，症状表现复杂。苗期有黄色网纹型、青枯型、黄化型、皱缩型、紫红型等；蕾期有皱缩型、半边黄化型、枯斑型、顶枯型、光秆型等。有时一块田同时出现几种症状，有时与棉花黄萎病混合发生，症状更为复杂。棉花枯萎病和黄萎病有共同特征：成株期植株矮化，根茎部导管呈深褐色，剖削根茎可见明显深褐色条纹，自根部到顶端形成一条直线（图 1）。

图 1　棉花枯萎病植株维管束变色状

（1）黄色网纹型：病苗叶片叶脉褪绿变黄，中间叶肉保持绿色，形成黄色网纹状。开始多发生在叶片边缘，随后病斑扩大，叶片枯萎脱落。温暖高湿条件下易出现（图 2）。

（2）紫红型或黄化型：叶片变成紫红色或黄色，网纹不明显，并逐渐萎蔫死亡。气温较低时易出现（图 3）。

图 2　棉花枯萎病（黄色网纹型）

图 3　棉花枯萎病（紫红型）（引自沈其益）

（3）青枯型：全株或半边叶片急性青枯死亡，但叶片在短期内仍能保持绿色。常在天气急剧变化，特别是雨后天晴时出现（图 4）。

（4）皱缩型：叶色深绿、皱缩、增厚，轻病株仍能存活，重病株叶片萎蔫干枯脱落，提前枯死（图 5）。

棉花枯萎病和黄萎病可以通过以下特点进行区别：一是发病时间，枯萎病较黄萎病早；二是苗期症状，枯萎病病株的子叶和真叶出现黄色网纹，局部焦枯，气候条件异常时出现紫红型和青枯型症状，黄萎病病株叶片症状多为西瓜皮颜色和斑纹，叶缘向上翻；三是中后期症状，枯萎病矮化，病部雨季出现红色霉层，黄萎病除重病株外一般不矮化，病部雨季出现白色霉层；四是导管颜色，剖检后可见枯萎病导管变色较深，呈黑褐色，黄萎病变色较浅，呈褐色。

图 4　棉花枯萎病（青枯型）（引自沈其益）

图 5　棉花枯萎病（皱缩型）（引自沈其益）

## 发生规律

病菌以菌丝体和厚垣孢子在种子、棉籽饼、棉籽壳、病残体及混有病残体的土壤、粪肥内越冬，成为翌年的初侵染源。在田间随流水及农事操作传播，运输带菌种子或棉籽饼可造成病害的远距离传播。病菌可在土壤中存活 6 ~ 10 年，主要从根部伤口或根毛侵入，在导管内生长繁殖，分泌内毒素毒害导管组织，致使水分和养料输送困难，造成棉株凋萎、矮缩、枯黄。子叶期至结铃吐絮期均可发病，以 5 片真叶期到蕾铃期发病较重，为害盛期多在现蕾期。发病适温 25 ~ 28℃，盛夏土温上升时停止发展，秋季温度下降，可出现第二次发病高峰。土壤线虫多，造成伤口多，利于病菌侵入。连作、地势低洼、排水不良、地下水位高、偏施氮肥和缺钾棉田发病重。沙质酸性土壤有利于发病。

## 防治措施

### 1. 加强检疫

防止病区种子和棉饼调出。

### 2. 农业防治

种植抗耐病品种；轻病田拔除病株，并进行土壤消毒；轮作换茬，改种禾谷类作物，重病田实行水旱轮作 2 ～ 3 年，或与小麦、玉米、油菜等轮作 3 ～ 4 年；适时播种，清洁棉田，深翻土壤，早中耕，及时排水，增施基肥和磷钾肥，不用带菌的棉籽饼、棉秆和畜粪作肥料。

### 3. 化学防治

（1）种子和土壤消毒：土壤消毒是用棉隆原粉每平方米 70 g 拌入深 30 ～ 40 cm 土中，再浇水封盖健土。也可用浓氨水消毒。种子消毒是用硫酸脱绒和清水反复冲洗后，用 80% 乙蒜素乳油 2 000 倍药液，加温到 55 ～ 60℃温汤浸闷种子 30 min，取出播种或晾干备用，或用清水 50 kg 加入 50% 多菌灵胶悬剂 375 mL，配成药液浸泡已脱绒的棉种 20 kg，常温下冷浸 14 个小时。

（2）灌根：发病初期用 3% 噁霉・甲霜（广枯灵）水剂 300 ～ 500 倍或 12.5% 多・水杨酸悬浮剂 250 倍或 70% 甲基硫菌灵可湿性粉剂 1 000 倍液，每株浇灌 50 mL，能减轻为害。

（3）喷雾：发病初期用 12.5% 多・水杨酸悬浮剂 250 倍或 3% 噁霉・甲霜（广枯灵）水剂 300 ～ 500 倍液喷雾，间隔 10 d 喷 1 次，连喷 3 ～ 4 次。

# （一）主要病虫害　3. 棉花苗期病害

## 分布为害

棉花发芽出苗至现蕾期间发生的病害统称为苗期病害。河南省常见的苗期病害有立枯病、猝倒病、炭疽病等，严重年份可造成棉花毁种，对棉花正常生长影响很大。

## 症状特征

### 1. 立枯病

幼苗出土前即可造成烂籽和烂芽。棉苗出土后，可在近土面基部产生黄褐色凹陷的病斑，病斑逐渐扩展包围整个基部呈明显缢缩，病苗萎蔫倒伏枯死（图 1，图 2）。拔起病苗时，茎基部以下的皮层均遗留在土壤中，仅存坚韧的鼠尾状木质部，病苗、死苗茎基部和周围土面可见到白色稀疏菌丝体。子叶受害，多在子叶中部产生黄褐色不规则病斑，脱落穿孔。发病田常出现缺苗断垄或成片死亡。

图 1　棉花立枯病植株枯萎

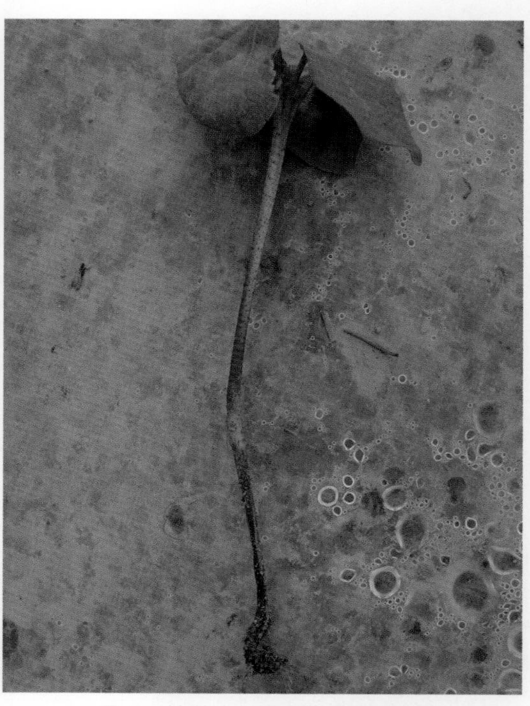

图 2　棉花立枯病植株基部缢缩

2. 猝倒病

病菌从幼嫩的细根侵入，最初在幼茎基部呈现黄色水渍状病斑，严重时病部变软腐烂，颜色加深呈黄褐色，幼苗迅速萎蔫倒伏（图 3），同时子叶也随之褪色，呈水浸状软化。高湿条件下，病部常产生白色絮状物，即病菌的菌丝体。与立枯病的主要区别是猝倒病苗茎基部没有褐色凹陷病斑。

图 3　棉花猝倒病病株

3. 炭疽病

棉籽萌发后受侵染，可使种子在土中呈水渍状腐烂。幼苗出土后，先在茎基部产生红褐色梭形条斑，后扩大，变褐色，略凹陷，病斑上有橘红色黏性物，即病菌的分生孢子，幼苗枯萎。发病后常在子叶的边缘形成半圆形的病斑，病斑边缘红褐色，中央灰黄色，表面附着橘红色黏性物。干燥情况下病斑受到抑制，边缘呈紫红色（图 4）。

图 4　棉花炭疽病叶部症状

## 发生规律

1. 立枯病

病菌主要以菌丝体和菌核在土壤中或病残体上越冬，较少以菌丝体潜伏在种子内越冬，但收获前遇低温阴雨年份，棉铃染病时病菌侵入铃内，造成种子带菌，成为翌年的初侵染源。低温高湿利于病害的发生，若棉籽发芽时土温低于 10℃，会增加出苗前的烂籽和烂芽。多雨阴湿年份，幼苗期温度持续在 15 ~ 23℃，则有利于病害的发生。同时，棉种纯度低，籽粒不饱满，播种后出苗缓慢，生长势弱，则抗病力弱，发病严重。排水不良、地势低洼、土质黏重和多年连作的棉田，播种过早、过深或覆土过厚的棉田，发病严重。

2. 猝倒病

土壤中病原菌的卵孢子是主要初侵染源。基本发生规律同立枯病。常与立枯病、炭疽病混合发生。

3. 炭疽病

病菌以分生孢子和菌丝体在种子或病残体上越冬，种子带菌是重要的初侵染源，翌年侵染萌发的棉籽和幼苗，以后在病株上产生大量分生孢子，病菌随风雨或昆虫等传播，形成再次侵染。基本发生规律同立枯病。常与立枯病、猝倒病同时发生。

## 防治措施

1. 农业措施

（1）精选优质棉种，硫酸脱绒消灭棉种表面病菌，晒种 30 ~ 60 小时，提高种子发芽率和发芽势，增强棉苗抗病力。

（2）合理轮作：重发田块与禾本科作物轮作 2 ~ 3 年以上。

（3）加强田间管理：精细整地，增施腐熟有机肥。提高播种质量，春棉以 5 cm 深，土温 14℃时播种为宜，一般播种 4 ~ 5 cm 深。棉苗出土 70% 左右时，进行中耕松土，适当早间苗，降低土壤湿度，提高地温，培育壮苗。及时定苗，将病苗、死苗带出田外，集中销毁。

2. 化学防治

（1）药剂拌种或包衣：50% 多菌灵可湿性粉剂按种子量的 0.5% ~ 0.8%，或 70% 甲基硫菌灵可湿性粉剂按种子量的 0.6% 进行种子包衣，或用 35% 精甲霜灵乳油 40 ~ 80 mL 拌 100 kg 棉种。

（2）喷雾：苗期如遇连续阴雨天气，田间出现病株时，用 50% 多菌灵可湿性粉剂 800 ~ 1 000 倍液，或 65% 代森锌可湿性粉剂 800 ~ 1 000 倍液，或 70% 甲基硫菌灵可湿性粉剂 800 ~ 1 000 倍液，对准根茎部喷雾保护，每周喷 1 次，连喷 2 ~ 3 次。

# （一）主要病虫害　4. 棉花红叶茎枯病

## 分布为害

棉花红叶茎枯病又叫红叶枯病、死花棵，是棉花的非侵染性生理病害，也是棉花生育后期的重要病害。河南省各地均有发生，豫南、豫东发生较重（图 1）。

图 1　红叶茎枯病严重发病田

## 症状特征

棉花红叶茎枯病一般从蕾期开始显症，结铃吐絮期发病最重。发病最早开始于主茎顶端或果枝的枝梢，自上而下、自内向外发展（图 2）。发病初期

图 2　红叶茎枯病早期症状

图3　红叶茎枯病发病初期病叶

图4　红叶茎枯病发病中后期病叶

叶片呈暗绿色（图3），叶肉逐渐由暗红色变成黄色，叶质增厚变脆，皱缩反卷（图4）；严重时，叶柄失水干缩，叶片萎蔫下垂，最后干枯脱落（图5，图6）。该病症状与棉花枯黄萎病相似，但维管束不变色，可与之相区分。盛铃期可造成叶片或蕾铃脱落，铃重下降，衣分降低，不能正常吐絮，影响棉花产量和品质。自然条件下，可表现为黄叶型和红叶型，或混合发生，同一植株也可表现不同的颜色。发病棉株易受病菌，如轮纹病菌和叶斑病菌侵染，加快棉株死亡。

图5　红叶茎枯病造成叶片干枯

图6　红叶茎枯病后期造成棉叶脱落

## 发生规律

该病的发生与土壤、营养、气候及耕作条件等多种因素有关。耕作粗放、土壤板结、透气性差的棉田，偏施氮肥，土壤有机质含量低特别是缺钾，并伴随缺磷氮，可以导致发病。田间排灌不畅，棉根发育不良，长期干旱后突降暴雨或雨后长期积水可引起该病的发生，长期阴雨也能加剧为害。长势过旺，田间郁闭，前期结铃早而多，后期棉株过早衰败的棉田发病严重。

## 防治措施

**1. 农业防治**

（1）加强栽培管理：改良土壤，培育健壮植株。深耕细作，加厚活土层，平整土地，多施有机肥，增施钾肥，改善土壤结构，提高土壤蓄水能力，及时中耕，增加土壤通透性，培育健壮棉株，提高抗逆性。棉苗早发但水肥不足的棉田，结合整枝修棉，适量摘除早蕾。地膜覆盖棉田，要及时揭膜，促使根系向纵深发展。有条件的棉区应实行轮作倒茬。

（2）抗旱排涝：灾害性天气是此病的主要诱导因子。改善棉田排灌条件，做到旱能浇、涝能排，保证棉株的正常生长发育。

**2. 合理施肥**

（1）化学调控：旺长棉田，每亩用98%缩节胺可溶性粉剂2 ~ 3 g，或50%矮壮素水剂8 ~ 12 mL对水50 kg喷雾。

（2）平衡施肥：施足底肥，轻施苗肥，重施花铃肥。缺钾棉田，每亩可增施钾肥10 ~ 15 kg，以满足棉花对钾元素的需求。常年发病地块，施草木灰等肥料也有较好的效果。转Bt基因棉对钾肥需求量较大，要重施钾肥或及时补钾。

（3）叶面追肥：发病初期，每亩用腐殖酸活性液肥农施宝100 mL对水45 kg喷雾，可快速供肥，并改善土壤供氧状况。也可叶面喷施0.2% ~ 0.3%磷酸二氢钾液，或2%尿素加0.2%磷酸二氢钾加叶面微肥混合液，重点喷中、上部叶片背面，隔7 ~ 10 d喷1次，连喷2 ~ 3次。

# （一）主要病虫害　5. 棉花铃期病害

## 分布为害

棉花铃期引起棉铃僵硬、腐烂、发霉的病害统称铃病，主要有棉铃疫病、棉铃红腐病、棉铃黑果病、棉铃红粉病、棉铃炭疽病等。河南省各棉区均有发生。夏、秋季节多雨，棉田郁闭，发病重。一般情况下，几种铃期病害常混合发生。

## 症状特征

### 1. 棉铃疫病

多发生在中下部果枝的棉铃上（图 1），棉铃苞叶下的果面、铃缝及铃尖等部位最先发病。发病初期先出现淡褐色、淡青色至青黑色水渍状病斑（图 2），湿度大时病情迅速扩展，整个棉铃变为光亮的青绿色至黑褐色病铃（图 3）。多雨潮湿时，棉铃表面可见一层稀薄的白色霜霉状物，即病菌的孢囊梗和孢子囊。青铃染病，易腐烂脱落或成为僵铃。疫病发生较晚的棉铃，如能及时采摘剥晒或天气转晴，仍能吐絮。

图 1　棉铃疫病多发生在棉株中下部

图 2　棉铃疫病初期

图 3　棉铃疫病全铃发病

**2. 棉铃红腐病**

多发生在受伤的棉铃上。当棉铃受疫病、炭疽病或角斑病等铃部病害侵染后，以及受到虫伤或有自然裂缝时，易引起棉铃红腐病（图4）。棉铃染病后初生无定型病斑，遇潮湿或连阴雨天气时病情扩展迅速，遍及全铃，产生均匀的粉红色或浅红色霉层。雨后易粘连在一起，成为粉红色的块状物，病铃铃壳不能开裂或只半开裂，棉瓣紧结，不吐絮，纤维干枯（图5）。

图4　棉铃红腐病易发生在受伤的棉铃上

图5　棉铃红腐病引起棉铃僵瓣

**3. 棉铃黑果病**

主要在铃尖、铃壳裂缝或铃基部发病，病斑初期呈墨绿色水渍状小斑点，扩展迅速，后期呈黑褐色腐烂病斑。病部表面产生粉红色或粉白色霉层，致密而薄，发展为全铃受害，果铃发软，铃壳呈棕褐色，僵硬不开裂。铃壳表面密生突起的小黑点，即病菌分生孢子器。发病后期铃壳表面布满煤粉状物（图6），棉絮腐烂成黑色僵瓣，多不开裂。

图6　棉铃黑果病发病后期

**4. 棉铃红粉病**

病铃布满粉红色绒状物，厚且紧密（图7）。气候潮湿时，变为白色绒状物，进而整个铃壳表面生成松散的橘红色绒状霉层，即病原菌的分生孢子梗和分生孢子，霉层比红腐病厚。病铃不能开裂，纤维黏结成僵瓣，僵瓣上也长有红色霉层（图8）。

图7　红粉病棉铃上粉红色绒状霉层

图8　棉铃红粉病后期

**5. 棉铃炭疽病**

铃部最初在铃尖附近出现暗红色小点（图 9），逐渐扩大成褐色凹陷的病斑，边缘紫红色稍隆起。气候潮湿时，在病斑凹陷部可以看到红褐色的分生孢子堆。受害严重的棉铃整个腐烂，不能开裂。

图 9　棉铃炭疽病初期

## 发生规律

**1. 棉铃疫病**

初侵染源为遗留在土壤中的烂铃组织内的卵孢子、厚垣孢子、孢子囊。病菌在铃壳中可存活 3 年以上，且有较强耐水能力，可随雨水或灌溉等途径传播。果枝节位低、短果枝和早熟品种发病严重。铃期多雨，特别是 8 ~ 9 月连绵阴雨，田间积水，以及生长旺盛、果枝密集、通透性差的棉田易发病，郁闭、大水漫灌、积水易导致该病大发生。虫害造成的棉铃伤口，有利于病菌侵入，虫害重、伤口多、迟栽晚发、后期偏施氮肥的棉田发病重。棉铃疫病，病菌在 15 ~ 30℃范围内都能侵染棉铃，发生的最适宜温度 22 ~ 23.5℃。

**2. 棉铃红腐病**

该病菌主要从伤口侵入，引起发病。初侵染源为种子内外、烂铃及枯枝落叶等病残体上的病菌。病菌借助风雨、昆虫等传播到铃上，引起烂铃。一般 8 月上旬开始发病，8 月中旬或 8 月下旬进入发病盛期。若 8 ~ 9 月出现连续阴雨天气，日照少、雨量大、雨日多则可造成红腐病大发生，尤以盐碱地、低洼地、连作棉田和早播棉田发病最重。同时，棉株贪青徒长或棉铃受病虫为害、机械伤口多，病菌易侵入，发病重。红腐病发生的最适温度是 20 ~ 24℃，但病菌在 3 ~ 37℃温度范围内均可生长活动。

**3. 棉铃黑果病**

病菌以分生孢子器在病残体上越冬，翌年条件适宜时产生分生孢子，进行初侵染和再侵染。黑果病对湿度要求较高，多雨高湿利于发病。棉铃伤口多，如虫伤、机械伤、阳光灼伤等可诱发黑果病大发生。黑果病最适宜的致病温度为 25℃左右，在 15 ~ 30℃范围内都能侵染棉铃，相对湿度 85% 以上且持续 4 d 以上，该病则可能严重发生。

### 4. 棉铃红粉病

病菌可在病铃上越冬。低温、高湿条件下，病菌从伤口或铃壳裂缝处侵入，借风、雨、水流和昆虫传播进行再侵染。多雨、高湿环境利于发病，暴风雨或害虫重发时发病重，土壤黏重，排水不良，种植密度大，整枝不及时，施用氮肥过多的棉田发病重。红粉病最适宜的致病温度为 19 ～ 25℃，相对湿度 85% 以上的天气持续时间长时，该病可能严重发生。

### 5. 棉铃炭疽病

病菌以分生孢子和菌丝体在种子或病残体上越冬，翌年棉籽发芽后侵入幼苗，以后在病株上产生大量分生孢子，病菌随风雨或昆虫等传播，形成再次侵染。温度和湿度是影响发病的重要原因。若苗期低温多雨、铃期高温多雨，棉铃炭疽病易流行。整地质量差、播种过早或过深、栽培管理粗放、田间通风透光差或多年连作等，都能加重炭疽病的发生。

## 防治措施

### 1. 农业防治

精选优质抗病虫棉花品种；加强田间管理。合理密植，改善通风透光条件，降低田间湿度；避免过多、过晚施用氮肥，防止贪青徒长；雨后开沟排水，中耕松土，及时去空枝、抹赘芽、打老叶，摘除烂铃；加强棉田害虫防治，减少因害虫为害造成的伤口；农事操作时要避免棉铃损伤，及时清除田间枯枝、落叶、烂铃等，集中销毁，减少病菌初侵染源。

### 2. 化学防治

（1）治虫防病：做好铃期虫害防治，减少虫害伤口，减轻病菌侵入。

（2）药剂防治：发病初期用 50% 多菌灵可湿性粉剂 800 ～ 1 000 倍，或 58% 甲霜灵・代森锰锌可湿性粉剂 700 倍，或 64% 噁霜灵・代森锰锌可湿性粉剂 600 倍液喷雾，隔 7 ～ 10 d 喷 1 次，连喷 2 次。注意交替轮换使用农药，延缓抗性产生。

# （一）主要病虫害　6. 棉花轮纹斑病

## 分布为害

棉花轮纹斑病又称黑斑病，河南省各棉区均有发生。主要为害棉花叶片，严重时可造成幼苗干枯致死。

## 症状特征

棉花整个生育期均可发生。叶片发病，最初出现红褐色小圆斑（图 1），后扩展成圆形或不规则褐色斑，边缘为紫红色，一般具有同心轮纹（图 2）。湿度大时，病斑上长出墨绿色霉层，即病原产生的分生孢子梗和分生孢子。严重时叶片上可生数十个病斑，造成叶片焦枯脱落（图 3）。茎部或叶柄感病，可形成椭圆形褐色凹陷斑，造成叶片凋落。

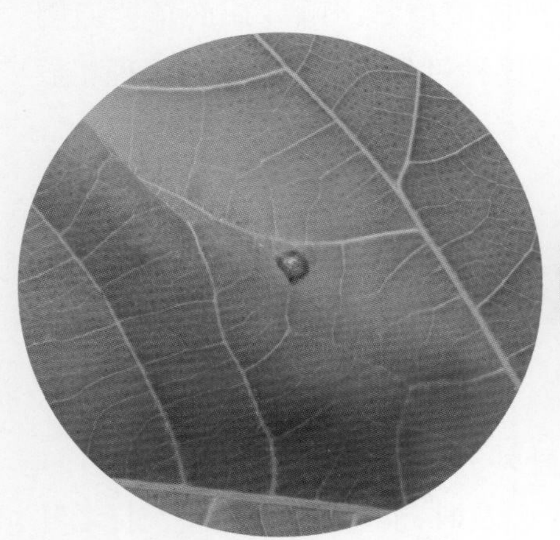

图 1　轮纹斑病发病前期病斑

图 2　轮纹斑病圆形病斑症状

图 3　轮纹斑病严重发生病叶

## 发生规律

病菌以菌丝体和分生孢子在病叶、病茎上或棉籽的短绒上越冬，是翌年重要的初侵染源。棉籽播种后病叶及棉籽上的分生孢子借助气流或雨水传播，直接侵入或从伤口侵入。当棉花播种出苗期遇低温阴雨天气，特别是温度先高后骤降，相对湿度高时，棉花轮纹斑病将普遍发生。棉花生长后期，若棉株生长势弱，遇连续阴雨天气也会出现发病高峰。

## 防治措施

**1. 农业防治**

精细整地，精选种子，提高播种质量；苗床和直播棉田进行地膜覆盖，提高地温，减轻发病；加强田间管理。多施腐熟的有机肥，增施磷钾肥，勤中耕，及时整治打叉，增强棉花生长势；雨后及时排水，避免田间积水，防止湿气滞留。

**2. 化学防治**

（1）种子处理：用种子量 0.65% 的 50% 多菌灵可湿性粉剂，或 40% 拌种灵 · 福美双可湿性粉剂拌种。

（2）生长期防治：棉花齐苗后若遇到寒流，或棉花生长期遇连阴雨天气，要进行喷药保护。可选用 1 ∶ 1 ∶ 200 波尔多液，或 65% 代森锌可湿性粉剂 250 ～ 500 倍液，或 25% 多菌灵可湿性粉剂 800 ～ 1 000 倍液，或 50% 克菌丹可湿性粉剂 200 ～ 500 倍液等喷雾。

# （一）主要病虫害　7．棉花褐斑病

## 分布为害

河南省各棉区均有发生，棉花整个生育期均可发病，严重时可引起全田叶片焦枯（图 1）。

图 1　褐斑病大田为害状

## 症状特征

叶片上初发病时形成针尖大小的紫红色斑点（图 2，图 3），后扩大成圆形或不规则黄褐色病斑，

图 2　褐斑病发病初期叶片正面症状

图 3　褐斑病发病初期叶片背面症状

边缘紫红色，稍有隆起（图 4，图 5）。多个病斑融合在一起形成的大病斑，中间散生黑色小粒点，即病原菌的分生孢子器。病斑中心易破碎穿孔（图 6），严重时叶片脱落。

图 4　褐斑病发病前期叶片正面症状

图 5　褐斑病发病前期叶片背面症状

图 6　褐斑病病斑中间散生黑色小粒点和病斑开裂症状

## 发生规律

发生规律基本同棉花轮纹斑病。在 5 ～ 6 月棉花幼苗期如遇连续阴雨低温天气，或棉花生长中后期遇连续阴雨天气，则棉花褐斑病易流行。

## 防治措施

**1. 农业防治**

（1）精选优质棉种，硫酸脱绒消灭棉种表面病菌，晒种 30 ～ 60 小时，提高种子发芽率和发芽势，增强棉苗抗病力。

（2）合理轮作：重发田块与禾本科作物轮作 2 ～ 3 年以上。

（3）加强田间管理：精细整地，增施腐熟有机肥。提高播种质量，春棉以 5 cm 深，土温 14℃时播种为宜，一般播种 4 ～ 5 cm 深。棉苗出土 70% 左右时，进行中耕松土，适当早间苗，降低土壤湿度，提高地温，培育壮苗。及时定苗，将病苗、死苗带出田外集中销毁。

**2. 化学防治**

（1）种子处理：用种子量 0.65% 的 50% 多菌灵可湿性粉剂，或 40% 拌种灵 · 福美双可湿性粉剂拌种。

（2）生长期防治：棉花齐苗后若遇到寒流，或棉花生长期遇连续阴雨天气，要进行喷药保护。可选用 1 ∶ 1 ∶ 200 波尔多液，或 65% 代森锌可湿性粉剂 250 ～ 500 倍液，或 25% 多菌灵可湿性粉剂 800 ～ 1 000 倍液，或 50% 克菌丹可湿性粉剂 200 ～ 500 倍液等喷雾。

# （一）主要病虫害　8. 棉铃虫

## 分布为害

棉铃虫又名钻桃虫、钻心虫等，属鳞翅目夜蛾科。河南省各地均有分布和为害。棉铃虫食性杂，除为害棉花外，还为害玉米、高粱、小麦、水稻、花生、红薯、番茄、豌豆、辣椒、芝麻、烟草等200多种植物。在棉花上，棉铃虫除直接取食营养器官外，主要为害蕾、花和铃，1头幼虫一生可为害5 ~ 22个蕾铃，对棉花产量影响极大。

棉铃虫幼虫为害棉株，可咬食棉叶，造成缺刻或孔洞（图1）。为害棉花嫩头可造成破头疯（图2）。棉蕾被害后，蕾下部有蛀孔，直径约5 mm，蕾内无粪便，

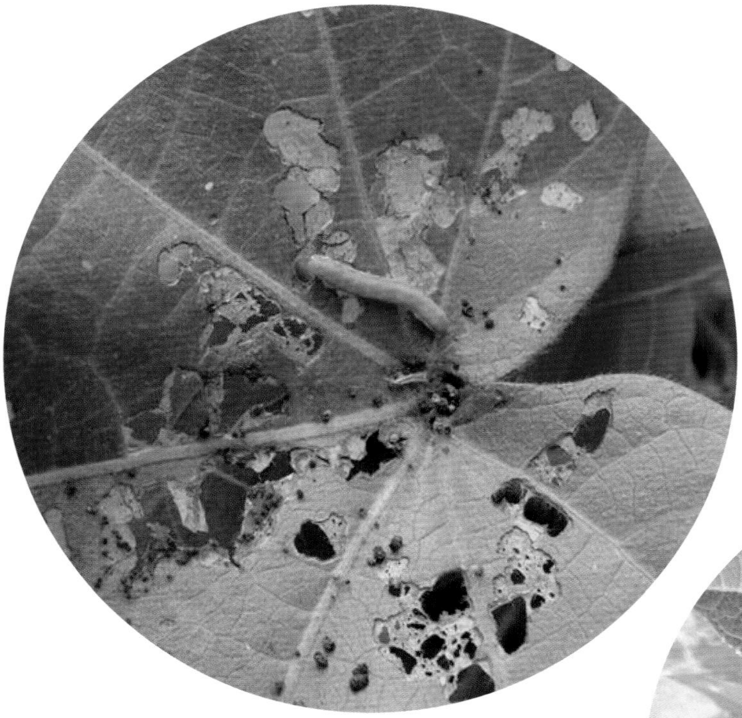

图1　棉铃虫幼虫为害棉叶

图2　棉铃虫幼虫为害嫩头

蕾外有粒状粪便，苞叶张开变成黄褐色，2 ~ 3 d 后脱落（图 3）。为害花，低龄幼虫钻入花中取食雄蕊和花柱，破坏子房，被害花往往不能结铃（图 4）。为害青铃，铃基部有蛀孔，孔径粗大，近圆形，粪便堆积在蛀孔外（图 5，图 6）；被害铃内未被咬食部分的纤维和棉籽呈水渍状，最终发展成烂铃。受害严重的棉株，蕾、铃脱落一半以上。

图 3　棉铃虫幼虫为害棉蕾

图 4　棉铃虫幼虫为害花

图 5　棉铃虫幼虫为害幼铃

图 6　棉铃虫幼虫为害成铃

## 形态特征

成虫：体长 15 ~ 20 mm，展翅 31 ~ 40 mm，前翅颜色变化大，雌蛾多黄褐色，雄蛾多灰绿色。前翅翅尖突伸，外缘较直。外横线有深灰色宽带，带上有 7 个小白点，肾形纹和环形纹暗褐色（图 7）。

卵：直径约 0.5 mm，近半球形，具纵横网格。初产时乳白色，近孵化时紫褐色（图 8）。

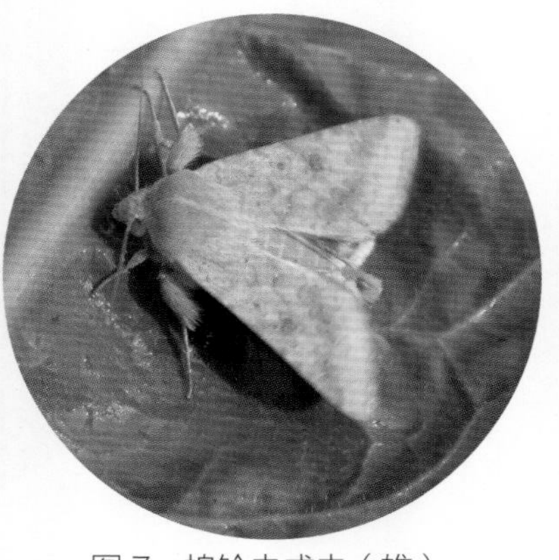
图 7　棉铃虫成虫（雄）

图 8　棉铃虫初产卵

幼虫：共 6 龄（图 9）。老熟幼虫体长 40 ～ 45 mm，头部黄褐色，有不规则的黄褐色网状云斑，气门线白色，体背有十几条细纵线条，各腹节上有刚毛疣 12 个，刚毛较长。体色变化多，大致分为黄白色型、黄色红斑型、灰褐色型、土黄色型、淡红色型、绿色型、黑色型、咖啡色型、绿褐色型等类型（图 10）。

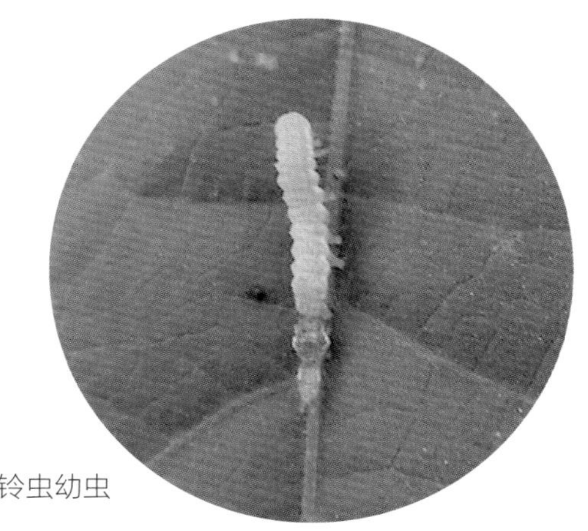

图 9　正在蜕皮的棉铃虫幼虫

图 10　不同体色的棉铃虫幼虫

蛹：长 17 ～ 20 mm，纺锤形，腹部 5 ～ 7 节，前缘密布比体色略深的刻点，尾端有臀刺 2 个（图 11）。

图 11　棉铃虫蛹

## 发生规律

棉铃虫在河南省1年发生4代。以滞育蛹在3 ~ 10 cm深的土中越冬。翌年4月中旬或5月上旬气温达到15℃以上时开始羽化，5月上旬为羽化盛期。1代在小麦、春玉米或蔬菜等作物上为害，2代主要为害棉花且虫量十分集中，3 ~ 4代除为害棉花外，还在玉米、豆类、花生、红薯、蔬菜等多种作物上为害，虫量较分散。

1代成虫多在嫩叶和生长点上产卵，2 ~ 4代成虫多于幼蕾的苞叶和果枝嫩尖上产卵，少数产于叶背或花上。幼虫孵化后先食卵壳，随后为害未展开的小叶，1 ~ 2 d后转向幼蕾。1、2龄幼虫有吐丝下垂习性，3龄后转移为害，4龄后食量大增，5 ~ 6龄进入暴食期，取食大蕾、花和青铃。为害青铃从基部蛀食，蛀孔大，孔外虫粪粒大且多。幼虫3龄前多在叶面活动，是施药防治的最佳时机，3龄后多钻到蕾铃内部，不易防治。末龄幼虫入土化蛹，土室具保护作用，羽化后成虫顺原道爬出土面后展翅。各虫态发育最适温度为25 ~ 28℃，相对湿度为70% ~ 90%。

棉铃虫成虫有趋光性，对黑光灯、频振式杀虫灯、高压汞灯等具有很强的趋性，同时对半枯萎的杨树枝把和棉铃虫性诱剂也有很强的趋性。幼虫有自残习性，3龄后的幼虫具转株为害习性，转移时间多在夜间和清晨。

## 防治措施

**1. 农业措施**

合理种植抗虫棉；麦收后，及时中耕，消灭部分一代蛹，压低棉田虫源基数；6月中下旬摘除早蕾（即伏前桃），7 ~ 8月结合整枝及时打顶，摘除边心及无效花蕾，并带出田外集中处理，可明显减轻田间虫卵量；棉花收获后，清除田间棉秆、烂铃和僵瓣，深翻耙地，冬灌，可大量消灭越冬蛹。

**2. 物理防治**

（1）灯光诱杀：成虫发生期，集中连片应用频振式杀虫灯、高压汞灯、20 W黑光灯、棉铃虫性诱剂或杨树枝把诱杀成虫。

频振式杀虫灯单灯控制面积30 ~ 50亩，连片设置效果更好。灯悬挂高度，前期1.5 ~ 2.0 m，中后期应略高于作物顶部。2代棉铃虫羽化期（6月上旬）开灯，8月底撤灯，只在成虫发生盛期开灯。每日开灯时间为晚9时至次日凌晨4时。

（2）杨树枝把诱集：第2、3代棉铃虫成虫羽化期，有条件的地区可在棉田内插萎蔫的杨树枝把诱集成虫，每亩10 ~ 15把，每天集中消灭成虫。

（3）性诱剂诱杀 。

（4）种植侵染作物：在棉田边插花种植春玉米、高粱、留种洋葱、胡萝卜等作物形成诱集带，可诱集棉铃虫产卵，集中杀灭。

**3. 生物防治**

（1）生物制剂：在非Bt棉种植区，在棉铃虫卵始盛期，每亩选用2 000 IU/ mL苏云金杆菌悬浮剂，即Bt制剂（转Bt基因抗虫棉田禁用）400 ~ 500 mL或10亿PIB/ g棉铃虫核型多角体病毒可湿性粉剂（NPV）80 ～ 100 g 对水 40 kg 喷雾。

（2）释放天敌：棉铃虫寄生性天敌主要有姬蜂、茧蜂、赤眼蜂、真菌、病毒等，捕食性天敌主要有瓢虫、草蛉、捕食蝽、胡蜂、蜘蛛等，对棉铃虫有显著的控制作用。

在 2 代棉铃虫卵孵始盛期，每亩人工释放赤眼蜂 1.2 万～ 1.4 万头，均匀放置 5 ～ 8 个点，每次间隔 5 ～ 7 d 释放一次，连续释放 3 次，棉铃虫田间虫量可减少 60% 左右。具体方法：赤眼蜂开始羽化时（约 5% 的柞蚕卵上出现羽化孔），把蜂卡撕成小块，用中部棉叶反卷包住蜂卡，附着在其他叶片背面，避免阳光直射，早晨或傍晚释放。

**4. 化学防治**

（1）防治标准：当棉田有效天敌总量与棉铃虫卵量比为 1 ：（2 ～ 3）时，天敌可以控制棉铃虫，不需施药防治。当天敌量较少时，则需要采取化学防治措施。转 Bt 基因抗虫棉根据田间幼虫量确定防治指标，2 代百株低龄幼虫 20 头，3 代 10 头。非转 Bt 基因抗虫棉，2 代百株累计卵量超过 100 粒或百株低龄幼虫 10 头，3 代百株累计卵量 40 粒或低龄幼虫 5 ～ 8 头，4 代低龄幼虫 10 ～ 15 头。

（2）防治药剂：2 代选用 20% 灭多威乳油 1 500 倍液，或 35% 硫丹乳油 1 500 倍液喷雾。3、4 代选用 1.8% 甲维盐微乳剂每亩 20 mL，或 25% 辛・氰乳油，或 4.5% 高效氯氰菊酯乳油每亩 60 ～ 100 mL 对水 50 ～ 60 kg 喷雾。

（3）施药技术：3、4 代棉铃虫防治期间棉株高大，产卵分散，喷药应掌握在卵孵化盛期至低龄幼虫期，棉叶正反面、棉株顶尖、花、蕾、铃均匀着药才能保证药效，同时注意交替用药和轮换用药，施药后遇雨要及时补喷，确保防治效果。

# （一）主要病虫害

# 9. 棉盲蝽

## 分布为害

河南省分布有绿盲蝽、中黑盲蝽、三点盲蝽和苜蓿盲蝽 4 种棉盲蝽，主要以前三种为主。棉盲蝽寄主复杂，除为害棉花外，还能为害豆科、菊科、禾本科、藜科、茄科、杨柳科、桑科、十字花科、伞形花科、蔷薇科等 28 个科的近百种植物。成虫有在各寄主间随开花期转移为害的规律。棉盲蝽以成虫和若虫刺吸为害棉花顶尖、边心、蕾和幼铃，造成棉花营养生长与生殖生长失调。棉株不同生育期被害后表现不同：在苗期为害生长点，造成无头苗、多头苗（多由中黑盲蝽为害造成）；在真叶期为害叶片，形成许多黑斑、孔洞，导致“破叶疯”（图 1）；在蕾期为害使幼蕾变黑、干瘪枯死，大蕾花药萎缩，受精不良，脱落增加（图 2）；在铃期为害使幼铃生长受抑制、畸形，形成“歪嘴桃”，铃重减轻，产量和品质降低，严重受害时形成僵果而脱落（图 3）。

图 1　棉盲蝽为害，导致“破叶疯”

图 2　棉盲蝽为害造成蕾脱落

图 3　棉盲蝽大田为害状

## 形态特征

### 1. 绿盲蝽

卵长茄形，初产白色，后变为淡黄色。卵盖乳白色，中央凹陷两端突起。成虫体长 5 ~ 5.5 mm，全体绿色。触角 4 节，比身体短，基部两节绿色，端两节褐色。翅室脉纹绿色，膜质部暗灰色（图 4）。若虫洋梨形，全体鲜绿色，被稀疏黑色刚毛。触角比身体短。若虫共 5 龄，其中 1 龄无翅芽，2 龄侧边具极微小的翅芽，3 龄翅芽末端达腹部第 1 节中部，4 龄翅芽末端达腹部第 3 节，5 龄翅芽末端达腹部第 5 节（图 5，图 6）。

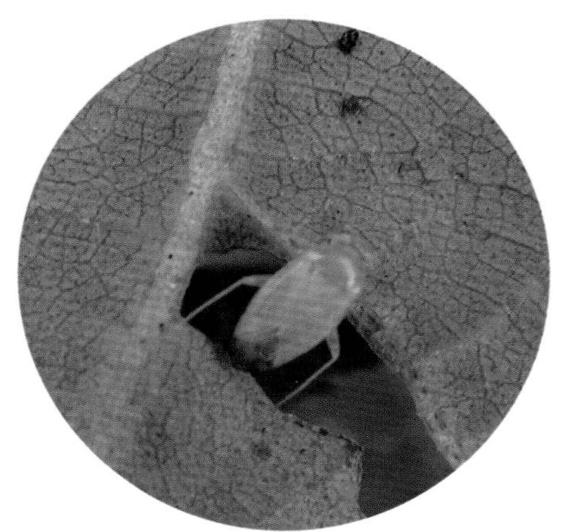

图 4　绿盲蝽成虫

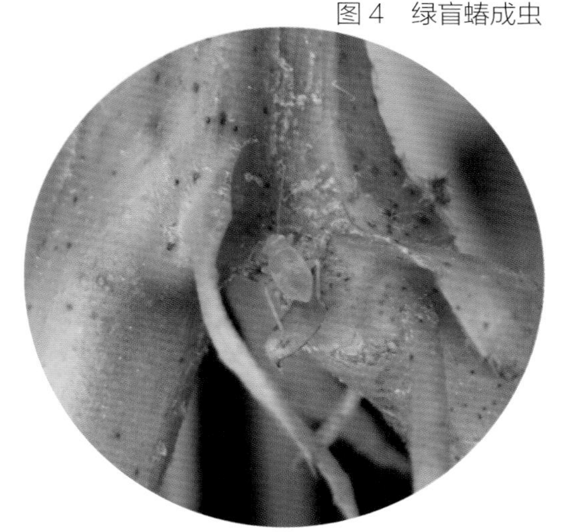

图 5　绿盲蝽若虫及为害状

图 6　绿盲蝽若虫

### 2. 中黑盲蝽

卵淡黄色，长形略弯，卵盖长椭圆形，一侧有一指状突起。成虫体长 7 mm，体表被褐色绒毛，头呈三角形。触角 4 节，比体长，第 1、2 节绿色，第 3、4 节褐色。前胸背板中央有 2 个黑色圆斑。停歇时各部位相连接，在背上形成一条黑色纵带，故名中黑盲蝽。足绿色，散

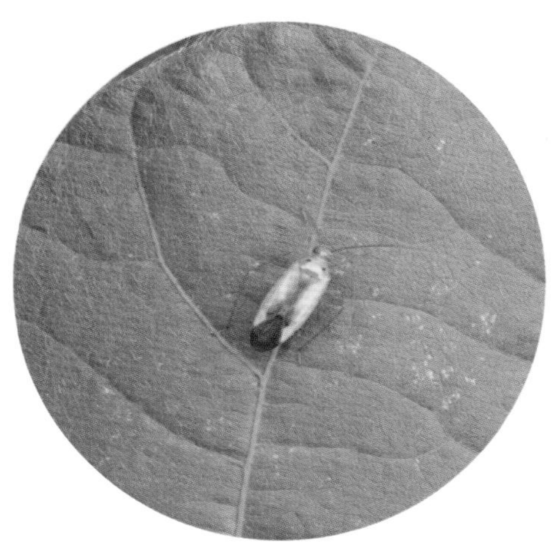

图 7　中黑盲蝽成虫

图 8　中黑盲蝽若虫

布黑点（图 7）。若虫全体绿色。头钝三角形，头顶具浅色叉状纹。复眼椭圆形，赤褐色。触角比体长，基部两节淡褐色，端两节深红色。足褐色。若虫共 5 龄，其中 1、2 龄无翅芽，3 龄后胸翅芽末端达第 1 腹节中部，4 龄翅芽末端达腹部第 3 节，5 龄翅芽末端达腹部第 5 节（图 8）。

**3. 三点盲蝽**

卵淡黄色，卵盖椭圆形，一侧有一指状突起。成虫体长 6.5 ~ 7 mm，体褐色，被绒毛，头呈三角形。触角 4 节，各节端部颜色较深。小盾片黄色，楔片黄色，静止时三个黄色部分呈品字形排列，似三个黄斑（图 9）。若虫橙黄色，体被黑色细毛。头褐色，有橙色叉状纹。触角 4 节，第 3、4 节基部均为黄白色。若虫共 5 龄，翅芽发育进度同绿盲蝽（图 10）。

图 9　三点盲蝽成虫

图 10　三点盲蝽若虫

**4. 苜蓿盲蝽**

卵长形，乳白色，颈部略弯曲。卵盖椭圆形，倾斜，一侧边有一指状突起。成虫体狭长，长 8 ~ 8.5 mm，黄褐色，被细毛。头小，三角形，向前突。触角褐色，丝状，比体长，端部两节颜色较深。前胸背板后缘前方有 2 个明显的黑斑。若虫全体深绿色，遍布黑色刚毛，刚毛着生于黑色毛基片上，故若虫特点为绿色而杂有明显的黑点。触角 4 节，比体长。若虫共 5 龄，翅芽发育进度同绿盲蝽。

## 发生规律

各种棉盲蝽的发生期与代次，因种类、地域、年度而异。

**1. 绿盲蝽在黄河流域棉区**

1 年发生 5 代。以卵在寄主残茬、断枝切口处、枯铃壳及土表残枝中越冬，越冬卵于翌年 3 月下旬至 4 月初孵化，5 月初始见成虫，5 月下旬至 6 月初为羽化盛期，羽化后即迁移到苜蓿、蚕豆、播娘蒿等花期植物上产卵、繁殖。二代成虫羽化高峰在 6 月中下旬并在此时迁入棉田，第三至五代成虫分别在 7 月中旬、8 月中旬、9 月底出现。发育期不整齐，有严重的世代重叠现象。棉花盛蕾期为为害盛期。8 月下旬开始从棉田迁出。

**2. 中黑盲蝽在黄河流域棉区**

1 年发生 4 代。4 月中旬，中黑盲蝽越冬卵开始孵化，孵化后多集中在婆婆纳、小苜蓿等杂草上为害。5 月上中旬，一代成虫羽化后迁入正值花期的小麦、油菜等冬播作物田。6 月中下旬，棉花现蕾、开花，正值羽化盛期的二代成虫大量迁入棉田，形成了棉田中黑盲蝽的第一次发生高峰。7 ~ 8 月是

三、四代盲蝽在棉田的发生高峰期。9 月中旬后棉花逐渐枯萎，四代成虫开始向仍处于花期的植物上转移，产卵越冬。

**3. 三点盲蝽在黄河流域棉区**

1 年发生 3 代。越冬卵 5 月上旬开始孵化，一、二、三代成虫发生期分别为 5 月下旬至 7 月上旬、7 月中旬至 8 月中旬、8 月中旬以后。

**4. 苜蓿盲蝽在黄河流域棉区**

1 年发生 4 代。越冬卵 4 月上中旬开始孵化，若虫取食幼嫩杂草，5 月上中旬成虫开始羽化，扩散到正值扬花期的小麦上取食。二代成虫羽化高峰期在 7 月上旬，大量转移到棉田为害。三、四代成虫盛期分别在 8 月上旬和 9 月上旬。9 月中旬后随着棉花植株的老化，开始迁出棉田到杂草上产卵越冬。

棉盲蝽成虫产卵期和寿命较长，世代重叠严重。春季温度偏高、湿度偏大和夏、秋季温度偏低、多雨的年份，有利于其发生为害。营养钵育苗和地膜覆盖棉田及高湿、高肥、高密度早发田有利于棉盲蝽发生。

## 防治措施

**1. 农业防治**

棉花收获后，对棉田及其田埂进行全面清理，清除残枝、烂叶及枯死杂草，在翌年 3 月下旬前当作燃料烧毁或沤肥；对棉田细耙翻耕；对相邻果园修剪的枝条、刮去的粗皮与翘皮和清理的杂草带出果园加以焚毁，降低棉盲蝽越冬基数。

**2. 种植诱集带**

5 月下旬，在棉田与田埂之间种植两行绿豆，从 6 月初开始每 7 ~ 10 d 对绿豆喷 1 次药集中消灭。

**3. 化学防治**

春季在 1 代成虫扩散前对临近的果树（如枣树、桃树、樱桃等）及苗床周边杂草用药防治，减少虫源。棉花苗床，每亩可使用 50% 敌敌畏乳油 50 ~ 75 mL，对水 0.75 ~ 1.00 L，拌细土 25 kg，于傍晚盖膜前撒入苗床，对盲蝽蟓进行熏杀。大田棉盲蝽的防治应掌握在第 2、3 龄若虫高峰期进行，当百株虫量苗期 5 头、蕾期 10 头、铃期 20 ~ 25 头时，每亩用 40% 丙溴磷乳油 50 ~ 75 mL，或 25% 辛·氰乳油 70 ~ 80 mL 对水 30 ~ 40 kg 均匀喷雾。喷药时要对准嫩头、边心和蕾铃，由棉田四周向中间喷洒。

# (一)主要病虫害

# 10. 棉蚜

## 分布为害

棉蚜又名蜜虫、腻虫、油虫等，在河南省各地棉区均有发生，除为害棉花外，还可为害番茄、辣椒、茄子、瓜类、豆类、花椒、石榴等100多种作物。棉蚜主要集中在棉叶背面或嫩头上吸食汁液为害，分泌蜜露，常与蚂蚁共生（图1）。苗期受害，棉叶卷缩，棉株生长发育缓慢（图2，图3）。

图1 棉蚜与蚂蚁共生

图2 棉蚜为害棉苗

图3 蚜虫为害造成棉苗长势弱

蕾铃期受害，上部嫩叶卷缩，中部叶片现出油叶，叶表蚜虫排泄的蜜露常诱发霉菌滋生，严重时导致蕾铃脱落（图 4，图 5，图 6）。

图 4　棉蚜为害造成幼叶卷缩

图 5　棉蚜为害造成油叶

图 6　棉蚜为害造成蕾铃发黄

## 形态特征

成蚜有几种形态变化：

（1）干母：体长 1.6 mm，茶褐色或暗绿色，触角 5 节，无翅，行孤雌生殖。

（2）无翅胎生雌蚜：体长 1.5 ~ 1.9 mm，夏季多为黄绿色，春秋深绿色或棕色，触角为体长的 1/2。复眼暗红色。腹管较短，黑青色。尾片青色，两侧各具刚毛 3 根，体表被白蜡粉。

（3）有翅胎生雌蚜：大小与无翅胎生雌蚜相近，体色黄色、浅绿色至深绿色。触角较体短，头胸部黑色，两对翅透明。

（4）无翅有性雌蚜：体长 1.0 ~ 1.5 mm，头及前胸皆为灰黑色，复眼红褐色，体灰褐色、墨绿色、暗红色。触角 5 节。腹管较小，黑色。

（5）有翅雄蚜：体长 1.3 ~ 1.4 mm。翅较大。触角 6 节。腹管灰黑色。

卵：长 0.5 mm，椭圆形，初产时橙黄色，后变为漆黑色，有光泽。

若虫：分有翅若蚜和无翅若蚜。无翅若蚜夏季黄色至黄绿色，春、秋季蓝灰色，复眼红色。有翅若蚜夏季黄色，秋季灰黄色。

## 发生规律

河南省 1 年可发生 20 ～ 30 代。一般年份可形成苗蚜（5 月上旬至 6 月下旬）、伏蚜（7 月中旬至 8 月中旬）2 次为害盛期。棉蚜以卵在花椒、石榴、木槿等越冬寄主枝条的冬芽内侧及其附近或树皮裂缝中，以及夏枯草、紫花地丁等草本植物的根际越冬。一般于 3 月中下旬，越冬卵孵化为干母，孤雌生殖 2 ～ 3 代后，产生有翅胎生雌蚜，4 月上中旬迁入苗床或 4 月下旬到 5 月上旬直接迁入棉田繁殖为害。10 月下旬产生有翅雌性干母，迁回越冬寄主，产生无翅有性雌蚜和有翅雄蚜。雌、雄蚜交配后，在越冬寄主枝条缝隙或芽腋处产卵越冬。苗蚜发生适宜温度为 18 ～ 25℃，气温高于 27℃繁殖受抑制，虫口密度迅速降低。伏蚜适宜温度为 24 ～ 28℃，温度高于 30℃时，虫口数量下降。大雨对棉蚜的抑制作用明显，多雨季节或年份不利其发生，但时晴时雨天气利于伏蚜迅速增殖。

## 防治措施

### 1. 农业防治和生态调控

铲除杂草，加强肥水管理，促进棉苗早发，增强棉花对蚜虫的耐受能力；合理间作套种，可采用麦—棉、油菜—棉、蚕豆—棉等种植模式，保护天敌向棉田转移；结合间苗、定苗、整枝打杈，拔除有蚜株，并带出田外集中烧毁；麦收后将麦秸在棉田内堆放 1 ～ 2 d，使天敌转移到棉株上，提高棉田前期天敌数量；在棉田插播或田边点种春玉米、高粱、油菜等吸引天敌的诱集作物，对伏蚜有控制作用。

### 2. 生物防治

保护天敌。棉蚜天敌种类丰富，寄生性天敌有蚜茧蜂等，捕食性天敌有食蚜螨、瓢虫、草蛉、食蚜蝇、蜘蛛等，其中瓢虫、草蛉、蜘蛛的控制作用较大。施药时应采取隐蔽用药方法，并选择对天敌杀伤作用小的药剂品种，可以有效保护天敌。

### 3. 化学防治

（1）拌种：春棉区，将棉籽在 55 ～ 60 ℃温水中预浸 30 min，捞出后晾至种毛发白，用 10% 吡虫啉可湿性粉剂 60 g 拌棉种 10 kg，对棉蚜有较好防效。

（2）喷雾：直播棉 3 片真叶前，当卷叶株率达 5% ～ 10% 时，或 4 片真叶后卷叶株率达 10% ～ 20% 时，用 10% 吡虫啉可湿性粉剂 15 g 对水 30 kg 均匀喷雾。营养钵育苗移栽棉田，苗蚜常年无需防治。伏蚜卷叶株率为 5% ～ 10% 或单株 3 叶蚜量平均达 150 ～ 200 头时，用 3% 啶虫脒可湿性粉剂 2 000 倍液，或 0.3% 苦参碱水剂 1 000 倍液喷雾。

# （一）主要病虫害

## 11. 棉叶螨

### 分布为害

棉叶螨又名棉红蜘蛛、“火龙”。河南省为害严重的主要有朱砂叶螨、二斑叶螨和截形叶螨3种，属蛛形纲蜱螨目叶螨科。棉叶螨寄主植物已知的有50余种，除棉花外，还为害玉米、高粱、小麦、花生、大豆、瓜类等多种作物。棉叶螨以成螨、幼螨、若螨在棉叶背面沿叶脉处取食，以口针刺吸叶背、嫩尖、嫩茎和果实，吸取汁液（图1）。叶片正面近叶柄部分出现黄斑或红痧斑，继而扩展至全叶，叶柄低垂，严重时叶片卷缩呈褐色似火烧状，干枯脱落（图2）。结铃初期为害，嫩铃全部脱落，甚至全株枯死，对产量影响极大。棉叶螨为害还可造成棉

图1　棉叶螨及叶背面为害状

图2　棉叶螨叶正面为害状

株组织机械伤害，其分泌的有害物质导致棉花叶片光合作用和蒸腾强度下降，棉株营养恶化，生长调节失衡，抗病力降低（图3）。

## 形态特征

**1. 朱砂叶螨**

成螨：成雌螨体长 0.48 ～ 0.55 mm，宽 0.32 mm，椭圆形，体色常随寄主而异，多为锈红色至深红色，体背两侧各有 1 对褐色斑，前 1 对大的褐斑可以向体末延伸与后面 1 对小的褐色斑相连。雄螨体形略小，腹末稍尖，体色较雌螨淡（图 4）。

卵：球形，直径约 0.13 mm，淡黄色，孵化前变为微红。

幼螨：有足 3 对。

若螨：有足 4 对，形态与成螨相似。

**2. 二斑叶螨、截形叶螨**

外部形态与朱砂叶螨十分相似，但从雄虫的阳具可区分。

图 3　棉叶螨整株为害状

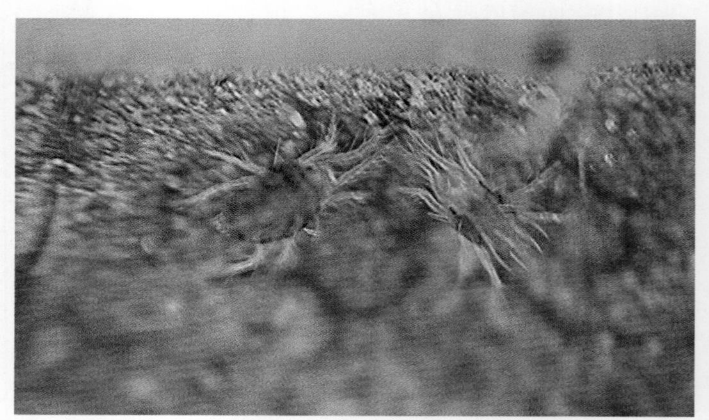

图 4　棉叶螨成螨

## 发生规律

棉叶螨在河南省棉区 1 年发生 12 ～ 15 代。以雌成螨在杂草、枯枝落叶及土缝中越冬。春季气温达 10 ℃以上时开始活动，先在杂草或其他寄主上取食和繁殖，5 月中旬迁入棉田，6 月上旬至 8 月中旬在棉田为害。先为害下部叶片，后向上蔓延，虫量过多时可在叶端群集成团，滚落地面，随风向四周扩散，也可随水流、风力、人为因素和近距离爬行扩散。单头雌螨可产卵 50 ～ 110 粒，多产于叶背，卵期 2 ～ 13 d。幼螨和若螨发育历期 5 ～ 11 d，成螨寿命 19 ～ 29 d。雌螨也可孤雌生殖，其后代多为雄性。幼螨和前期若螨不甚活动，后期若螨活泼贪食。

天气是影响棉叶螨发生的主要条件，高温干旱，久晴无雨，棉叶螨将大面积发生，造成叶片变红，干枯死亡。大雨、暴雨对棉叶螨有冲刷抑制作用，小雨对其扩散有利。朱砂叶螨最适温度为 25 ～ 30℃，最适相对湿度为 35% ～ 55%。温度 30℃以上和相对湿度 70% 以上时，不利其繁殖。连作及粮棉、油棉间作套种、旱地、土壤脊薄地、前作和邻作有豆类和瓜类的棉田发生较重。

## 防治措施

**1. 农业防治**

清除田间和田边杂草，清洁棉田，秋耕冬灌，可消灭大量越冬雌螨；棉田合理布局，避免与大豆、菜豆、茄子等寄主作物连作、邻作和间套作。

**2. 生物防治**

（1）保护和利用自然天敌：棉叶螨自然天敌较多，如瓢虫、草蛉、捕食螨、小花蝽、肉食蓟马、蜘蛛等，棉田前期应少用或不用农药，保护自然天敌，充分发挥天敌的控制作用。

（2）人工释放天敌：棉叶螨点片发生期，人工释放捕食螨，在中心株上挂 1 袋，其两侧各挂 1 袋，每袋可释放 1 500 ～ 3 000 头捕食螨。

**3. 化学防治**

防治策略为“点片发生，点片挑治；连片发生，全田普治”，即发现一株打一圈，发现一点打一片，发现一片打全田。可选用的专性杀螨剂有 73% 炔螨特乳油 1 000 ～ 1 500 倍液，或 1.8% 阿维菌素乳油 3 000 ～ 4 000 液倍，或 15% 哒螨灵可湿性粉剂 2 500 倍液。喷药应在露水干后或傍晚时，重点喷洒叶背面，均匀喷雾，提高防效。提倡不同类型和作用机制的杀螨剂轮换和复配使用。有机磷类杀虫剂可有效杀螨，但对天敌杀伤力大，尽量不要选用。

# （一）主要病虫害　12. 棉蓟马

## 分布为害

为害棉花的蓟马种类较多，主要有烟蓟马（又称葱蓟马、棉蓟马）、花蓟马（又称台湾蓟马、黄蓟马），属缨翅目蓟马科。河南省以烟蓟马为害最重，其寄主植物主要有棉花、烟草、葱、蒜、韭菜、瓜类、大豆等。棉蓟马成虫、若虫隐藏在卷叶或花器内（图 1），锉吸棉花叶片和花蕊汁液，为害子叶、真叶、嫩头和生长点。嫩叶受害后叶面粗糙变硬，出现黄褐色斑，叶背沿叶脉处出现银灰色斑痕，叶片焦黄卷曲（图 2）。生长点受害后可干枯死亡，子叶肥大，形成无头苗（公棉花）（图 3），然后形成枝叶丛生的杈头苗，影响蕾铃发育，推迟成熟期。幼铃被害后表皮脱水，提前开裂（图 4），影响产量和品质。

图 1　棉蓟马为害花

图 2　棉蓟马为害棉叶

图 3　棉蓟马为害造成无头棉

图 4　棉蓟马为害棉铃造成干裂

## 形态特征

### 1. 烟蓟马

卵肾形，长 0.2 mm。若虫体淡黄色，触角 6 节。成虫体长约 1.3 mm，浅黄色至深褐色，翅狭长透明，边缘生有长毛（图 5）。

图 5　烟蓟马成虫

**2. 花蓟马**

卵肾形，长 0.3 mm。若虫体橘黄色，触角 7 节。成虫体长 1.3 mm，褐色带紫，头胸部黄褐色，前翅宽而短（图 6）。

图 6　花蓟马成虫

## 发生规律

烟蓟马在河南省棉区 1 年发生 6 ~ 10 代，多以成虫在枯枝落叶下、葱蒜叶鞘内和土缝中越冬。早春先在越冬寄主上繁殖，棉苗出土后迁入棉田为害。成虫活跃、善飞，白天畏光，多在叶背取食，早晚或阴天时在叶面为害。卵产在叶背的叶肉或叶脉组织里。棉田为害盛期为 5 月中下旬至 6 月上中旬，6 月中旬以后为害减轻。花蓟马 1 年发生 10 余代，以成虫越冬。成虫有趋花性。卵大部分产于花内植物组织中，如花瓣、花丝、花膜、花柄，一般产在花瓣上。早春主要在蚕豆花内为害，当蚕豆花萎蔫后向棉田转移。5 ~ 6 月是为害盛期。苗期为害子叶和真叶嫩芽，花铃期为害花器和幼铃。烟蓟马适宜较干旱的地区和季节，当气温 23 ~ 25℃，相对湿度 44% ~ 70% 有利其发生，多雨、相对湿度 70% 以上对其发生不利。中温、高湿的环境条件对花蓟马发生为害较为有利。邻近早春虫源田或与早春寄主间作、套种棉田，发生早且重。

## 防治措施

**1. 农业防治**

作物布局上，棉田应尽量远离葱、瓜类、大豆等寄主作物。冬春季及时铲除田边、地头杂草。结合间苗、定苗，拔除无头棉和多头棉。棉花定苗后如出现“多头花”，应去掉青嫩粗壮孽枝，留下 2 ~ 3 枝较细的黄绿色枝条，可以使结铃数接近正常棉株。

**2. 化学防治**

（1）棉田外寄主田防治：棉苗出土前，用 40% 辛硫磷乳油 1 500 ~ 2 000 倍液喷雾，防治早春蚕豆、葱、蒜田蓟马，压低虫源基数。

（2）药剂拌种：参照棉蚜。

（3）棉田防治：直播棉田迁入初期低龄若虫高峰期，可结合防治棉蚜兼治。蕾铃期用 10% 吡虫啉可湿性粉剂 2 000 倍液，或 1.8% 阿维菌素乳油 3 000 ~ 4 000 倍液喷雾，也可在防治其他害虫时兼治。

# （一）主要病虫害

## 13. 烟粉虱

### 分布为害

烟粉虱又名棉粉虱、白粉虱，属同翅目粉虱科。河南省各棉区均有分布。寄主范围广泛，适应性强，可为害棉花、烟草、番茄、十字花科蔬菜、葫芦科、豆科、茄科等多种植物。以成虫和若虫在叶背面刺吸植物汁液（图 1）。受害叶片正面出现褪色斑，虫口密度高时出现成片黄斑，严重时萎蔫枯死，蕾铃脱落。分泌的蜜露可诱发煤污病，降低叶片的光合作用，影响棉花产量和纤维品质（图 2）。烟粉虱还是棉花曲叶病毒的传毒媒介。

图 1　烟粉虱成虫在棉叶背部为害

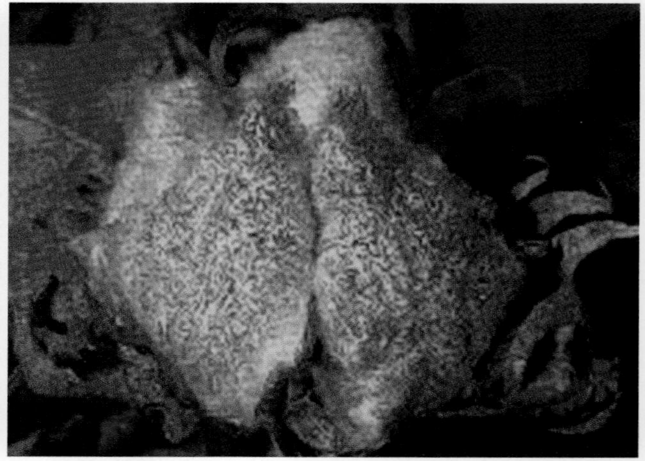

图 2　烟粉虱分泌蜜露影响棉花品质

### 形态特征

成虫：雌成虫体长 1 mm 左右，雄成虫略小。体黄色，翅白色无斑点，被有白色细小粉状物（图 3）。

若虫：淡绿色至黄色，椭圆形，扁平，稍透明。1 龄若虫有足和触角，2、3 龄若虫的足和触角退化至 1 节，3 龄若虫蜕皮后成为具有外生翅芽的伪蛹。

蛹：伪蛹略呈椭圆形或近似圆形，体

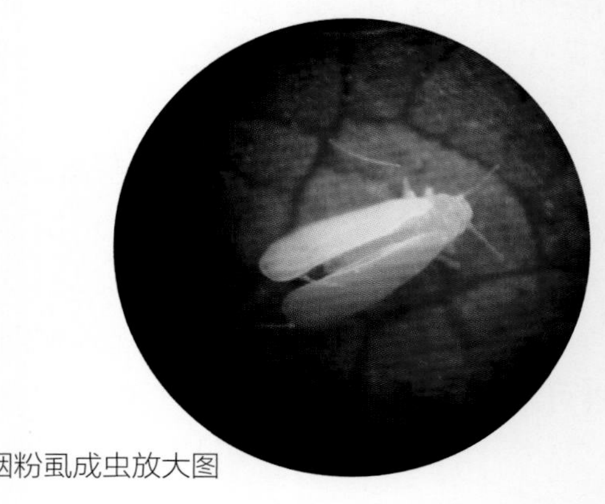

图 3　烟粉虱成虫放大图

长约 0.7 mm，后方稍收缩。淡黄白色。有 1 对尾刚毛。背盘区后端有一管状孔，肛门开口于管状孔内，肛门能分泌大量蜜汁，积于舌状器上（图 4）。

卵：散产于叶背面，少量产于叶正面。有光泽，长梨形，有小柄，与叶面垂直。卵柄通过产卵器插入叶表裂缝中。初产时淡黄绿色，孵化前颜色加深至深褐色。

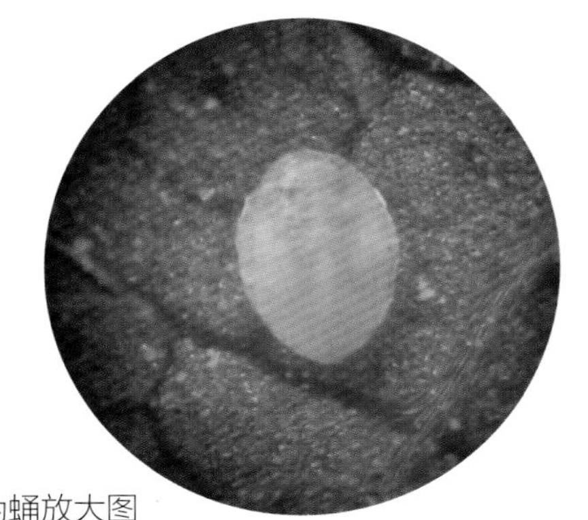

图 4　烟粉虱伪蛹放大图

## 发生规律

河南省 1 年发生 9 ~ 11 代，世代重叠。6 月中旬开始向棉田扩散，7 月中下旬以后，烟粉虱大量迁入棉田，8 月中下旬至 9 月中旬达到高峰，为害一直持续到 9 月底 10 月初。一般以卵或成虫或老熟若虫在杂草、绿色植物、残枝落叶上越冬。成虫喜欢无风温暖天气，有趋黄性和趋嫩性，喜群聚于植株上部嫩叶背面取食和产卵。温度高于 40℃时，成虫死亡；相对湿度低于 60%，成虫停止产卵或死亡。在植株上各虫态的分布形成一定的规律：最上部的嫩叶以成虫和卵为最多，稍下部的叶片多为初孵若虫，再下部为中高龄若虫，最下部则以蛹最多。暴风雨能抑制其大发生，非灌溉区或浇水次数少时受害严重。

## 防治措施

1. 农业措施

合理布局，切断越冬环节，保护地秋冬茬种植烟粉虱非寄主作物，如芹菜、菠菜、韭菜等，减少虫源，减轻翌年为害；培育无虫苗，苗床应远离温室，清除残株、杂草，熏杀残存成虫，控制外来虫源，如幼苗带虫应及早用药防治；清除田间、地头杂草。

2. 物理防治

利用烟粉虱的趋黄性，成虫始发期在田间放置黄色粘虫板诱杀成虫，每亩 30 ~ 40 块（25 cm × 40 cm），黄板底部与植株顶端相平或略高。

3. 生物防治

当烟粉虱虫量达到每株 5 ~ 10 头时，每株释放丽蚜小蜂 3 ~ 5 头，蜂虫比为 1 : 3 为宜，每 10 d 放 1 次，连续放蜂 3 ~ 4 次。

4. 化学防治

烟粉虱若虫发生盛期，上、中、下 3 片叶总虫量达到 200 头时，用 1.8% 阿维菌素乳油 2 000 ~ 3 000 倍液，或 10% 吡虫啉可湿性粉剂 2 000 倍液，或 25% 噻嗪酮（扑虱灵）可湿性粉剂 1 000 ~ 1 500 倍液喷雾。

# （一）主要病虫害

## 14. 棉尖象甲

### 分布为害

棉尖象甲又名棉象鼻虫、棉小灰象甲。在河南省各棉区均有分布。该虫除为害棉花外，还为害茄子、豆类、玉米、甘薯、谷子、大麻、高粱、小麦、水稻、花生、牧草、桃树、杨树等85种植物。以成虫啃食叶片造成缺刻或孔洞，有时咬断嫩尖，花蕾受害造成脱落，产量下降（图1，图2）。

图1　棉尖象甲及其为害状

图2　棉尖象甲田间为害状

### 形态特征

成虫：体长4～5 mm，雌虫较肥大，雄虫较瘦小。身体和鞘翅黄褐色，鞘翅上具褐色不规则云形斑，体两侧、腹面黄绿色，具金属光泽。触角弯曲呈膝状。前胸背板近梯形，具褐色纵纹3条（图3）。

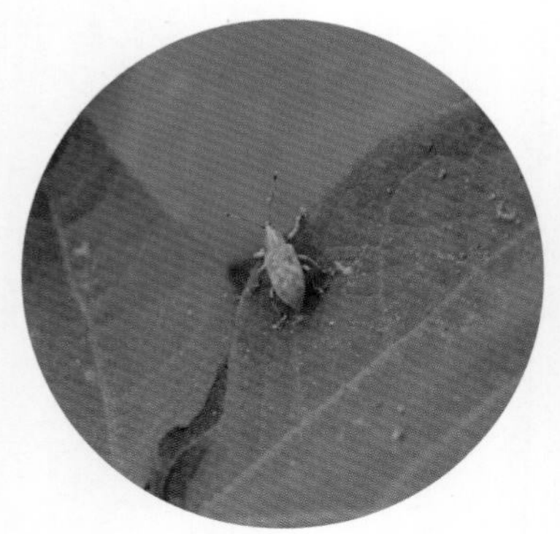

图3　棉尖象甲成虫

卵：椭圆形，有光泽。

幼虫：体长 4 ~ 6 mm，头部、前胸背板黄褐色，体黄白色，虫体后端稍细，末节具管状突起。

蛹：裸蛹长 4 ~ 5 mm，腹部末端有 2 根尾刺。

## 发生规律

1 年发生 1 代。以幼虫在大豆、玉米残株根部土壤中越冬。4 ~ 5 月气温升高后，幼虫上升至表土层，5 月下旬至 6 月下旬化蛹，6 月上旬羽化出土，6 月中旬至 7 月中旬进入为害盛期，以后转移到玉米或谷子田中。成虫羽化后 10 多天交配，2 ~ 4 d 后产卵，成虫寿命 30 d 左右。卵散产在禾本科作物基部 1、2 茎节表面或气生根、土表、土块下。幼虫孵化后即入土，为害嫩根。秋末气温下降，幼虫下移越冬。成虫喜群集，有假死性，以夜间为害为主。前茬为玉米的棉田虫量大，受害重。

## 防治措施

1. 利用棉尖象甲假死性，黄昏时一手持盆置于棉株下方，一手摇动棉株，使棉尖象甲落入盆中，集中杀灭。

2. 当百株虫量达 30 ~ 50 头时，选用 40% 辛硫磷乳油 1 000 倍液，或 0.5% 甲氨基阿维菌素苯甲酸盐微乳剂 2 000 倍液在傍晚喷雾防治，效果较好。或用 40% 乙酰甲胺磷乳油按 1 ∶ 150 比例配成毒土，每亩撒毒土 30 kg。虫量大的田块，成虫出土期在田间挖 10 cm 深的坑，坑中撒施毒土，上面覆盖青草，翌日清晨集中杀灭。

# （一）主要病虫害

# 15. 棉叶蝉

## 分布为害

棉叶蝉又名棉叶跳虫，属同翅目叶蝉科。河南省各地均有发生。棉叶蝉食性杂，可为害棉花、茄子、烟草、豆类、白菜、甘薯等多种作物，以成虫和若虫在棉叶背面刺吸汁液为害（图 1）。棉叶受害初期，叶尖端呈橘黄色，逐步蔓延到叶边缘，并向叶片中央扩展，叶片由橘黄色变为橘红色而焦枯、皱缩。严重时全田似火烧状，棉株矮小，蕾铃大量脱落，产量受影响。棉叶蝉除直接为害外，还传播病毒病。

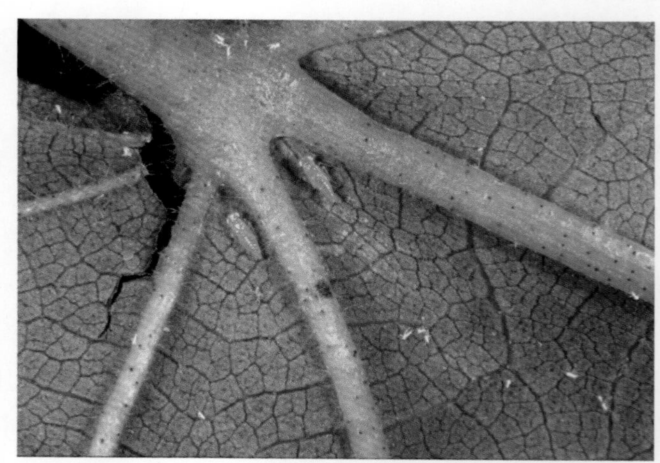

图 1　棉叶蝉在叶背为害状

## 形态特征

成虫：体长约 3 mm，淡黄绿色。前胸背板前缘区有 3 个白色斑点，后缘中央另有 1 个白点。小盾片淡黄绿色，中央白带及两侧白斑与前胸背板相接。前翅有光泽，半透明，翅端 1/3 处有黑褐色斑 1 个（图 2）。

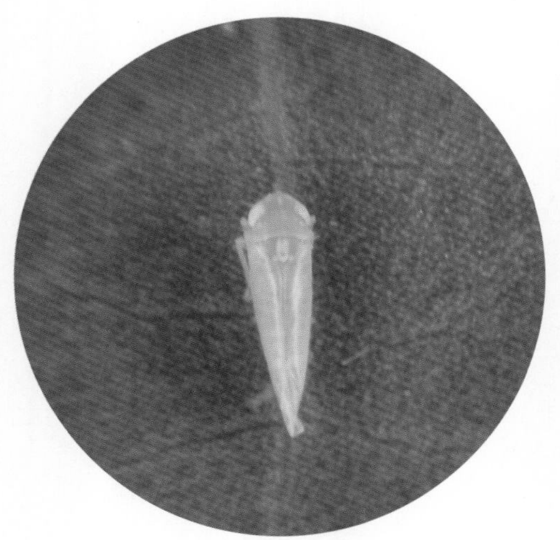

图 2　棉叶蝉成虫

卵：长肾形，长 0.7 mm，宽 0.15 mm。初产时无色透明，近孵化时淡绿色。

若虫：初孵时色较淡，头大，足长，无翅，以后逐渐变成黄绿色，翅芽发达，5 龄时前翅翅芽达第 4 腹节，黄色，后翅翅芽达第 4 腹节末端（图 3）。

图 3　棉叶蝉若虫

## 发生规律

成虫常栖息在植株中上部叶片背面，天气晴朗、气温较高时活动频繁。成虫有趋光性，活泼，一受惊扰，迅速逃走。抗寒力较强，越冬前的成虫多栖息在寄主近地面的叶片背面，温度高时仍可活动。成虫羽化后，次日便可交尾产卵。卵多产于上部叶片背面的叶脉组织内，以中脉组织内较多，初孵若虫爬行迟缓，1 ~ 2 龄若虫常群集于靠近叶柄的叶片基部为害，3 龄后迁移为害。若虫共 5 龄，蜕皮黏在寄主叶片背面。

棉叶蝉喜欢高温、高湿环境。温度 23℃以上，相对湿度 70% ~ 80% 适宜于其繁殖为害。地势低洼、或杂草多的棉田发生重。

## 防治措施

**1. 农业措施**

选用多毛的抗虫品种，适时早播；及时清除田间及田边杂草。

**2. 保护和利用天敌**

棉叶蝉的天敌主要有蜘蛛、蚂蚁、瓢虫、草蛉、隐翅虫等。

**3. 化学防治**

当百叶虫量达 200 头时，可选用 10% 吡虫啉可湿性粉剂或 3% 啶虫脒可湿性粉剂 2 500 倍液，或 25% 噻嗪酮（扑虱灵）可湿性粉剂 1 000 倍液喷雾。

# （一）主要病虫害

## 16. 棉红铃虫

### 分布为害

棉红铃虫又名红花虫、棉花蛆等，属鳞翅目麦蛾科。河南省中南部棉区有分布。主要为害棉花的蕾、花、铃和种子，引起蕾铃脱落、僵瓣等。幼虫从蕾顶端蛀入，造成幼蕾脱落。为害花时，花瓣不能张开，形成扭曲或冠状样虫害花。幼虫钻入铃中，在铃壳内壁形成虫道，呈水青色（图 1）。为害棉籽时，吐丝将两个棉籽连在一起，或将种子吃空，使被害籽棉形成僵瓣（图 2）。

图 1　棉红铃虫为害棉铃

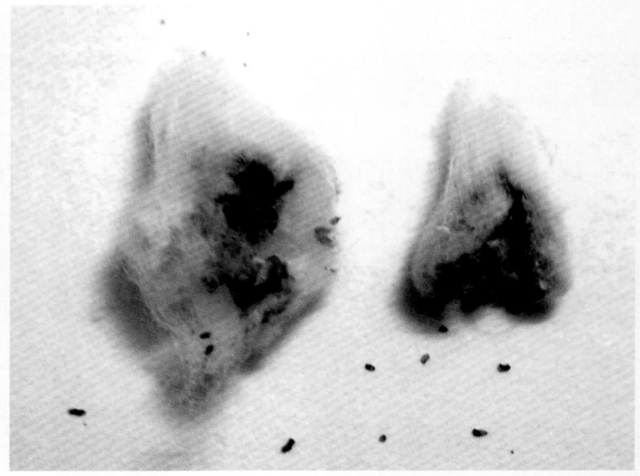

图 2　棉红铃虫为害棉籽

### 形态特征

成虫：体长约 6.5 mm，翅展约 12 mm，灰棕褐色，前翅尖叶形，背面棕褐色，有 4 条不规则的黑褐色横纹，外缘有长缘毛，后翅菜刀状，银灰色，边缘有灰白色长缘毛（图 3）。

卵：长 0.4 ～ 0.6 mm，形似大米，表面有花生壳纹，初产乳白色，近孵化时为淡红色，一端有小黑点。

图 3　棉红铃虫成虫

幼虫：初孵幼虫体为淡黄色微红，老熟幼虫体长 11 ～ 13 mm，体表出现红斑，各节背面有 4 个小黑点，两侧各有 1 个黑点，周围红色，粗看全身呈红色（图 4）。

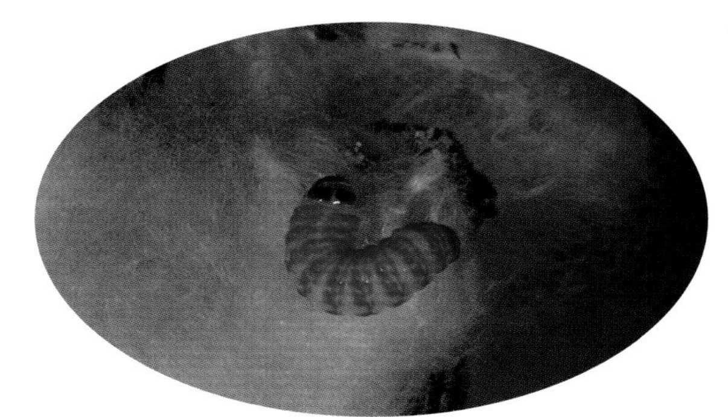

图 4　棉红铃虫幼虫

## 发生规律

棉红铃虫在黄河流域棉区 1 年发生 2 ～ 3 代。主要以幼虫在仓库内的籽棉（或棉籽）上越冬，少量在棉秆枯铃或落地枯铃内越冬。幼虫老熟后多在铃壁上先咬 1 个羽化孔，进入棉铃内化蛹，少数从羽化孔爬出，落地化蛹。成虫多在白天羽化，可近距离迁飞。第 1 代卵多产在棉株嫩头、嫩叶、幼蕾及苞叶上，第 2、3 代卵集中产在青铃萼片和铃壳之间。

棉红铃虫发育适宜温度为 25 ～ 30℃，适宜相对湿度为 80% ～ 100%。气温 20℃以下或 35℃以上对棉红铃虫发生不利，高温、干旱对成虫产卵和孵化均有一定的抑制作用。

近年种植的转 Bt 基因抗虫棉对棉红铃虫也有较好的抗性，使棉红铃虫的发生明显下降。

## 防治措施

**1. 农业防治**

籽棉采收后，集中收购轧花，并于翌年 4 月前对籽棉和棉籽进行加工处理，可以破坏棉红铃虫的越冬场所。棉花仓库周边 2 000 m 内不种植棉花，经 2 ～ 3 年后可完全控制棉红铃虫的发生。

**2. 保护和利用自然天敌**

棉红铃虫的天敌主要有寄生蜂、蜘蛛、猎蝽等。

**3. 化学防治**

（1）棉仓灭虫。籽棉入仓后用 80% 敌敌畏乳油 800 倍液喷洒，喷后封仓 3 ～ 4 d 熏蒸。

（2）棉红铃虫产卵至孵化盛期，亩用 2.5% 溴氰菊酯乳油 25 ～ 30 mL 加 40% 辛硫磷乳油 50 mL 对水 50 ～ 70 kg，或亩用 2.5% 高效氯氟氰菊酯水乳剂 30 ～ 40 mL 加 48% 毒死蜱乳油 50 mL 对水 50 ～ 70 kg 喷雾。

# （一）主要病虫害

# 17. 棉小造桥虫

## 分布为害

棉小造桥虫又名棉夜蛾、量地虫、步曲，属鳞翅目夜蛾科。河南省各地均有分布。该虫除为害棉花外，还为害木槿、冬葵、蜀葵、锦葵、黄麻、苘麻、烟草、木耳菜等多种植物。以幼虫啃食棉花叶片，造成孔洞或缺刻（图 1）。严重时，叶片、蕾、花和苞叶全部被吃光。棉铃受害后，青铃不能充分成熟。

图 1　棉小造桥虫幼虫及为害状

## 形态特征

成虫：体长 10 ~ 13 mm，头胸部橘黄色。前翅外端暗褐色，有 4 条波纹状横纹，内端全为黄色，密布红褐色小点（图 2）。

幼虫：体色多为灰绿色或青绿色，身体各节有褐色刺毛，有白色的亚背线、气门上线和气门下线。胸足 3 对，3 对腹足着生于 4 ~ 6 腹节上，尾足 1 对，第 1 ~ 3 腹节常隆起呈桥状（图 3）。

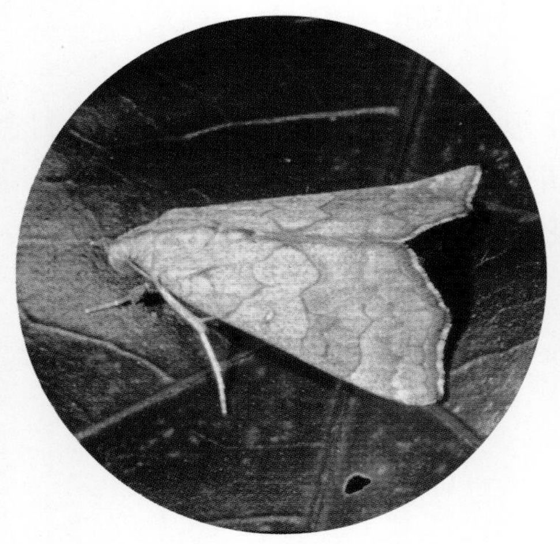

图 2　棉小造桥虫成虫

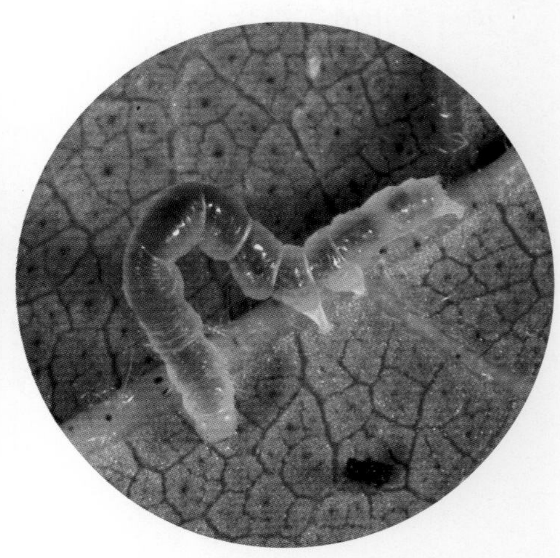

图 3　棉小造桥虫低龄幼虫

蛹：体形中等，赤褐色，头顶有一乳头状突起（图 4）。

卵：扁圆形，青绿色，宽为高的 2 倍。

图 4　棉小造桥虫蛹

## 发生规律

棉小造桥虫在河南省 1 年发生 4 ～ 5 代，一般豫北、豫东、豫西多为 4 代，豫南及南阳等地则为 5 代。以蛹在棉花枯叶、棉铃苞叶间或木槿等植物上结茧越冬。常年 7 月中旬幼虫开始为害，8 月中下旬进入为害盛期，个别年份可持续到 9 月中旬。成虫有趋光性，多在夜间羽化，白天隐藏在棉叶背面、苞叶间或杂草丛中。卵多产在棉株中下部叶片背面。幼虫 4 龄后进入暴食期，4 ～ 6 龄幼虫食叶量占一生食量的 95%。老熟幼虫在叶缘或苞叶中间吐丝缀连，作薄茧化蛹。适宜温度 25 ～ 29℃，相对湿度 75% ～ 95%，雨日多、湿度大有利于棉小造桥虫的发生和为害。

## 防治措施

**1. 农业措施**

拔棉秆后应清除枯枝、枯叶，集中烧毁，可杀灭越冬蛹；结合棉花整枝、打杈，摘除下部老叶并带出田外，可杀灭部分幼虫。

**2. 生物防治**

棉小造桥虫的自然天敌主要有绒茧蜂、姬蜂、赤眼蜂、草蛉、胡蜂、小花蝽、猎蝽、蜘蛛、螳螂、瓢虫等。卵孵化盛期，用 2 000 IU/mL 苏云金杆菌可湿性粉剂 150 倍液喷雾，防治效果较好。

**3. 物理防治**

成虫发生期，用频振式杀虫灯、杨树枝把、黑光灯、高压汞灯等诱杀。频振式杀虫灯使用方法参照棉铃虫。

**4. 化学防治**

卵孵化盛期末至 3 龄幼虫盛期，当百株虫量达到 100 头时，用 40 % 辛硫磷乳油 1 000 倍液，或 4.5 %高效氯氰菊酯乳油 1 500 倍液喷雾。

# （一）主要病虫害

## 18. 棉大造桥虫

### 分布为害

棉大造桥虫又名棉步曲、棉尺蠖、棉叶尺蛾、脚攀虫，属鳞翅目尺蛾科，是一种间歇性发生、局部为害的杂食性害虫，除为害棉花外，还为害豆类、花生、向日葵、麻类、柑橘、梨等多种植物。河南省各地均有发生。该虫是棉花中后期食叶性害虫。幼虫咬食嫩芽和嫩茎，从叶边缘咬食叶片，受害严重时全株叶片被吃光。有时也为害花蕊，影响结铃。

### 形状特征

成虫：体长 15 ~ 20 mm，体色变化很大，一般为浅灰褐色，也有黄白色、淡黄色、淡褐色。前翅暗灰色略带白色，中央有半月形白斑，外缘有 7 ~ 8 个半月形黑斑，连成一片（图 1）。

幼虫：老熟幼虫体长 40 mm，黄绿色，圆筒形，光滑，两侧密生黄色小点。有胸足 3 对，腹足 1 对，着生于第 6 腹节上，尾足 1 对（图 2）。

蛹：蛹长 14 mm 左右，深褐色，有光泽，尾端尖，臀刺 2 根（图 3）。

图 1　棉大造桥虫成虫

图 2　棉大造桥虫幼虫

图 3　棉大造桥虫蛹

## 发生规律

1 年发生 4 代。主要为害棉花、豆类等作物，间歇性暴发。该虫以蛹在土中越冬。成虫昼伏夜出，趋光性强。卵散产在土缝内或土面上，大发生时枝干和叶片上都可落卵。初孵幼虫可吐丝随风飘移传播扩散。1 代主要为害豆类等早春作物，2 代开始为害棉花，3 代因天气炎热，发生较轻，4 代在棉田和大豆田虫量较大。

## 防治措施

**1. 农业措施**

拔棉秆后应清除枯枝、枯叶，集中烧毁，可杀灭越冬蛹；结合棉花整枝、打杈，摘除下部老叶并带出田外，可杀灭部分幼虫。

**2. 生物防治**

棉大造桥虫的自然天敌主要有绒茧蜂、姬蜂、赤眼蜂、草蛉、胡蜂、小花蝽、猎蝽、蜘蛛、螳螂、瓢虫等。卵孵化盛期，用 2 000 IU/mL 苏云金杆菌可湿性粉剂 150 倍液喷雾，防治效果较好。

**3. 物理防治**

成虫发生期，用频振式杀虫灯、杨树枝把、黑光灯、高压汞灯等诱杀。频振式杀虫灯使用方法参照棉铃虫。

**4. 化学防治**

卵孵化盛期末至 3 龄幼虫盛期，当百株虫量达到 100 头时，用 40 % 辛硫磷乳油 1 000 倍液，或 45 % 高效氯氰菊酯乳油 1 500 倍液喷雾。

## （二）次要病虫害

# 19. 白星花金龟

图 1　白星花金龟成虫为害花

图 2　白星花金龟成虫为害棉蕾

## （一）主要病虫害

# 20. 中华弧丽金龟

棉叶上的中华弧丽金龟成虫

## （一）主要病虫害　21. 美洲斑潜蝇

美洲斑潜蝇为害棉叶产生的虫道

## （一）主要病虫害　22. 玉米螟

玉米螟为害棉铃

# （二）次要病虫害

## 23. 甜菜夜蛾

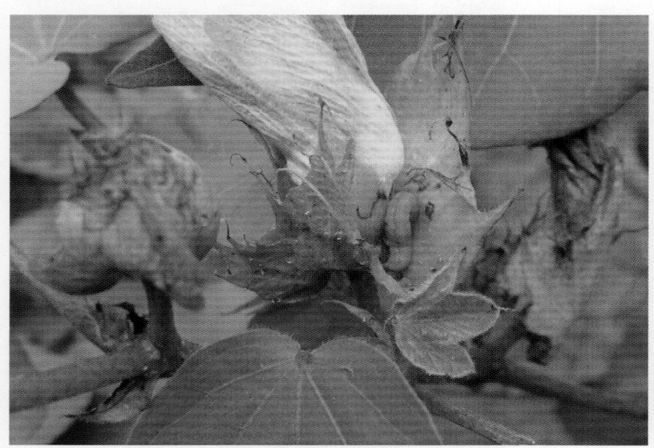

图 1　甜菜夜蛾幼虫为害棉花

图 2　甜菜夜蛾低龄幼虫群聚取食棉叶及棉叶为害状

# （二）次要病虫害

## 24. 斜纹夜蛾

图 1　斜纹夜蛾幼虫取食棉叶

图 2　斜纹夜蛾幼虫取食棉叶为害状

# （二）次要病虫害 25. 双斑萤叶甲

棉叶上的双斑萤叶甲成虫

# （二）次要病虫害 26. 菜蝽

菜蝽成虫为害棉蕾

## （二）次要病虫害

## 27. 斑须蝽

图 1　斑须蝽成虫为害棉花幼嫩部分

图 2　棉叶上的斑须蝽若虫

## （二）次要病虫害

## 28. 粟缘蝽

图 1　粟缘蝽成虫为害棉蕾

图 2　粟缘蝽为害棉花嫩尖

## （二）次要病虫害　29. 土蝗

棉花上的土蝗

## （二）次要病虫害　30. 棉根蚜

图 1　棉根蚜在棉花根部刺吸汁液

图 2　棉根蚜为害的棉苗

# （二）次要病虫害

## 31. 蜗牛

图 1　蜗牛为害棉叶及为害状

图 2　蜗牛为害棉铃

# 八、杂食性害虫

# 杂食性害虫

## 1. 粘虫

### 分布为害

粘虫又称东方粘虫、行军虫、夜盗虫、剃枝虫、五彩虫、麦蚕等，属鳞翅目夜蛾科。粘虫在河南省每年都有不同程度的发生，个别年份重发生。

粘虫幼虫咬食叶片，1 ~ 2 龄幼虫仅食叶肉，形成小孔，3 龄后才形成缺刻，5 ~ 6 龄达暴食期，严重时将叶片吃光，植株成为光杆，造成严重减产，甚至绝收。当一块田被吃光后，幼虫常成群迁到另一块田为害，故又名“行军虫”。粘虫除为害小麦、水稻外，在杂粮田主要为害玉米、高粱、谷子等多种禾本科作物和杂草（图 1 ~ 图 13）。

图 1　1 代粘虫为害小麦叶片

图 2　1 代粘虫为害麦穗

图 3　在麦田滞留的 2 代粘虫幼虫

图 4　2 代粘虫正在蚕食玉米叶片

图 5　2 代粘虫吃光玉米叶片

图6　2代粘虫为害造成玉米缺苗断垄

图7　3代粘虫为害玉米成光杆

图8　3代粘虫为害玉米花丝

图9　3代粘虫幼虫为害玉米雌穗

图10　3代粘虫低龄幼虫为害谷子症状

图11　3代粘虫为害谷子叶片仅剩主脉

图12　3代粘虫为害谷穗

图13　4代粘虫为害小麦大田受害状

## 形态特征

成虫：体淡褐色或黄褐色，体长 16 ~ 20 mm，雄蛾颜色较深。前翅近前缘中部有 2 个淡黄色圆斑，外面圆斑的下面有 1 个小白点，白点两侧各有 1 个小黑点，自顶角至后缘有 1 条黑色斜纹（图 14）。

图 14　粘虫成虫

卵：馒头形，初产时白色，渐变黄色，孵化时黑色。卵粒常排列成 2 ~ 4 行或重叠堆积成块，每个卵块一般有几十粒至百余粒卵（图 15）。

幼虫：共 6 龄，老熟幼虫体长 35 ~ 40 mm。体色随龄期和虫口密度而变化较大，从淡绿色到黑褐色。头部有“八”字形黑纹，体背有 5 条不同颜色的纵线，腹部整个气门孔黑色，具光泽（图 16）。

蛹：棕褐色，腹部背面第 5 ~ 7 节后缘各有一列齿状点刻，尾端有刺 6 根，中间 2 根较长（图 17，图 18）。

图 15　粘虫卵

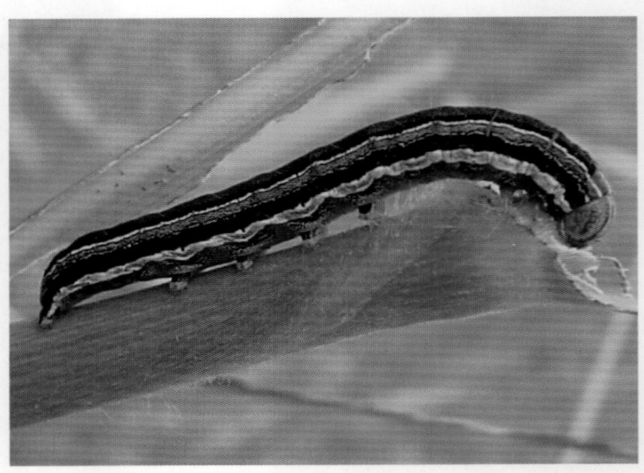
图 16　粘虫幼虫

图 17　粘虫化蛹

图 18　粘虫蛹

## 发生规律

粘虫属迁飞性害虫，其越冬分界线在北纬33° 一带，在河南省一年发生3代，个别年份发生4代，全年以第二、三代为害严重。越冬代成虫始见于2月中下旬，成虫盛期出现在3月中旬至4月中旬；第一代幼虫发生于4月下旬至5月上旬，主要在黄河以南麦田为害；第二代幼虫发生在6月下旬，主要为害玉米；第三代幼虫发生于7月底至8月上中旬，主要为害玉米、谷子；第四代幼虫发生于9月中下旬，主要取食杂草，个别年份发生于10月中下旬，为害小麦。成虫产卵于叶尖或嫩叶、心叶皱缝间，常使叶片成纵卷。幼虫共6龄，初孵幼虫行走如尺蠖，有群集性，1、2龄幼虫多在植株基部叶背或分蘖叶背光处为害，3龄后食量大增，5 ~ 6龄进入暴食阶段，其食量占整个幼虫期90% 左右。3龄后的幼虫有假死性，受惊动迅速蜷缩坠地，晴天白昼潜伏在根处土缝中，傍晚后或阴天爬到植株上为害。老熟幼虫入土化蛹。该虫适宜温度为10 ~ 25℃，适宜相对湿度为85%。气温低于15℃或高于25℃，产卵明显减少，气温高于35℃即不能产卵。成虫需取食花蜜补充营养。天敌主要有步行甲、蛙类、鸟类、寄生蜂、寄生蝇等（图19，图20）。

图19　粘虫天敌

图20　粘虫天敌正在食粘虫

## 防治措施

**1. 物理防治**

利用成虫多在禾谷类作物叶上产卵习性，在麦田插谷草把或稻草把，每亩插60 ~ 100个，每5 d更换新草把，把换下的草把集中烧毁。此外也可用糖醋盆、黑光灯等诱杀成虫，压低虫口。可用1.5份红糖、2份食用醋、0.5份白酒、1份水加少许敌百虫或其他农药搅匀后，盛于盆内，置于距地面1 m左右的田间，500 m左右设1个点，每5 d更换1次药液，毒杀成虫。

**2. 化学防治**

防治适期掌握在3龄前。每亩可用灭幼脲1号有效成分1 ~ 2 g或灭幼脲3号有效成分3 ~ 5 g对水30 kg均匀喷雾，也可用90%晶体敌百虫，或50%辛硫磷乳油1 000 ~ 1 500倍液，或4.5% 高效氯氰菊酯乳油，或2.5% 溴氰菊酯乳油2 500 ~ 3 000倍液喷雾防治。

# 杂食性害虫　2. 东亚飞蝗

## 分布为害

东亚飞蝗又名蚂蚱，属直翅目蝗科。在河南主要发生在濮阳、新乡、焦作、郑州、开封、洛阳、三门峡、济源等地的黄河滩区和驻马店市的库、湖区。主要为害玉米、高粱、谷子、芦苇等禾本科作物(图1 ~图4)，以成虫、若虫咬食植物叶、茎，可将植物吃成光杆，造成毁灭性的农业生物灾害。

图1　玉米叶片受害状

图2　玉米植株受害状

图3　大豆叶片受害状

图4　芦苇受害状

## 形态特征

成虫：成虫体型较大，雄成虫体长 33 ~ 48 mm，雌成虫体长 39 ~ 52 mm（图 5）。有群居型、散居型和中间型 3 种类型。群居型体色为黑褐色。散居型体色为绿色或黄褐色，羽化后经多次交配并产卵后的成虫体色可呈鲜黄色。中间型体色为灰色。

成虫头部较大，颜面垂直。触角丝状，淡黄色。具有 1 对复眼和 3 个单眼，咀嚼式口器。前胸、中胸和后胸腹面各具 1 对足。中胸、后胸背面各着生 1 对翅。前胸背板马鞍形，中隆线明显，两侧常有暗色纵条纹，群居型条纹明显，散居型和中间型条纹不明显或消失；从侧面看，散居型中隆线上缘呈弧形，群居型较平直或微凹。

图 5　东亚飞蝗成虫

图 6　东亚飞蝗卵块

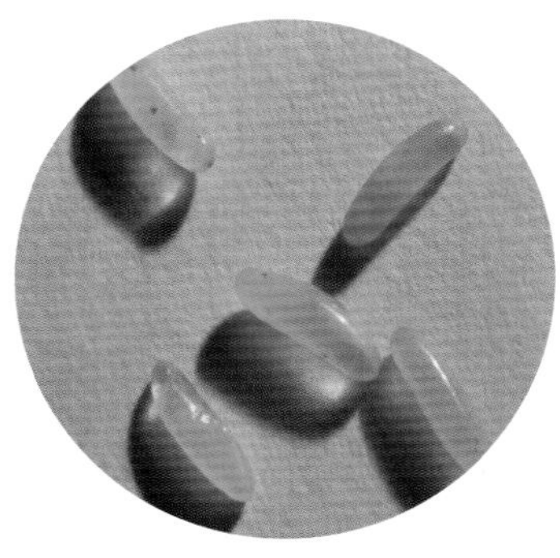

图 7　东亚飞蝗卵粒

卵：卵块（图 6）黄褐色或淡褐色，呈长筒形，长 45 ~ 67 mm，卵粒（图 7）排列整齐，微斜成 4 行长筒形，每块有卵 40 ~ 80 粒，个别多达 200 粒。

蝗蝻：蝗虫的若虫称蝗蝻，它从卵中孵化（图 8）后需蜕皮 5 次，才变为成虫。蝗蝻（图 9）有 5 个龄期。1 龄体长 5 ~ 10 mm，触角 13 ~ 14 节；2 龄体长 8 ~ 14 mm，触角 18 ~ 19 节；3 龄体长 10 ~ 20 mm，触角 20 ~ 21 节；4 龄体长 16 ~ 25 mm，触角 22 ~ 23 节；5 龄体长 26 ~ 40 mm，触角 24 ~ 25 节。

图 8　东亚飞蝗正在孵化的蝗卵

图 9　东亚飞蝗蝗蝻

## 发生规律

东亚飞蝗在河南省一年发生 2 代，以卵在地下越冬。第一代发生在夏季叫夏蝗，第二代发生在秋季叫秋蝗。

夏蝗一般 4 月底 5 月初开始孵化出土，孵化盛期在 5 月中旬，3 龄盛期为 5 月下旬，羽化盛期为 6 月中旬，产卵盛期为 6 月下旬；秋蝗一般 7 月上旬开始孵化出土，孵化盛期在 7 月中旬末，3 龄盛期为 7 月底到 8 月初，羽化盛期为 8 月中旬，产卵盛期为 9 月上旬。

卵多产在河滩及湖泊沿岸荒地，1 ~ 2 龄蝗蝻群集在植株上，2 龄以上在光裸地及浅草地群集，密度大时形成群居型蝗蝻（图 10，图 11）。群居型蝗蝻和成虫有结队迁移或成群迁飞的习性。一头东亚飞蝗一生可吃 267.4 g 食物，成虫期食量为蝻期的 3 ~ 7 倍。

东亚飞蝗的适生环境为地势低洼、易涝易旱，或水位不定的河库、湖滩地或沿海盐碱荒地，大面积荒滩或间有耕作粗放的夹荒地最适宜蝗虫产卵（图 12）。聚集、扩散与迁飞是东亚飞蝗适应环境的一种行为特点。

图 10 东亚飞蝗高密度群居型蝗群（道路）

图 11 东亚飞蝗高密度群居型蝗群（芦苇）

图 12 蝗区面貌

## 防治措施

1. 生态控制技术

兴修水利，稳定湖、河水位，大面积垦荒种植，精耕细作，减少蝗虫孳生地；植树造林，改善蝗区小气候，消灭飞蝗产卵繁殖场所；因地制宜，种植紫穗槐、冬枣、牧草、马铃薯、麻类等飞蝗不食的作物，断绝其食物来源。

2. 生物防治

目前国内常用的生物治蝗方法主要是利用蝗虫微孢子虫和绿僵菌制剂进行防治。

应用蝗虫微孢子虫或绿僵菌防治东亚飞蝗的最佳时机为蝗蝻 2 ~ 3 龄期，龄期越大，效果越差。使用范围一般适用于蝗虫中等程度发生的蝗区。蝗虫微孢子虫的使用量为每亩（2 ~ 3）$\times 10^9$ 个孢子。20% 杀蝗绿僵菌油剂每亩的使用量为 25 ~ 30 mL。蝗虫微孢子虫既可以采用喷雾，也可以采用饵剂的方式，采用饵剂的方式使用时也可以采用飞机喷施。20% 杀蝗绿僵菌油剂主要采用人工地面喷雾和飞机超低量喷雾。人工地面喷雾时，应按每亩规定用量加入 500 mL 专用稀释液中进行稀释，然后用机动弥雾机进行超低容量喷雾。飞机超低量喷雾每亩用量一般为 40 ~ 60 mL。

3. 化学防治

在蝗虫大发生年或局部蝗区蝗情严重，采用生态和生物措施不能控制蝗灾蔓延的情况下，就必须使用化学农药，利用先进的施药器械进行应急防治。施药的时期要掌握在三龄前。目前，常规的有机磷农药、菊酯类农药对东亚飞蝗均有很好的防治效果。使用飞机治蝗时，应选择闪点在 70℃以上，pH 值在 4 以上，不黏稠、高效低毒、对机体腐蚀性小，对作业区畜禽、鱼、蚕、蜂及农作物比较安全的合格品种。

# 杂食性害虫　3. 土蝗

## 分布为害

土蝗是非远距离迁飞的蝗虫种类的统称，种类繁多，分布广泛，多生活在山区坡地及平原低洼地区的高岗、田埂、地头等处。食性复杂，除为害粮食作物外，还可为害棉花、蔬菜等（图 1 ~ 图 5）。据调查，河南省有土蝗 70 余种，优势种有黄胫小车蝗、短额负蝗、中华稻蝗、短星翅蝗等。

图 1　土蝗为害玉米植株

图 2 短额负蝗为害大豆

图 3 中华稻蝗为害玉米

图 4 中华稻蝗为害大豆

图 5 棉蝗为害大豆

## 形态特征

1. **黄胫小车蝗**：成虫（图 6）雄虫体长 21 ～ 27 mm，雌虫 30.5 ～ 39 mm。虫体黄褐色，有深褐色斑。头顶短宽，顶端圆形。颜面垂直或微向后倾斜，颜面隆起明显，在中眼之下不紧缩，顶端具细小刻点。复眼卵圆形。头侧窝不明显。触角丝状，达或超过前胸背板的后缘。前胸背板中部略缩窄，沟后区的两侧较平，无肩状的圆形突出；中隆线仅被后横沟微切断，背板上有淡色 X 形纹，沟后区图纹比沟前区宽。前翅端部较透明，散布黑色斑纹，基部斑纹大而宽；后翅基部浅黄色，中部的暗色带纹常到达后缘，雄性后翅顶端色略暗。后足股节底侧红色或黄色；后足胫节基部黄色，部分常混杂红色，无明显分界。

图 6 黄胫小车蝗成虫

2. **短额负蝗**：成虫（图 7）体中、小型。雄虫体长 19 ～ 23 mm，雌虫 28 ～ 36 mm。头顶较短，其长度等于或略长于复眼纵径。体绿色或土黄色。头部圆锥形，呈水平状向前突出。前翅较长，后翅略短于前翅，基部粉红色。

图 7　短额负蝗成虫

3. **短星翅蝗**：成虫（图 8）体中型，雌雄个体差异较大。雌虫体长 25 ～ 32.5 mm，雄虫 19 ～ 22 mm，头略大，较短于前胸背板。前胸背板略平，有明显的侧隆线，中隆线较低，在中部有 3 道明显横沟；前胸腹板在两前足之间具乳状突起。前翅短，翅长常达后足股节顶端，并有黑色小斑点。后足股节呈红色，粗壮，上缘有 3 个黑斑，上缘有小齿，外方羽状构造颇明显，内侧呈玫瑰色或红色，有两个不完整的黑斑，两行胫节刺雄虫 8 枚，雌虫 9 枚。雄虫的尾须粗大，扁平，顶端分成 2 齿，上面的齿大，下面又分成两个小齿。

另外，对河南省农作物为害比较严重的土蝗还有中华稻蝗、笨蝗（图 9）、花胫绿纹蝗（图 10）、

图 8　短星翅蝗成虫

图 9　笨蝗

图 10　花胫绿纹蝗成虫

图 11　大垫尖翅蝗成虫

大垫尖翅蝗（图 11）、宽翅曲背蝗（图 12）、轮纹异痂蝗（图 13）、日本黄脊蝗（图 14）、疣蝗（图 15）、中华蚱蜢（图 16）等。

图 12　宽翅曲背蝗

图 13　轮纹异痂蝗

图 14　日本黄脊蝗

图 15　疣蝗成虫

图 16　中华蚱蜢

## 发生规律

黄胫小车蝗在河南每年发生 2 代，以卵在土中越冬，翌年 5 月上旬越冬卵开始孵化，上旬后期至中旬前期为孵化盛期，6 月上旬为三龄蝻发生盛期，中下旬成虫盛发；二代蝻盛孵于 7 月下旬，9 月中旬为第二代成虫羽化盛期，10 月上中旬进入交尾产卵。多分布于高岗、山坡地带，河堤两岸也有发生，主要为害禾本科作物和杂草，秋季食害麦苗，亦能取食大豆等。

短额负蝗在河南每年发生 2 代，以产于土中的卵块过冬。越冬卵于 4 月中旬孵化，4 月下旬至 5 月上旬为孵化盛期，6 月中下旬为羽化盛期，6 月下旬至 7 月上旬产卵，7 月中下旬开始孵化为二代蝻，8 月羽化为成蝗。多在湿度较大，双子叶植物茂盛的地方栖息为害。

短星翅蝗在河南每年发生 1 代，以卵在土中越冬，翌年 5 月上中旬孵化为蝻，6 月下旬开始羽化，7 月上中旬为羽化盛期，8 月中旬为产卵盛期。成蝗不善飞翔，和蝻均喜欢在地面活动。一般多发生在平原洼地的高岗、堤岸、田埂等地，主要为害豆类、蔬菜、马铃薯和瓜类等双子叶作物。

## 防治措施

### 1. 农业防治

依据土蝗喜产卵于田埂、渠坡、埝埂等环境的习性，深耕细耙，结合修整田埂、清淤等农事活动，用铁锹铲田埂，深度 2 ～ 3 cm，或清淤时将土翻压于渠埝之上，将卵块铲断，效果明显。

### 2. 化学防治

在生态控制的基础上，根据“挑治为主，普治为辅，巧治低龄”的方针，对土蝗密度已超过或即将达到防治标准的农田，要及时采取补救措施，合理使用化学农药进行防治。

根据不同地区土蝗优势种的为害特点和农作物的生长发育时期，结合虫情预测预报，因地制宜地做好以下三个阶段的工作：一是春末夏初保苗防治，此期的主攻对象是挑治丘陵山区的早发性蝗虫如笨蝗等，重点保护豆类、薯类等早春作物苗期的生长，防治适期以 4 月底至 5 月中旬为宜；二是夏季保苗防治，主要防治对象是中华稻蝗、黄胫小车蝗和短星翅蝗等；三是秋季保苗防治，防治的重点是大垫尖翅蝗和黄胫小车蝗等，防治适期一般在秋播麦苗出土之前（9 月下旬至 10 月上旬）。

# 杂食性害虫　4. 蛴螬

## 分布为害

蛴螬是鞘翅目金龟甲总科幼虫的总称，河南不完全统计有30余种，分布广，为害重的主要是大黑鳃金龟、暗黑鳃金龟和铜绿丽金龟，主要以沙壤土、黏壤土地带发生最重。

蛴螬类食性很杂，可以为害多种农作物、牧草及果树和林木的幼苗。蛴螬取食萌发的种子，咬断幼苗的根、茎，轻则缺苗断垄，重则毁种绝收（图1～图4）。蛴螬为害幼苗的根、茎，断口整齐

图1　蛴螬为害小麦

图2　蛴螬为害玉米

图3　蛴螬为害花生根部

图4　蛴螬为害花生荚果

平截，易于识别。许多种类的成虫还喜食农作物和果树、林木的叶片、嫩芽、花蕾等，造成严重损失（图 5 ~图 15）。

图 5　中华弧丽金龟为害大豆

图 6　中华弧丽金龟为害棉花

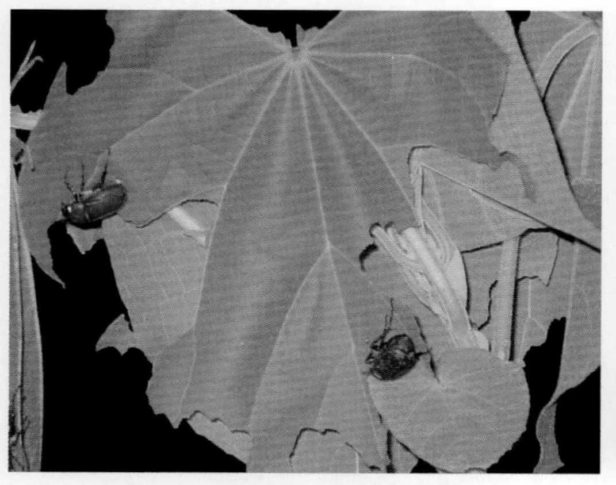
图 7　暗黑鳃金龟为害苘麻

图 8　白星花金龟为害棉花

图 9　白星花金龟为害玉米穗

图 10　白星花金龟为害辣椒

图 11　白星花金龟为害玉米穗部

图 12　白星花金龟取食棉花花粉

图 13　白星花金龟为害大葱花

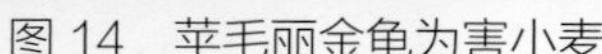
图 14　苹毛丽金龟为害小麦

图 15　小青花金龟为害玉米

## 形态特征

**1.大黑鳃金龟**

成虫（图 16，图 17）体长 16 ～ 22 mm，宽 8 ～ 11 mm。黑色或黑褐色，具光泽。触角 10 节，鳃片部 3 节呈黄褐色或赤褐色，约为其后 6 节之长度。鞘翅长椭圆形，其长度为前胸背板宽度的 2 倍，每侧有 4 条明显的纵肋。前足胫节外齿 3 个，内方距 1 根；中、后足胫节末端距 2 根。臀节外露，背板向腹下包卷，与腹板相会合于腹面。雄性前臀节腹板中间具明显的三角形凹坑，雌性前臀节腹板中间无三角形凹坑，但具 1 个横向的枣红色菱形隆起骨片。卵初产时长椭圆形，长约 2.5 mm，宽约 1.5 mm，白色略带黄绿色光泽；发育后期圆球形，长约 2.7 mm，宽约 2.2 mm，洁白有光泽。3 龄幼虫（图 18）体长 35 ～ 45 mm，头宽 4.9 ～ 5.3 mm。头部前顶刚毛每侧 3 根，其中冠缝侧 2 根，额缝上方近中部 1 根。内唇端感区刺多为 14 ～ 16 根，感区刺与感前片之间除具 6 个较大的圆形感觉器外，尚有 6 ～ 9 个小圆形感觉器。肛腹板后覆毛区无刺毛列，只有钩状毛散乱排列，多为 70 ～ 80 根。蛹长 21 ～ 23 mm，宽 11 ～ 12 mm，化蛹初期为白色，以后变为黄褐色至红褐色，复眼的颜色依发育进度由白色依次变为灰色、蓝色、蓝黑色、黑色。

图 16　大黑鳃金龟成虫

图 17　大黑鳃金龟成虫交尾（女贞）

图 18　大黑鳃金龟幼虫

**2. 暗黑鳃金龟**

成虫（图 19）体长 17 ~ 22 mm，宽 9.0 ~ 11.5 mm。长卵形，暗黑色或红褐色，无光泽。前胸背板前缘具有成列的褐色长毛。鞘翅伸长，两侧缘几乎平行，每侧 4 条纵肋不显。腹部臀节背板不向腹面包卷，与肛腹板相会合于腹末。卵初产时长约 2.5 mm，宽约 1.5 mm，长椭圆形；发育后期呈近圆球形，长约 2.7 mm，宽约 2.2 mm。3 龄幼虫（图 20）体长 35 ~ 45 mm，头宽 5.6 ~ 6.1 mm。头部前顶刚毛每侧 1 根，位于冠缝侧。内唇端感区刺多为 12 ~ 14 根；感区刺与感前片之间除具有 6 个较大的圆形感觉器外，尚有 9 ~ 11 个小的圆形感觉器。肛腹板后部覆毛区无刺毛列，只有散乱排列的钩状毛 70 ~ 80 根。蛹长 20 ~ 25 mm，宽 10 ~ 12 mm，腹部背面具发音器 2 对，分别位于腹部 4、5 节和 5、6 节交界处的背面中央，尾节呈三角形，2 尾角呈钝角岔开。

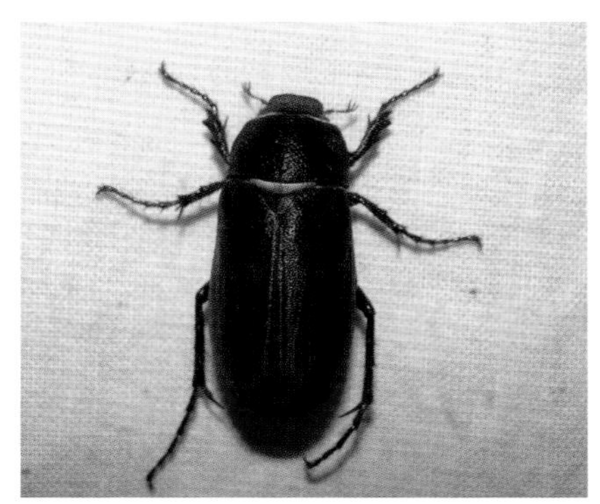

图 19　暗黑鳃金龟成虫

图 20　暗黑鳃金龟幼虫

**3. 铜绿丽金龟**

成虫（图 21，图 22）体长 19 ~ 21 mm，宽 10 ~ 11.3 mm。背面铜绿色，其中头、前胸背板、小盾片色较浓，鞘翅色较淡，有金属光泽。唇基前缘、前胸背板两侧呈淡黄褐色。鞘翅两侧具不明显的纵肋 4 条，肩部具疣状突起。臀板三角形，黄褐色，基部有 1 个倒正三角形大黑斑，两侧各有 1 个小椭圆形黑斑。卵初产时椭球形，长 1.65 ~ 1.93 mm，宽 1.30 ~ 1.45 mm，乳白色；孵化前呈圆球形，长 2.37 ~ 2.62 mm，宽 2.06 ~ 2.28 mm，卵壳表面光滑。3 龄幼虫体长 30 ~ 33 mm，头宽 4.9 ~ 5.3 mm。头部前顶刚毛每侧 6 ~ 8 根，排成一纵列。内唇端感区刺大多 3 根，少数为 4 根；感区刺与感前片之间具圆形感觉器 9 ~ 11 个，居中 3 ~ 5 个较大。肛腹板后部覆毛区刺毛列由长针状刺毛组成，每侧多为 15 ~ 18 根，两列刺毛尖端大多彼此相遇或交叉，仅后端稍许岔开些，刺毛列的前端远没有达到钩状刚毛群的前部边缘。蛹长 18 ~ 22 mm，宽 9.6 ~ 10.3 mm，体稍弯曲，腹部背面有 6 对发音器，臀节腹面上，雄蛹有四裂的疣状突起，雌蛹较平坦，无疣状突起。

图 21　铜绿丽金龟成虫

图 22　铜绿丽金龟成虫交尾（女贞）

## 发生规律

（1）大黑鳃金龟：在河南每 1 ~ 2 年发生 1 代，以成虫和幼虫两种虫态在土壤内越冬，越冬成虫一般在 4 月中旬 10 cm 土温上升到 14 ~ 15℃时开始出土，10 cm 土温达 17℃以上时成虫盛发。5 月中旬日均气温 21.7℃时田间始见卵，6 月上旬至 7 月上旬日均气温 24.3 ~ 27.0℃时为产卵盛期，末期在 9 月下旬。卵期 10 ~ 15 d，6 月上中旬开始孵化，盛期在 6 月下旬至 8 月中旬。孵化幼虫除极少一部分当年化蛹羽化，大部分在秋季 10 cm 土温低于 10℃时，即向深土层移动，低于 5℃时全部进入越冬状态。越冬幼虫翌年春季当 10 cm 土温上升到 5℃时开始活动。大黑鳃金龟种群的越冬虫态既有幼虫，又有成虫。以幼虫越冬为主的年份，翌年春季麦田和春播作物受害重，而夏秋作物受害轻；以成虫越冬为主的年份，翌年春季作物受害轻，夏秋作物受害重。出现隔年严重为害的现象，群众谓之“大小年”。

（2）暗黑鳃金龟：在河南 1 年发生 1 代，多数以 3 龄幼虫筑土室越冬，少数以成虫越冬。以成虫越冬的，成为翌年 5 月出土的虫源。以幼虫越冬的，一般春季不为害，于 4 月初至 5 月初开始化蛹，5 月中旬为化蛹盛期。蛹期 15 ~ 20 d，6 月上旬开始羽化，盛期在 6 月中旬，7 月中旬至 8 月上旬为成虫活动高峰期。7 月初田间始见卵，盛期在 7 月中旬，卵期 8 ~ 10 d，7 月中旬开始孵化，7 月下旬为孵化盛期。初孵幼虫即可为害，8 月中下旬为幼虫为害盛期。

（3）铜绿丽金龟：在河南 1 年发生 1 代，以幼虫越冬。翌年 4 ~ 5 月间上升到土表活动，为害小麦及春播作物，5 月开始化蛹，5 月底 6 月初见成虫，6 月下旬至 7 月上旬为盛发期，直至 9 月上旬仍可见到成虫。新出土成虫，不久即交尾产卵，每头雌虫一生可产卵 50 ~ 60 粒，卵期 7 ~ 10 d。卵在土壤含水量 10% ~ 30% 之间均能孵化，河南省每年 7 ~ 8 月，以第 1、2 龄幼虫为主，食量不大，为害轻，9 月以后大多进入 3 龄，食量大，受害重；至翌年 4 月越冬虫取食尤多，形成春、秋两季为害，春季主要为害小麦，秋季花生与甘薯受害最重。

## 防治措施

### 1. 农业防治

大面积秋、春耕，并随犁拾虫，腐熟厩肥，以降低虫口数量；在蛴螬发生严重的地块，合理灌溉，促使蛴螬向土层深处转移，避开幼苗最易受害时期。

### 2. 物理防治

使用频振式杀虫灯防治成虫效果极佳。佳多频振式杀虫灯单灯控制面积 30 ~ 50 亩，连片规模设置效果更好。灯悬挂高度，前期 1.5 ~ 2 m，中后期应略高于作物顶部。一般 6 月中旬开始开灯，8 月底撤灯，每日开灯时间为晚 9 时至次日凌晨 4 时。

### 3. 化学防治

（1）土壤处理：可用 50% 辛硫磷乳油每亩 200 ~ 250 mL，加水 10 倍，喷于 25 ~ 30 kg 细土中拌匀成毒土，顺垄条施，随即浅锄，能收到良好效果，并兼治金针虫和蝼蛄。

（2）种子处理：拌种用的药剂主要有 50% 辛硫磷，其用量一般为药剂：水：种子 =1 ：（30 ~ 40）：（400 ~ 500），或用种子量 2% 的 35% 克百威种衣剂拌种，亦能兼治金针虫和蝼蛄等地下害虫。

（3）沟施毒谷：每亩用25%辛硫磷胶囊剂150～200 g拌谷子等饵料5 kg左右，或50%辛硫磷乳油50～100 g拌饵料3～4 kg，撒于种沟中，兼治蝼蛄、金针虫等地下害虫。

# 杂食性害虫 5. 蝼蛄

## 分布为害

蝼蛄又称大蝼蛄、拉拉蛄、地拉蛄，属直翅目蝼蛄科。对农作物为害严重的蝼蛄在河南省主要有2种，即华北蝼蛄和东方蝼蛄，主要分布在黄河以南地区。

蝼蛄以成虫、若虫咬食各种作物的种子和幼苗，特别喜食刚发芽的种子，造成严重缺苗、断垄；也咬食幼根和嫩茎，扒成乱麻状或丝状，使幼苗生长不良，甚至死亡。特别是蝼蛄在土壤表层善爬行，往来乱窜，隧道纵横，造成种子架空，幼苗吊根，导致种子不能发芽，幼苗失水而死（图1，图2）。

图1　蝼蛄为害小麦大田受害状

图2　蝼蛄隧道

## 形态特征

### 1. 华北蝼蛄

成虫（图3）雌虫体长45～50 mm，最大可达66 mm，头宽9 mm；雄虫体长39～45 mm，头宽5.5 mm。体黑褐色，密被细毛，腹部近圆筒形。前足腿节下缘呈“S”形弯曲，后足胫节内上方有刺1～2根（或无刺）。卵椭圆形，初产时黄白色，后变为黄褐色，孵化前呈深灰色。若虫共13龄，初龄体长 3.6 ~ 4 mm，末龄体长 36 ~ 40 mm。初孵化若虫头、胸特别细，腹部很肥大，全身乳白色，复眼淡红色，以后颜色逐渐加深，5 ~ 6 龄后基本与成虫体色相似。

**2. 东方蝼蛄**

成虫（图 4）雌虫体长 31 ~ 35 mm，雄虫 30 ~ 32 mm，体黄褐色，密被细毛，腹部近纺锤形。前足腿节下缘平直，后足胫节内上方有等距离排列的刺 3 ~ 4 根（或 4 根以上）。卵椭圆形，初产时乳白色，渐变为黄褐色，孵化前为暗紫色。若虫（图 5）初龄体长约 4 mm，末龄体长约 25 mm。初孵若虫头、胸特别细，腹部很肥大，全身乳白色，复眼淡红色，腹部红色或棕色，半天以后，头、胸、足逐渐变为灰褐色，腹部淡黄色。2、3 龄以后若虫体色接近成虫。

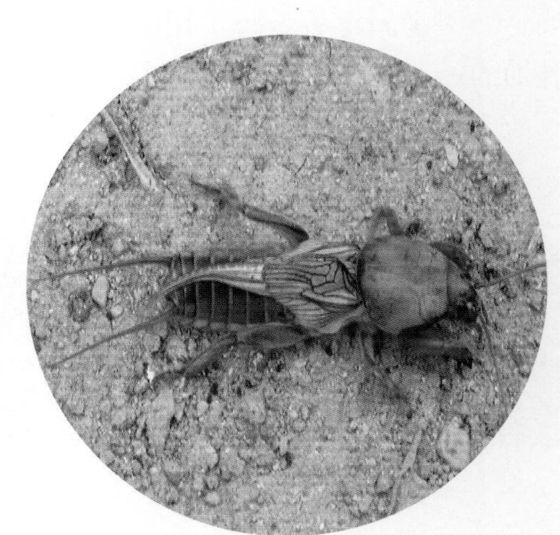

图 3　华北蝼蛄成虫

图 4　东方蝼蛄成虫

图 5　东方蝼蛄若虫

## 发生规律

华北蝼蛄在河南省 3 年左右才能完成 1 代，以 8 龄以上若虫或成虫在土中越冬，翌年春 3 月中下旬成虫开始活动，4 月出窝转移，地表出现大量虚土隧道。6 月开始产卵，6 月中下旬孵化为若虫，进入 10 ~ 11 月以 8 ~ 9 龄若虫越冬。该虫完成 1 代共 1 131 d，其中卵期 11 ~ 23 d，若虫 12 龄历期 736 d，成虫期 378 d。当 3 ~ 4 月 20 cm 土温达 8℃时，华北蝼蛄即开始活动，交配后在土中 15 ~ 30 cm 处做土室，雌虫把卵产在土室中，产卵期 1 个月，产卵 3 ~ 9 次，每只雌虫平均产卵量 288 ~ 368 粒。成虫夜间活动，有趋光性。

东方蝼蛄在河南省 2 年发生 1 代，以成虫或若虫在地下越冬。清明后上升到地表活动，在洞口可顶起一小虚土堆。5 月上旬至 6 月中旬是蝼蛄最活跃的时期，也是第一次为害高峰期。6 月下旬至 8 月下旬，天气炎热，转入地下活动，6 ~ 7 月为产卵盛期。9 月气温下降时，再次上升到地表，形成第二次为害高峰。10 月中旬以后，陆续钻入深层土中越冬。蝼蛄昼伏夜出，以夜间 9 ～ 11 时活动最盛，特别在气温高、湿度大、闷热的夜晚，大量出土活动。早春或晚秋因气候凉爽，仅在表土层活动，不到地面上，在炎热的中午常潜至深土层。蝼蛄具趋光性，并对香甜物质具有强烈趋性。成虫、若虫均喜松软潮湿的壤土或沙壤土，20 cm 表土层含水量 20% 以上最适宜，含水量小于 15% 时活动减弱。当气温为 12.5 ～ 19.8℃、20 cm 土温为 15.2 ～ 19.9℃时，对蝼蛄最适宜，温度过高或过低时，蝼蛄则潜入深层土中。

## 防治措施

**1. 农业防治**

秋收后深翻土地，压低越冬幼虫基数。

**2. 物理防治**

使用频振式杀虫灯进行诱杀。

**3. 化学防治**

（1）土壤处理：50% 辛硫磷乳油每亩用 200 ～ 250 mL，加水 10 倍，喷于 25 ～ 30 kg 细土拌匀成毒土，顺垄条施，随即浅锄，或以同样用量的毒土撒于种沟或地面，随即耕翻，或混入厩肥中施用，或结合灌水施入；或用 5% 辛硫磷颗粒剂，每亩用 2.5 ～ 3 kg 处理土壤，都能收到良好效果，并兼治金针虫和蛴螬。

（2）种子处理：用 50% 辛硫磷乳油 100 mL，对水 2 ～ 3 kg，拌玉米种 40 kg，拌后堆闷 2 ～ 3 h，对蝼蛄、蛴螬、金针虫的防治效果均好。

（3）毒饵防治：每亩按 1 ∶ 5 用 50% 杀螟丹可溶性粉剂拌炒香的麦麸，加适当水拌成毒饵，于傍晚撒于地面。

# 杂食性害虫　6. 金针虫

## 分布为害

金针虫是鞘翅目叩头甲科的幼虫，又称叩头虫、沟叩头甲、土蚰蜒、芨芨虫、钢丝虫。河南省为害农作物最重要的是沟金针虫、细胸金针虫和褐纹金针虫。沟金针虫在河南省豫西、南阳一带发生较重；细胸金针虫主要发生于黄泛区及郑汴地区；褐纹金针虫一般发生在豫东的水浇地，常与细胸金针虫混合发生，但为害不重。

3 种金针虫的寄主有各种农作物、果树及蔬菜作物等。幼虫在土中取食播种下的种子、萌出的幼芽、农作物和菜苗的根部，使作物枯萎致死，造成缺苗断垄，甚至全田毁种（图 1 ~ 图 5）。有的钻蛀块茎或种子，蛀成孔洞，致受害株干枯死亡。

图 1　金针虫为害小麦

图2　金针虫田间为害状

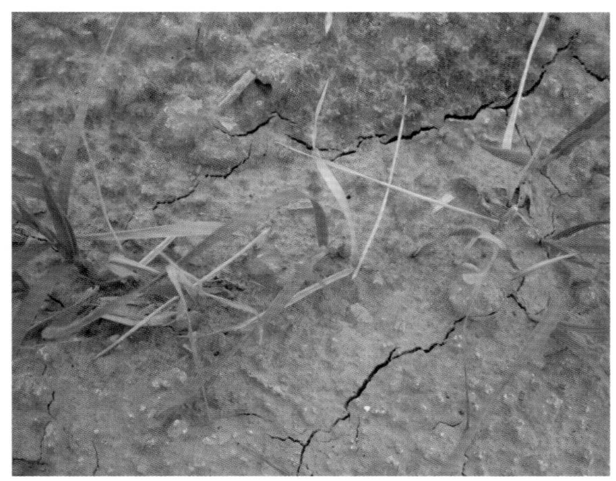

图3　金针虫为害小麦造成死苗状

图4　金针虫为害玉米根部

图5　金针虫为害玉米大田受害状

## 形态特征

1. 沟金针虫

成虫深栗色。全体被黄色细毛。头部扁平，头顶呈三角形凹陷，密布刻点。雌虫（图6）体长 14 ~ 17 mm，宽约 5 mm，体形较扁；雄虫体长 14 ~ 18 mm，宽约 3.5 mm，体形窄长。雌虫触角 11 节，略呈锯齿状，长约为前胸的 2 倍。雄虫触角 12 节，丝状，长及鞘翅末端；雌虫前胸较发达，背面呈半球状隆起，前狭后宽，宽大于长，密布刻点，中央有微细纵沟，后缘角向后方突出，鞘翅长约为前胸的 4 倍，其上纵沟不明显，密生小刻点，后翅退化。雄虫鞘翅长约为前胸的 5 倍，

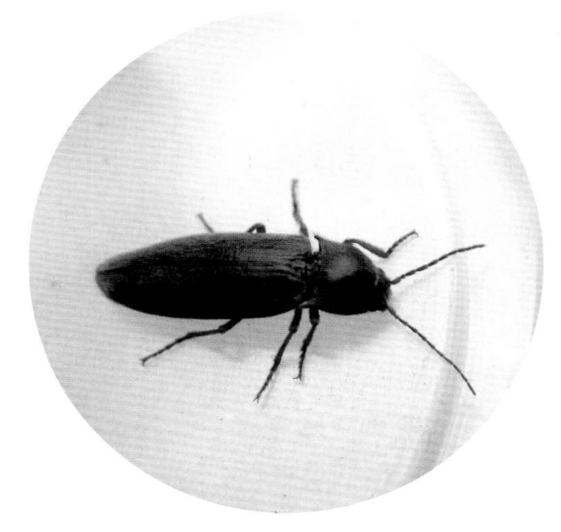

图6　沟金针虫雌成虫

其上纵沟明显，有后翅。卵近椭圆形，乳白色。老熟幼虫（图 7）体长 20 ~ 30 mm，细长筒形，略扁，体壁坚硬而光滑，具黄色细毛，尤以两侧较密。体黄色，前头和口器暗褐色，头扁平，上唇呈三叉状突起，胸、腹部背面中央有 1 条细纵沟。尾端分叉，并稍向上弯曲，各叉内侧有 1 个小齿。各体节宽大于长，从头部至第 9 腹节渐宽。

图 7　沟金针虫幼虫

2．细胸金针虫

成虫（图 8）体长 8 ~ 9 mm，宽约 2.5 mm。暗褐色，被灰色短毛，并有光泽。触角红褐色，第 2 节球形。前胸背板略呈圆形，长大于宽，鞘翅长为头胸部的 2 倍，上有 9 条纵列刻点。卵乳白色，圆形。末龄幼虫（图 9）体长约 32 mm，宽约 1.5 mm，细长圆筒形，淡黄色，光亮。头部扁平，口器深褐色。第 1 胸节较第 2、3 节稍短。1 ~ 8 腹节略等长，尾节圆锥形，近基部两侧各有 1 个褐色圆斑和 4 条褐色纵纹，顶端具 1 个圆形突起。

图 8　细胸金针虫成虫

图 9　细胸金针虫幼虫

3．褐纹金针虫

成虫体长 9 mm，宽 2.7 mm，体细长，黑褐色，被灰色短毛；头部黑色，向前凸，密生刻点；触角暗褐色，第 2、3 节近球形，第 4 节较第 2、3 节长。前胸背板黑色，刻点较头上的小，后缘角后突。鞘翅长为胸部 2.5 倍，黑褐色，具纵列刻点 9 条，腹部暗红色，足暗褐色。末龄幼虫体长 25 mm，宽 1.7 mm，体圆筒形细长，棕褐色具光泽。第 1 胸节、第 9 腹节红褐色。头梯形扁平，上生纵沟并具小刻点，体背具微细刻点和细沟；第 1 胸节长，第 2 胸节至第 8 腹节各节的前缘两侧，均具深褐色新月形斑纹。尾节扁平且尖，前缘具半月形斑 2 个，前部具纵纹 4 条，后半部具皱纹且密生粗大刻点。幼虫共 7 龄。

## 发生规律

沟金针虫 2 ~ 3 年发生 1 代，以幼虫和成虫在土中越冬。在河南南部，越冬成虫于 2 月下旬开始出蛰，3 月中旬至 4 月中旬为活动盛期，白天潜伏于表土内，夜间出土交配产卵。雌虫无飞翔能力，每只雌产卵 32 ~ 166 粒，平均产卵 94 粒；雄成虫善飞，有趋光性。5 月上旬幼虫孵化，在食料充足的条件下，当年体长可至 15 mm 以上，到第 3 年 8 月下旬幼虫老熟，于 16 ~ 20 cm 深的土层内做土室化蛹。9 月中旬开始羽化，当年在原蛹室内越冬。由于沟金针虫雌成虫活动能力弱，一般多在原地交尾产卵，故为害受到限制，因此在虫口高的田内一次防治后，在短期内种群密度不易回升。

细胸金针虫 2 年发生 1 代，以成虫和幼虫在土下 20 ~ 40 cm 深处越冬。翌年 3 月上中旬，10 cm 土温平均 7.6 ~ 11.6℃、气温 5.3℃时，成虫开始出土活动，4 月中下旬土温 15.6℃、气温 13℃左右为活动盛期，6 月中旬为末期。成虫寿命 199.5 ~ 353 d，但出土活动时间只有 75 d 左右。成虫白天潜伏土块下或作物根茬中，傍晚活动。成虫出土后 1 ~ 2 h 内，为交配盛期，可多次交配。产卵前期约 40 d，卵散产于表土层内。每只雌虫产卵 5 ~ 70 粒。产卵期 39 ~ 47 d，卵期 19 ~ 36 d，幼虫期 405 ~ 487 d。幼虫老熟后在 20 ~ 30 cm 深处做土室化蛹，预蛹期 4 ~ 11 d，蛹期 8 ~ 22 d，6 月下旬开始化蛹，直至 9 月下旬。成虫羽化后即在土室内蛰伏越冬。

褐纹金针虫 3 年发生 1 代，以成虫、幼虫在 20 ~ 40 cm 土层里越冬。翌年 5 月上旬至中旬平均土温 17℃、气温 16.7℃时越冬成虫开始出土，成虫活动适温 20 ~ 27℃，下午活动最盛，把卵产在麦根 10 cm 处。成虫寿命 250 ~ 300 d，5 ~ 6 月进入产卵盛期，卵期 16 d。翌年以 5 ~ 7 龄幼虫越冬，第 3 年以 7 龄幼虫在 7 ~ 8 月于 20 ~ 30 cm 深处化蛹，蛹期 17 d 左右。成虫羽化后在土中即行越冬。

## 防治措施

### 1. 农业防治

大面积秋、春耕，并随犁拾虫，腐熟厩肥，以降低虫口数量；在金针虫发生严重的地块，合理灌溉，促使金针虫向土层深处转移，避开幼苗最易受害时期。

### 2. 化学防治

（1）土壤处理：可用 50% 辛硫磷乳油每亩 200 ~ 250 mL，加水 10 倍，喷于 25 ~ 30 kg 细土中拌匀成毒土，顺垄条施，随即浅锄，能收到良好效果，并兼治蛴螬和蝼蛄。

（2）种子处理：拌种用的药剂主要有 50% 辛硫磷，其用量一般为药剂：水：种子 =1：（30 ~ 40）：（400 ~ 500），或用种子量 2% 的 35% 克百威种衣剂拌种，亦能兼治蛴螬和蝼蛄等地下害虫。

（3）沟施毒谷：每亩用 25% 辛硫磷胶囊剂 150 ~ 200 g 拌谷子等饵料 5 kg 左右，或 50% 辛硫磷乳油 50 ~ 100 mL 拌饵料 3 ~ 4 kg，撒于种沟中，兼治蝼蛄、蛴螬等地下害虫。

# 杂食性害虫　7. 棉铃虫

## 分布为害

棉铃虫又名钻桃虫、钻心虫等，属鳞翅目夜蛾科，分布广，食性杂，可为害棉花、玉米、高粱、小麦、水稻、番茄、菜豆、豌豆、苜蓿、芝麻、向日葵、烟草、花生等多种农作物（图1 ~图10）。

图1　棉铃虫为害小麦

图2　棉铃虫为害花生

图3　棉铃虫为害大豆

图4　棉铃虫为害芝麻

图 5　棉铃虫钻蛀辣椒

图 6　棉铃虫为害尖椒造成烂果

图 7　棉铃虫为害小白菜

图 8　棉铃虫为害向日葵

图 9　棉铃虫为害番茄

图 10　棉铃虫为害茄子花

棉铃虫幼虫可食叶、蛀蕾、蛀花、蛀果（果穗），但以蛀果（果穗）为主。为害棉花时，幼虫食害嫩叶，造成缺刻或孔洞；为害棉蕾后，苞叶张开变黄，蕾的下部有圆形蛀孔，蕾内无粪便，蕾外有粒状粪便，苞叶张开变成黄褐色，2 ~ 3 d 后脱落；低龄幼虫钻入花中取食雄蕊和花柱（图 11），破坏子房，被害花往往不能结铃；青铃受害时（图 12），铃基部有蛀孔，孔径粗大，近圆形，粪便堆积在蛀孔之外，赤褐色，被害铃内未被咬食部分的纤维和种子呈水渍状，最终发展成烂铃。为害玉米时，幼虫食害嫩叶，成缺刻或孔洞（图 13），幼虫可咬断花丝（图 14），造成部分籽粒不育，使果穗弯向一侧，幼虫还取食嫩穗轴和籽粒（图 15），多数幼虫从果穗顶部取食，少数从果穗中部苞叶蛀洞，进入穗轴。

图 11　棉铃虫为害棉花花蕊

图 12　棉铃虫为害棉铃

图 13　棉铃虫为害玉米叶片

图 14　棉铃虫为害玉米花丝

图 15　棉铃虫为害玉米雌穗

## 形态特征

成虫：体长 15 ~ 20 mm，前翅颜色变化大，雌蛾多黄褐色，雄蛾多绿褐色，外横线有深灰色宽带，带上有 7 个小白点，肾形纹和环形纹暗褐色（图 16）。

卵：近半球形，初产时乳白色，近孵化时紫褐色（图 17）。

幼虫：老熟幼虫体长 40 ~ 45 mm，头部黄褐色，气门线白色，体背有十几条细纵线条，各腹节上有刚毛疣 12 个，刚毛较长。两根前胸侧毛（L1、L2）的连线与前胸气门下端相切，这是区分棉铃虫幼虫与烟青虫幼虫的主要特征。体色变化多，大致分为黄白色型、黄色红斑型、灰褐色型、土黄色型、淡红色型、绿色型、黑色型、咖啡色型、绿褐色型等 9 种类型（图 18，图 19）。

蛹：长 17 ~ 20 mm，纺锤形，黄褐色，5 ~ 7 腹节前缘密布比体色略深的刻点，尾端有臀刺 2 个（图 20）。

图 16　棉铃虫成虫

图 17　棉铃虫卵

图 19　黑色型棉铃虫

图 18　绿色型棉铃虫

图 20　棉铃虫蛹

## 发生规律

棉铃虫在河南省1年发生4代，以滞育蛹在土中越冬，翌年4月下旬气温上升至15℃以上时，开始羽化为成虫，5月上旬为羽化盛期，1代幼虫主要为害小麦和春玉米等作物，5月中下旬至6月初1代幼虫入土化蛹，第1代成虫的盛发期为6月中旬，产卵盛期在6月中下旬，6月底为第2代幼虫为害盛期，第2代成虫盛发期在7月中旬，产卵盛期在7月中旬，7月下旬为第3代幼虫为害盛期，3代成虫盛发期在8月中下旬，8月下旬至9月上旬为第4代幼虫为害盛期，9月下旬老熟幼虫开始入土化蛹越冬。2 ~ 4代棉铃虫主要在棉花、玉米、豆类、花生、番茄等作物上为害，4代还为害高粱、向日葵和越冬苜蓿等。在棉花上，1代成虫多在嫩叶和生长点上产卵，2 ~ 4代成虫多于幼蕾的苞叶和果枝嫩尖上产卵，少数产于叶背或花上，幼虫孵化后先食卵壳，随后为害未展开的小叶，1 ~ 2 d后转向幼蕾；在玉米上，卵多产于吐出不久的花丝上和刚抽出的雄花序上，初孵幼虫取食嫩叶、幼嫩的花丝和雄花，3龄以后钻入玉米苞叶内，食害果穗。幼虫共6龄，少数5龄或7龄。1、2龄幼虫有吐丝下垂习性，3龄后转移为害，4龄后食量大增，取食大蕾、花、青铃、果穗。幼虫3龄前多在叶面活动为害，是施药防治的最佳时机，3龄后多钻蛀到棉花蕾铃内部和玉米苞叶内，不易防治。末龄幼虫入土化蛹，土室具有保护作用，羽化后成虫沿原道爬出土面后展翅。各虫态发育最适温度为25 ~ 28℃，相对湿度为70% ~ 90%。成虫有趋光性，对半枯萎的杨树枝把有很强的趋性。幼虫有自残习性。

## 防治措施

**1. 农业防治**

秋田收获后，及时深翻耙地，冬灌，可消灭大量越冬蛹；选用抗虫、耐虫品种。

**2. 物理防治**

（1）诱杀成虫：成虫发生期，集中连片应用佳多频振式杀虫灯、450 W高压汞灯、20 W黑光灯、棉铃虫性诱剂诱杀成虫。

（2）诱集成虫：第2、3代棉铃虫成虫羽化期，可插萎蔫的杨树枝把诱集成虫，每亩10 ~ 15把，每天清晨日出之前集中捕杀成虫；在棉田边或插花种植春玉米、高粱、洋葱、胡萝卜等作物形成诱集带，可诱集棉铃虫产卵，集中杀灭。

**3. 生物防治**

棉铃虫寄生性天敌主要有姬蜂、茧蜂、赤眼蜂、真菌、病毒等，捕食性天敌主要有瓢虫、草蛉、捕食蝽、胡蜂、蜘蛛等，对棉铃虫有显著的控制作用。

从第2代开始，每代棉铃虫卵始盛期人工释放赤眼蜂3次，每次间隔5 ~ 7 d，放蜂量为每次每亩1.2万 ~ 1.4万头，每亩均匀放置5 ~ 8个点。

棉铃虫卵始盛期，每亩16 000 IU/mg苏云金杆菌可湿性粉剂100 ~ 150 g，或10亿PIB/g棉铃虫核型多角体病毒可湿性粉剂（NPV）80 ~ 100 g对水40 kg喷雾。

**4. 化学防治**

幼虫3龄前选用50%辛硫磷乳油或40%毒死蜱乳油1 000 ~ 1 500倍液，或4.5%高效氯氰菊酯或2.5%溴氰菊酯乳油2 500 ~ 3 000倍液均匀喷雾。

# 杂食性害虫　8. 甜菜夜蛾

## 分布为害

甜菜夜蛾又名贪夜蛾、玉米小夜蛾，属鳞翅目夜蛾科。该虫分布广泛，在河南省各地均有发生。寄主植物有170余种，可为害甜菜、芝麻、花生、玉米、麻类、烟草、青椒、茄子、马铃薯、黄瓜、棉花、西葫芦、豇豆、茴香、胡萝卜、芹菜、菠菜、韭菜、大葱等多种作物（图1～图8）。

初孵幼虫群集叶背，吐丝结网，在网内取食叶肉，留下表皮，形成透明的小孔。3龄后分散为害，可将叶片吃成孔洞或缺刻，严重时仅剩叶脉和叶柄，造成幼苗死亡，缺苗断垄，甚至毁种，对产量影响大。

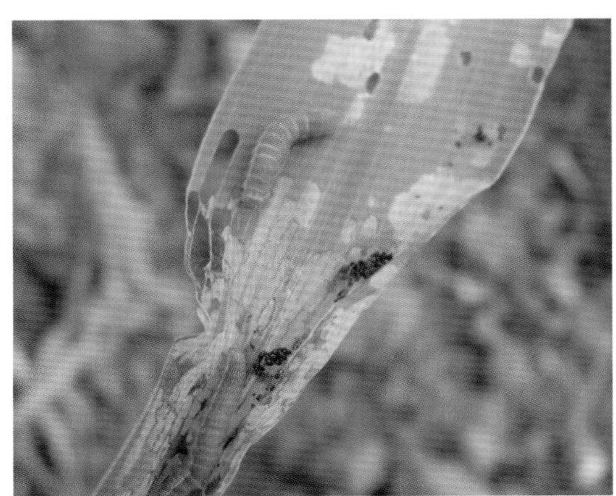

图1　甜菜夜蛾为害玉米

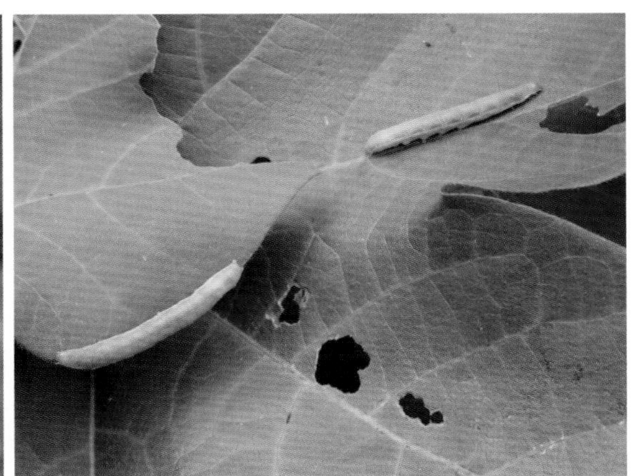

图2　甜菜夜蛾为害棉花

图3　甜菜夜蛾为害花生

图4　甜菜夜蛾为害大豆

图 5　甜菜夜蛾为害油菜

图 6　甜菜夜蛾初孵幼虫取食大葱叶肉仅留表皮

图 7　甜菜夜蛾为害大葱叶片成空洞

图 8　甜菜夜蛾为害甘蓝

## 形态特征

成虫：体长 8 ~ 10 mm，翅展 19 ~ 25 mm，灰褐色，头、胸有黑点。前翅中央近前缘外方有 1 个肾形斑，内方有 1 个土红色圆形斑。后翅银白色，翅脉及缘线黑褐色（图 9）。

卵：圆球状，白色，成块产于叶面或叶背，每块 8 ~ 100 粒不等，排为 1 ~ 3 层，因外面覆有雌蛾脱落的白色绒毛，不能直接看到卵粒（图 10 ~ 图 12）。

幼虫：共 5 龄，少数 6 龄。末龄幼虫体长约 22 mm，体色变化很大，有绿色、暗绿色、黄褐色、褐色至黑褐色，背线有或无，颜色各异。腹部气门下线为明显的黄白色纵带，有时带粉红色，直达腹部末端，下弯到臀足上，是区别于甘蓝夜蛾的重要特征，各节气门后上方具 1 个明显白点（图 13）。

蛹：长 10 mm，黄褐色，中胸气门外突（图 14）。

图 9　甜菜夜蛾成虫

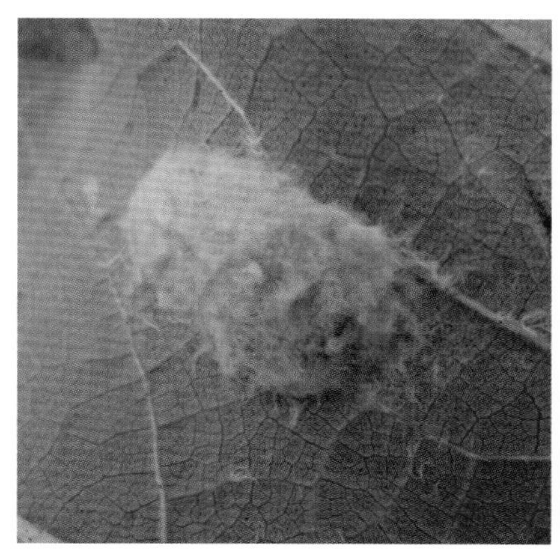
图 10　甜菜夜蛾卵（外面覆有绒毛）

图 11　甜菜夜蛾卵粒

图 12　甜菜夜蛾正孵化卵

图 13　甜菜夜蛾幼虫

图 14　甜菜夜蛾蛹

## 发生规律

甜菜夜蛾在河南省 1 年发生 4 ~ 5 代，通常以蛹在土室内越冬。翌年 6 月中旬始见越冬成虫，第 1 代幼虫发生在 6 月下旬至 7 月上旬，第 2 代幼虫发生在 7 月下旬至 8 月上旬，之后出现世代重叠，第 3 ~ 5 代发生在 8 ~ 10 月，常年为害盛期为 7 ~ 9 月。第 4 代或第 5 代幼虫于 10 月化蛹越冬，但越冬蛹抗寒力较弱，越冬死亡率高，只间歇性局部猖獗为害。成虫昼伏夜出，白天隐藏在杂草、土块、土缝、枯枝落叶的浓荫处，夜间出来活动，有两个活动高峰期，即晚 7 ~ 10 时和早上 5 ~ 7 时进行取食、交配、产卵。成虫趋光性强。卵多产于叶背面、叶柄部或杂草上，卵块 1 ~ 3 层排列，上覆白色绒毛。幼虫共 5 龄（少数 6 龄），3 龄前群集为害，但食量小，4 龄后，食量大增，昼伏夜出，有假死性，虫口过大时，幼虫可互相残杀。幼虫转株为害常从下午 6 时以后开始，凌晨 3 ~ 5 时活动虫量最多。

## 防治措施

### 1. 农业防治

秋末冬初耕翻可消灭部分越冬蛹；春季 3 ~ 4 月除草，消灭杂草上的低龄幼虫；结合田间管理，摘除叶背面卵块和低龄幼虫团，集中消灭。

**2. 物理防治**

成虫发生期，集中连片应用佳多频振式杀虫灯、450W 高压汞灯、20W 黑光灯、性诱剂诱杀成虫。

**3. 生物防治**

保护和利用自然天敌，甜菜夜蛾天敌主要有草蛉、猎蝽、蜘蛛、步甲等；生物制剂防治，卵孵化盛期至低龄幼虫期亩用 5 亿 PIB/g 甜菜夜蛾核型多角体病毒悬浮剂 120 ～ 160 mL，或 16 000 IU/mg 苏云金杆菌可湿性粉剂 50 ～ 100 g 喷雾。

**4. 化学防治**

1 ～ 3 龄幼虫高峰期，用 20% 灭幼脲悬浮剂 800 倍液，或 5% 氟铃脲乳油，或 5% 氟虫脲分散剂 3 000 倍液喷雾。甜菜夜蛾幼虫晴天傍晚 6 时后会向植株上部迁移，因此应在傍晚喷药防治，注意叶面、叶背均匀喷雾，使药液能直接喷到虫体及其为害部位。

# 杂食性害虫　9. 银纹夜蛾

## 分布为害

银纹夜蛾又名黑点银纹夜蛾、豆银纹夜蛾、菜步曲、豆尺蠖、大豆造桥虫、豆青虫等，属鳞翅目夜蛾科。分布在河南省各地，主要为害油菜、甘蓝、花椰菜、白菜、萝卜等十字花科蔬菜，豆类作物，茄子等（图 1，图 2）。

图 1　银纹夜蛾为害大豆

图 2　银纹夜蛾为害萝卜叶

该虫以幼虫食害叶片，初孵幼虫群集在叶背面剥食叶肉，残留表皮，大龄幼虫则分散为害，蚕食叶片成孔洞或缺刻，发生严重时将叶片吃光。

## 形态特征

成虫：体长 15 ~ 17 mm，翅展 32 ~ 35 mm，体灰褐色。前翅深褐色，具 2 条银色横纹，翅中有一显著的 U 形银纹和一个近三角形银斑；后翅暗褐色，有金属光泽（图 3）。

卵：半球形，初产时乳白色，后为淡黄绿色，卵壳表面有格子形条纹（图 4）。

幼虫：老熟幼虫体长 25 ~ 32 mm，体淡黄绿色，前细后粗，体背有纵向的白色细线 6 条，气门线黑色。第 1、2 对腹足退化，行走时呈曲伸状（图 5，图 6）。

蛹：体较瘦，前期腹面绿色，后期全体黑褐色，腹部 1、2 节气门孔明显突出，尾刺一对，具薄丝茧（图 7 ~图 10）。

图 3　银纹夜蛾成虫

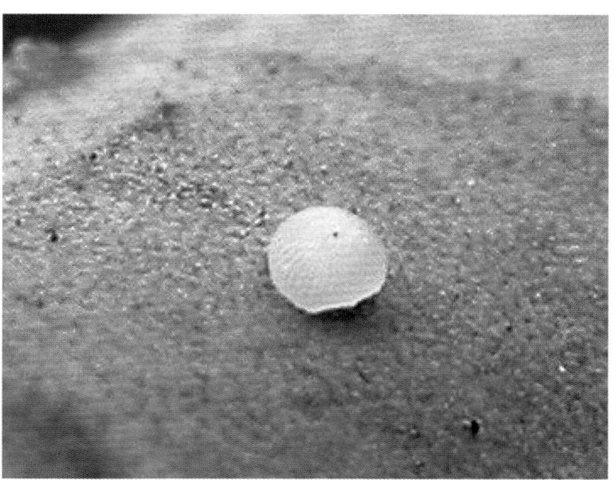

图 4　银纹夜蛾卵

图 5　银纹夜蛾幼虫

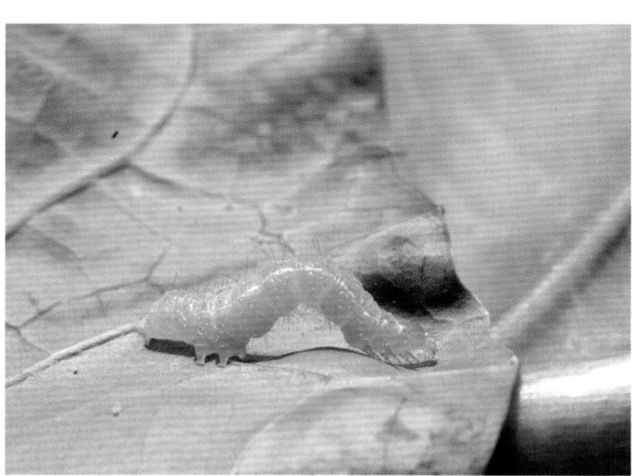

图 6　银纹夜蛾幼虫（行走时呈屈伸状）

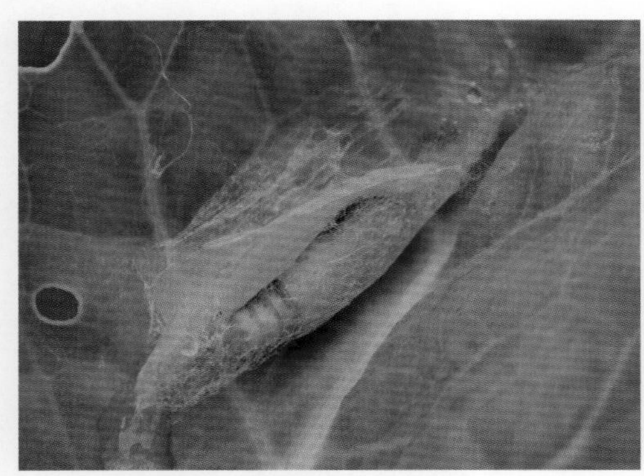
图 7　银纹夜蛾蛹（前期）

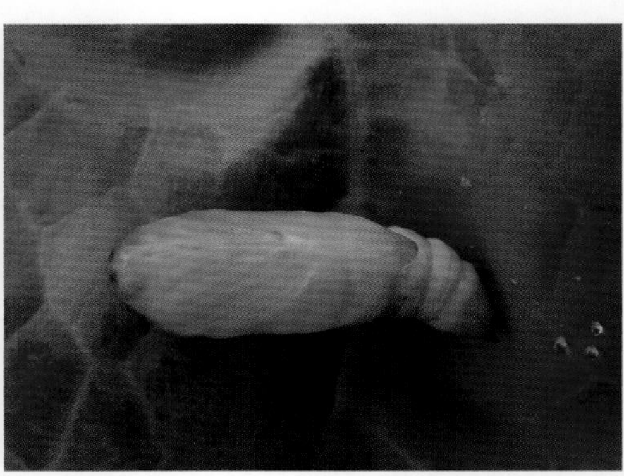
图 8　银纹夜蛾蛹（前期）正面

图 9　银纹夜蛾蛹（前期）侧面

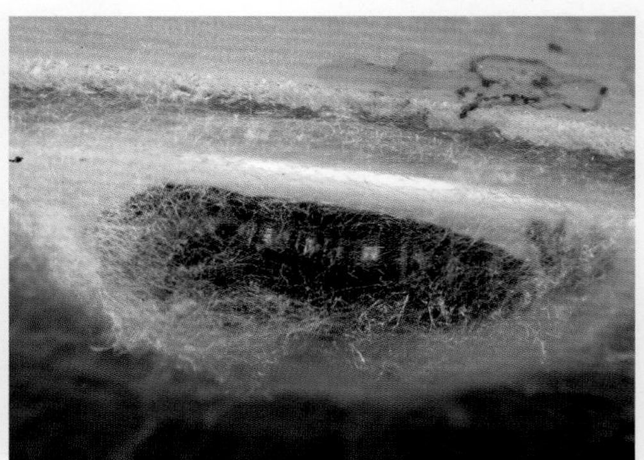
图 10　银纹夜蛾蛹（后期）

## 发生规律

在河南省 1 年发生 5 代，以蛹越冬。翌年 4 月可见成虫羽化，羽化后经 4 ~ 5 d 进入产卵盛期。卵多散产于叶背，第 2 ~ 3 代产卵最多。成虫昼伏夜出，有趋光性和趋化性。初孵幼虫在叶背取食叶肉，3 龄后取食嫩叶成孔洞，且食量大增。幼虫共 5 龄，有假死性，受惊后会卷缩掉地。在室温下，幼虫期 10 d 左右。老熟幼虫在寄主叶背吐白丝做茧化蛹。

## 防治措施

**1. 农业防治**

冬季清除枯枝落叶，以减少翌年的虫口基数；根据残破叶片和虫粪，人工捕杀幼虫和虫茧。

**2. 物理防治**

利用成虫的趋光性，用黑光灯或频振式杀虫灯诱杀成虫。

**3. 生物防治**

保护和利用天敌。

**4. 化学防治**

防治的最佳时期为卵孵化盛期至幼虫 3 龄以前，在叶的正反两面喷雾。所用药剂有：10%二氯苯醚菊酯乳油 1 000 ~ 1 500 倍液，或 2.5%溴氰菊酯乳油 2 000 ~ 3 000 倍液，或 20%灭扫利乳油 3 000 倍液，或 2.5%联苯菊酯乳油 3 000 倍液，或 50%辛硫磷乳油 1 000 ~ 1 500 倍液等。

# 杂食性害虫　10. 斜纹夜蛾

## 分布为害

斜纹夜蛾又名莲纹夜蛾、斜纹夜盗蛾，属鳞翅目夜蛾科。河南省各地均有分布。此虫食性杂，寄主植物广泛，在蔬菜上可为害甘蓝、白菜、莲藕、芋头、苋菜、马铃薯、茄子、辣椒、番茄、豆类、瓜类、菠菜、韭菜、葱类等，大田作物上主要为害甘薯、花生、大豆、芝麻、烟草、向日葵、玉米、高粱、水稻、棉花等多种作物（图 1 ~图 7）。

以幼虫为害作物的叶片、蕾、花和铃。低龄幼虫在叶背取食下表皮和叶肉，留下上表皮和叶脉形成窗纱状，有时可咬食蕾、花瓣和茎秆；高龄幼虫可蛀食果实，取食叶片形成孔洞和缺刻。种群数量大时可将植株吃成光秆或仅留叶脉。

图 1　斜纹夜蛾为害花生

图 2　斜纹夜蛾为害大豆

图3　斜纹夜蛾为害辣椒叶片

图4　斜纹夜蛾为害辣椒果实

图5　斜纹夜蛾为害棉花状

图6　斜纹夜蛾为害白菜

图7　斜纹夜蛾为害茶叶叶片

## 形态特征

成虫：体长 14 ～ 21 mm，展翅 33 ～ 42 mm。体深褐色，头、胸、腹褐色。前翅灰褐色，内外横线灰白色，有白色条纹和波浪纹，前翅环纹及肾纹白边。后翅半透明，白色，外缘前半部褐色（图 8，图 9）。

卵：半球形，卵粒常常 3 ～ 4 层重叠成块，卵块椭圆形，上覆黄褐色绒毛。

幼虫：老熟幼虫体长 38 ～ 51 mm，黄绿色，杂有白斑点，第 2、3 节两侧各有 2 个小黑点，第 3、4 节间有 1 条黑色横纹，横贯于亚背线及气门线间，第 10、11 节亚背线两侧各有 1 个黑点，气门线上亦有黑点（图 10，图 11）。

蛹：赤褐色至暗褐色。腹第 4 节背面前缘及第 5 ～ 7 节背、腹面前缘密布圆形刻点。气门黑褐色，呈椭圆形。腹端有臀棘 1 对，短，尖端不成钩状（图 12）。

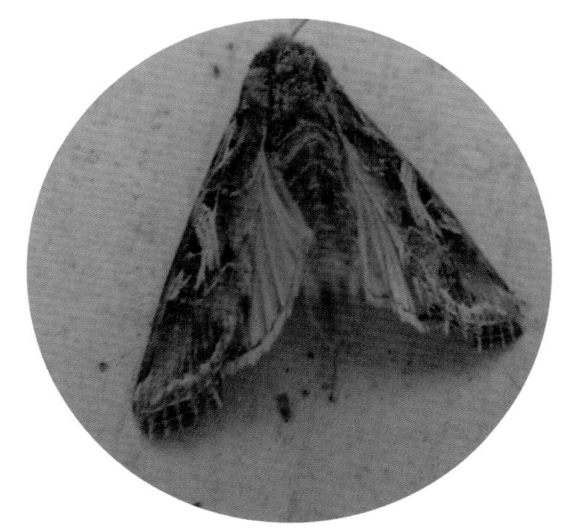

图 8　斜纹夜蛾成虫（正面）

图 9　斜纹夜蛾成虫（侧面）

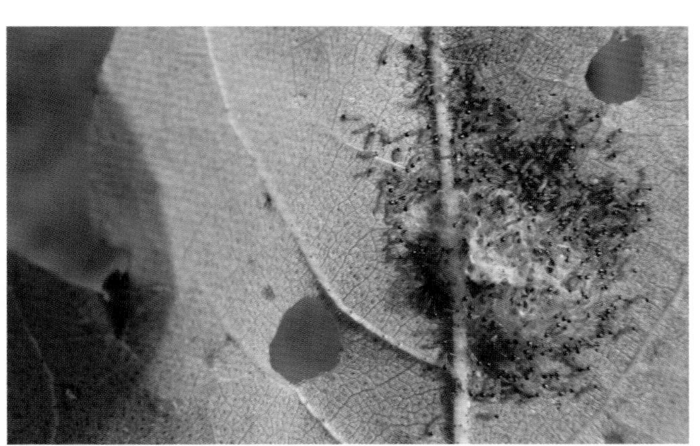

图 10　斜纹夜蛾初孵幼虫

图 11　斜纹夜蛾幼虫

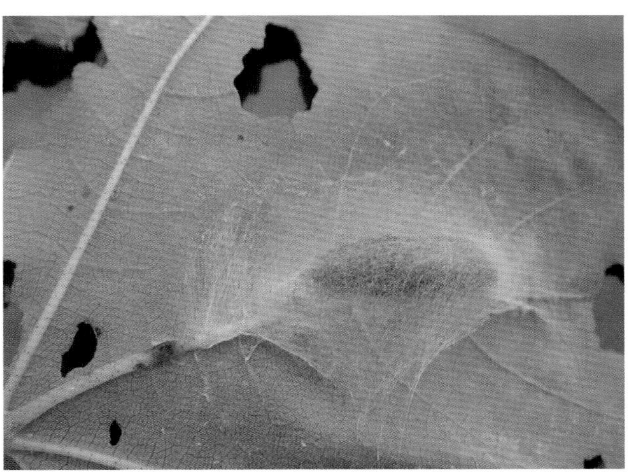

图 12　斜纹夜蛾蛹

## 发生规律

斜纹夜蛾在河南省1年发生5代，6 ~ 10月为发生期，以7 ~ 8月为害严重。以蛹越冬，翌年3月羽化。成虫昼伏夜出，黄昏开始活动，对灯光、糖醋液、发酵的胡萝卜和豆饼等有强趋性。成虫有随气流迁飞习性，早春由南向北迁飞，秋天又由北向南迁飞。卵块上面覆盖绒毛。幼虫共6龄，老熟幼虫做土室或在枯叶下化蛹。初孵幼虫群栖，能吐丝随风扩散。2龄后分散为害，3龄后多隐藏于荫蔽处，4龄后进入暴食期，以晚9 ~ 12时取食最烈。斜纹夜蛾为喜温性害虫，最适温度28 ~ 30℃，抗寒力弱。水肥条件好、生长茂密的田块发生严重。土壤干燥对其化蛹和羽化不利，大雨和暴雨对低龄幼虫和蛹均有不利影响。

## 防治措施

**1. 农业防治**

卵盛发期晴天上午9时前或下午4时后，迎着阳光人工摘除卵块或初孵“虫窝”。

**2. 生物防治**

利用自然天敌。斜纹夜蛾自然天敌主要有草蛉、猎蝽、蜘蛛、步甲等，作物田尽量少用化学农药，可减少对天敌的杀伤；利用生物制剂防治。卵孵化盛期至低龄幼虫期，亩用10亿PIB/g斜纹夜蛾核型多角体病毒可湿性粉剂40 ~ 50 g，或100亿孢子/mL短稳杆菌悬浮剂800 ~ 1 000倍液喷雾。

**3. 物理防治**

利用佳多频振式杀虫灯、黑光灯、糖醋液，或豆饼、甘薯发酵液诱杀成虫。

**4. 化学防治**

卵孵化盛期至低龄幼虫期，用2.5%溴氰菊酯乳油2 000 ~ 3 000倍液，或48%毒死蜱乳油1 000倍液，或20%灭幼脲悬浮剂800倍液，或1.8%阿维菌素乳油1 000倍液均匀喷雾。

# 杂食性害虫

# 11. 地老虎

## 分布为害

地老虎又名土蚕、地蚕、黑土蚕、黑地蚕，属鳞翅目夜蛾科，主要种类有小地老虎、黄地老虎、大地老虎和八字地老虎等。小地老虎主要发生在河南省地势低洼易涝的沿河滩地及常年灌溉区，黄地老虎主要发生在比较干旱的豫西丘陵地及豫东、豫北干旱地区的水浇地，大地老虎在河南省发生量很小，一般分布在豫南多雨地区。该虫食性较杂，可为害棉花、玉米、烟草、芝麻、豆类和多种蔬菜等作物，也取食藜、小蓟等杂草，是多种作物苗期的主要害虫。

图 1　地老虎幼虫咬断玉米苗根基部

幼虫在土中咬食种子、幼芽，老龄幼虫可将幼苗基部咬断（图 1），造成缺苗断垄（图 2），1、2 龄幼虫啃食叶肉，残留表皮呈“窗孔状”。子叶受害，可形成很多孔洞或缺刻。棉苗生长点被咬断，形成“多头棉”或“公棉”，开花结铃少且迟。1 头地老虎幼虫一生可为害 3 ~ 5 株幼苗，多的达 10 株以上。

图 2　地老虎幼虫为害玉米大田受害状

## 形态特征

### 1. 小地老虎

成虫（图 3）体长 17 ~ 23 mm，灰褐色，前翅有肾形斑、环形斑和棒形斑。肾形斑外边有 1 个明显的尖端向外的楔形黑斑，亚缘线上有 2 个尖端向里的楔形斑，3 个楔形斑相对，易识别。老熟幼虫（图 4）体长 37 ~ 50 mm，头部褐色，有不规则褐色网纹，臀板上有 2 条深褐色纵纹。蛹体长 18 ~ 24 mm，第 4 ~ 7 节腹节基部有一圈刻点，在背面的大而深，末端具一对臀刺。

### 2. 黄地老虎

成虫（图 5）体长 14 ~ 19 mm，前翅黄褐色，有 1 个明显的黑褐色肾形斑和黄色斑纹。老熟幼虫体长 33 ~ 45 mm，头部深黑褐色，有不规则的深褐色网纹，臀板有 2 个大块黄褐色斑纹，中央断开，有分散的小黑点。

### 3. 大地老虎

成虫（图 6）体长 25 ~ 30 mm，前翅前缘棕黑色，其余灰褐色，有棕黑色的肾状斑和环形斑。老熟幼虫体长 41 ~ 60 mm，黄褐色，体表多皱纹，臀板深褐色，布满龟裂状纹。

图 3　小地老虎成虫

图 4　小地老虎幼虫

图 5　黄地老虎成虫

图 6　大地老虎成虫

## 发生规律

小地老虎在河南 1 年发生 4 代，以幼虫或蛹越冬，黄河以北不能越冬。卵产在土块、地表缝隙、土表的枯草茎和根须上，以及农作物幼苗和杂草叶片的背面。1 代卵孵化盛期在 4 月中旬，4 月下旬至 5 月上旬为幼虫盛发期。阴凉潮湿、杂草多、湿度大的作物田虫量多，发生重。

黄地老虎在河南 1 年发生 3 ~ 4 代，以老熟幼虫在土中越冬，翌年 3 ~ 4 月化蛹，4 ~ 5 月羽化，成虫发生期比小地老虎晚 20 ~ 30 d，5 月中旬进入 1 代卵孵化盛期，5 月中下旬至 6 月中旬进入幼虫为害盛期。黄地老虎只有第 1 代幼虫为害秋苗。一般在土壤黏重、地势低洼和杂草多的作物田发生较重。

大地老虎在河南 1 年发生 1 代，以幼虫在土中越冬，翌年 3 ~ 4 月出土为害，4 ~ 5 月进入为害盛期，9 月中旬后化蛹羽化，在土表和杂草上产卵，幼虫孵化后在杂草上生活一段时间后越冬，其他习性与小地老虎相似。

## 防治措施

**1. 农业防治**

播前精细整地，清除杂草，苗期灌水，可消灭部分害虫。

**2. 物理防治**

成虫发生期用佳多频振式杀虫灯、黑光灯、杨树枝把、新鲜的桐树叶和糖醋液（糖：醋：酒：水＝6 ：3 ：1 ：10）等方法可诱杀地老虎成虫。

**3. 生物防治**

地老虎的主要天敌有寄生蜂、步甲、虎甲等，应保护和利用天敌。

**4. 化学防治**

地老虎幼虫发生期，用 90% 晶体敌百虫 100 g 对水 1 000 g 混匀后喷洒在 5 kg 炒香的麦麸或砸碎炒香的棉籽饼上拌匀，配制成毒饵，傍晚顺垄撒施在幼苗附近可诱杀幼虫。低龄幼虫发生期，用 90% 晶体敌百虫 1 000 倍液，或 40% 辛硫磷乳油 1 500 倍液，或 20% 氰戊菊酯乳油 1 500 ~ 2 000 倍液喷雾，注意辛硫磷浓度不能超过 1 000 倍液，避免产生药害。

# 杂食性害虫　12. 蟋蟀

## 分布为害

蟋蟀又名蛐蛐儿，属直翅目蟋蟀科，发生较普遍的有油葫芦、大蟋蟀等数种，在河南省发生的主要是油葫芦。蟋蟀是一种杂食性害虫，以成虫、若虫为害农作物的叶、茎、枝、果实、种子，有时也为害根部（如花生的嫩根），带有香甜滋味的植物受害重，如芝麻、瓜类、豆类、花生等（图 1 ~ 图 5）。严重时也会飞到室内，咬毁衣服及食物。发生猖獗的地方可成灾害。

图 1　蟋蟀为害玉米叶片

图 2　蟋蟀为害玉米雌穗

图 3　蟋蟀为害花生

图 4　蟋蟀为害大豆叶片

图 5　蟋蟀为害大豆豆荚

## 形态特征

成虫（图 6）雄性体长 18.9 ~ 22.4 mm，雌性 20.6 ~ 24.3 mm，身体背面黑褐色，有光泽，腹面为黄褐色，头顶黑色，复眼内缘、头部及两颊黄褐色，前胸背板有两个月牙纹，中胸腹板后缘内凹。前翅淡褐色有光泽，后翅尖端纵折露出腹端很长，形如尾须。后足褐色强大，胫节具刺 6 对，具距 6 枚。卵长筒形，两端微尖，乳白色微黄。若虫（图 7）共 6 龄，体背面深褐色，前胸背板月牙纹甚明显，雌雄虫均具翅芽。

图 6　蟋蟀成虫

图 7　蟋蟀若虫

## 发生规律

蟋蟀1年发生1代，以卵在土中越冬。若虫共6龄，4月下旬至6月上旬若虫孵化出土，7 ~ 8月为大龄若虫发生盛期。8月初成虫开始出现，9月为发生盛期，10月中旬成虫开始死亡，个别成虫可存活到11月上中旬。成虫、若虫夜晚活动，平时好居暗处，夜间也扑向灯光。气候条件是影响蟋蟀发生的重要因素，通常4 ~ 5月雨水多，泥土湿度大，有利于若虫的孵化出土。5 ~ 8月降大雨或暴雨，不利于若虫的生存。

## 防治措施

**1. 农业防治**

蟋蟀通常将卵产于1 ~ 2 cm深的土层中，冬春季耕翻地，将卵深埋于10 cm以下的土层，若虫难以孵化出土，可降低卵的有效孵化率。

**2. 物理防治**

（1）灯光诱杀：用杀虫灯或黑光灯诱杀成虫。

（2）堆草诱杀：蟋蟀若虫和成虫白天有明显的隐蔽习性，在田间或地头设置一定数量5 ~ 15 cm厚的草堆，可大量诱集若虫、成虫，集中捕杀。

**3. 化学防治**

蟋蟀发生密度大的地块，可选用80%敌敌畏、或50%辛硫磷1 500 ~ 2 000倍液喷雾。或采取麦麸毒饵，用50 g上述药液加少量水稀释后拌5 kg麦麸，每亩地撒施1 ~ 2 kg；鲜草毒饵用50 g药液加少量水稀释后拌20 ~ 25 kg鲜草撒施田间。

因为蟋蟀活动性强，防治时应连片统一防治，否则难以达到较好的效果。

# 杂食性害虫　13. 蜗牛

## 分布为害

蜗牛又名蜒蚰螺、水牛，为软体动物，属于腹足纲柄眼目巴蜗牛科，主要有同型巴蜗牛和灰巴蜗牛两种，均为杂食性，可为害十字花科、豆科、茄科蔬菜，以及棉、麻、甘薯、谷类、桑、果树等多种作物（图 1 ～图 11）。幼贝食量很小，初孵幼贝仅食叶肉，留下表皮，稍大后以齿舌刮食叶、茎，形成孔洞或缺刻，甚至咬断幼苗，造成缺苗断垄。

图 1　蜗牛为害小麦叶片

图 2　蜗牛为害小麦穗部

图 3　蜗牛为害玉米造成叶片白条

图 4　蜗牛为害玉米茎秆

图 5　蜗牛为害玉米雌穗

图 6　蜗牛为害大豆叶片

图 7　蜗牛为害大豆顶芽

图 8　蜗牛为害大豆豆荚

图 9　蜗牛为害白菜

图 10　蜗牛为害辣椒

图 11　蜗牛为害向日葵叶片

## 形态特征

灰巴蜗牛（图 12）和同型巴蜗牛成螺的贝壳大小中等，壳质坚硬。

1. 灰巴蜗牛

壳较厚，呈圆球形，壳高 18 ～ 21 mm，宽 20 ～ 23 mm，有 5.5 ～ 6 个螺层，顶部几个螺层增长缓慢，略膨胀，体螺层急剧增长膨大；壳面黄褐色或琥珀色，常分布暗色不规则形斑点，并具有细致而稠密的生长线和螺纹；壳顶尖，缝合线深，壳口呈椭圆形，口缘完整，略外折，锋利，易碎。轴缘在脐孔处外折，略遮盖脐孔，脐孔狭小，呈缝隙状。卵为圆球形，白色。

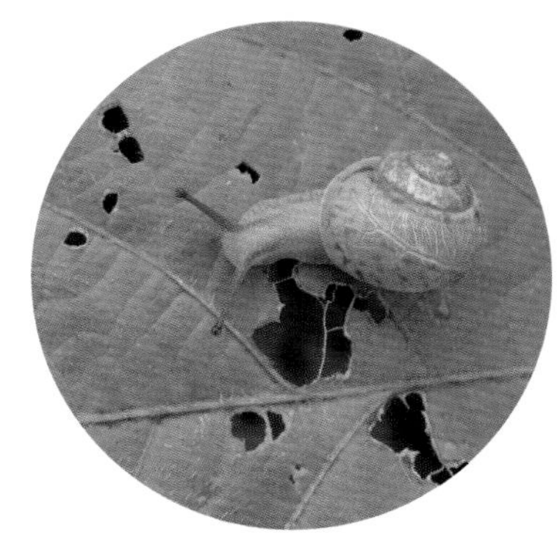

图 12　灰巴蜗牛

2. 同型巴蜗牛

壳质厚，呈扁圆球形，壳高 11.5 ～ 12.5 mm，宽 15 ～ 17 mm，有 5 ～ 6 个螺层，顶部几个螺层增长缓慢，略膨胀，螺旋部低矮，体螺层增长迅速、膨大；壳顶钝，缝合线深，壳面呈黄褐色至灰褐色，有稠密而细致的生长线。体螺层周缘或缝合线处常有一条暗褐色带，有些个体无。壳口呈马蹄形，口缘锋利，轴缘外折，遮盖部分脐孔。脐孔小而深，呈洞穴状。个体间形态变异较大。卵圆球形，乳白色有光泽，渐变淡黄色，近孵化时为土黄色。

## 发生规律

蜗牛属雌雄同体、异体交配的动物，一般1年繁殖1～3代，在阴雨多、湿度大、温度高的季节繁殖很快。5月中旬至10月上旬是它们的活动盛期，6～9月活动最为旺盛，一直到10月下旬开始下降。

11月下旬以成贝和幼贝在田埂土缝、残株落叶、宅前屋后的砖块瓦片等物体下越冬。翌年3月上中旬开始活动，蜗牛白天潜伏，傍晚或清晨取食，遇有阴雨天则整天栖息在植株上。4月下旬至5月上旬成贝开始交配，此后不久产卵。成贝一年可多次产卵，多产卵于潮湿疏松的土里或枯叶下，每个成贝可产卵50～300粒。卵表面具黏液，干燥后把卵粒粘在一起成块状，初孵幼贝多群集在一起聚食，长大后分散为害，喜栖息在植株茂密的低洼潮湿处。

一般成贝存活2年以上，性喜阴湿环境，如遇雨天，昼夜活动，因此温暖多雨天气及田间潮湿地块受害较严重。干旱时，白天潜伏，夜间出来为害；若连续干旱，便隐藏起来，并分泌黏液，封住出口，不吃不动，潜伏在潮湿的土缝中或茎叶下，待条件适宜时，如下雨或浇水后，于傍晚或早晨外出取食。11月下旬开始越冬。

蜗牛行动时分泌黏液，黏液遇空气干燥发亮，因此蜗牛爬行的地面留下黏液痕迹。

## 防治措施

**1. 农业防治**

（1）清洁田园：铲除田间、地头、垄沟旁边的杂草，及时中耕松土、排除积水等，破坏蜗牛栖息和产卵场所。

（2）深翻土地：秋后及时深翻土壤，可使部分越冬成贝、幼贝暴露于地面冻死或被天敌啄食，卵则被晒暴裂而死。

（3）石灰隔离：地头或行间撒10 cm左右的生石灰带，每亩用生石灰5～7.5 kg，使越过石灰带的蜗牛被杀死。

**2. 物理防治**

利用蜗牛昼伏夜出，黄昏为害的特性，在田间或保护地中（温室或大棚）设置瓦块、菜叶、树叶、杂草，或扎成把的树枝，白天蜗牛常躲在其中，集中捕杀。

**3. 化学防治**

（1）毒饵诱杀：用多聚乙醛配制成含2.5%～6%有效成分的豆饼（磨碎）或玉米粉等毒饵，在傍晚时，均匀撒施在田垄上进行诱杀。

（2）撒颗粒剂：用8%灭蛭灵颗粒剂或10%多聚乙醛颗粒剂，每亩用2 kg，均匀撒于田间进行防治。

（3）喷洒药液：当清晨蜗牛未潜入土时，用70%氯硝柳胺1 000倍液，或灭蛭灵或硫酸铜800～1 000倍液，或氨水70～100倍液，或1%食盐水喷洒防治。